JN001179

ポケット版

電気通信工事施工管理技士（1級＋2級）第一次検定

不動弘幸 [著]

要点整理

Ohmsha

（まえがき）

　皆さんがこれから受検を目指す電気通信工事施工管理技士は、建設業法に基づく国家試験で、国土交通省が管轄する資格です。この資格には、1級と2級とがあり、1級は、一般建設業の専任技術者や主任技術者のほか、特定建設業の専任技術者、講習の修了によって監理技術者にもなれます。2級は、一般建設業の専任技術者、工事現場ごとに置く主任技術者になれます。試験は一次検定と二次検定があり、電気通信工事について、「施工計画や施工図の作成、工程管理、品質管理、安全管理など」広範囲の知識経験が要求されます。本書は、**一次検定を対象**として、短時間で「徹底攻略」できるよう、次のような特徴をもたせて執筆しています。

　①1冊で1級と2級の両方に対応できる。

　②テーマ単位に出題傾向に合った予備知識を習得し、無理なく問題を解くための橋渡しをした。

　③過去問のうち特殊なものを除きほぼ収録している。

　まずは、予備知識と問題とのギャップの小さいものから知識を加速的に増やす方法により、本書を繰り返し学習し、一次検定を「完全攻略」されることを心よりお祈りします。一次検定に合格すると、1級は「1級施工管理技士補」、2級は「2級施工管理技士補」の称号が与えられます。1級施工管理技士補を「監理技術者補佐」として専任で配置すれば、監理技術者は2つの現場を兼任できます。二次検定については、1級は一次検定の合格発表があってから別日に、2級は後期の場合には一次検定当日に実施されます。2級の後期の場合は、一次検定と合わせて二次検定の学習・準備を進めておいてください。なお、一次検定に合格すれば、二次検定の受験に当たって、有効期間や受検回数の制約はありません。

　最後に、本企画の立ち上げから出版に至るまでお世話になった、オーム社編集局の皆様に厚くお礼申し上げます。

2022年9月

不動　弘幸

（目　次）

試験の概要

1　電気通信工事施工管理技士とは

　電気通信工事施工管理技士の技術検定は、(**一般財団法人**)**全国建設研修センター**が実施する国家試験で、**国土交通大臣資格**です。技術検定は、「**適正な施工を確保**」の一環として実施されるものです。

　1級電気通信工事施工管理技士の保有者は、一般建設業の**専任技術者や主任技術者**はもちろん特定建設業の専任技術者、**監理技術者**(講習の修了)になれます。**2級電気通信工事施工管理技士**の保有者は、一般建設業の**専任技術者や工事現場**ごとに**置く主任技術者**になれます。

> 対象となる工事
> ●有線電気通信設備●無線電気通信設備
> ●ネットワーク設備●情報設備●放送機械設備　など

2　受検資格

〈1級受検資格〉

学歴／資格		電気通信工事に関しての実務経験年数	
		指定学科	指定学科以外
大学・高度専門士		卒業後3年以上	卒業後4年6ヵ月以上
短大・高等専門学校・専門士		卒業後5年以上	卒業後7年6ヵ月以上
高等学校		卒業後10年以上	卒業後11年6ヵ月以上
その他の者		卒業後15年以上	
2級電気通信資格取得者		合格後5年以上	
2級電気通信資格取得後5年未満	高　卒	卒業後9年以上	卒業後10年6ヵ月以上
	その他	卒業後14年以上	

◎指定学科は、電気通信工学・電気工学・土木工学・都市工学・機械工学・建築または建築学に関する学科をいう。

(**注意1**)　電気通信主任技術者は、資格者証交付後6年以上の実務経験で受検できる。

(**注意2**)　受検資格に必要な各実務経験年数のうち、**1年以上**

の指導的実務が必要である。

〈2級受検資格〉

一次検定のみの受検は、試験実施年度において満 **17 歳以上**
（高等学校 2 年生以上）であればよい。

(参考) 二次検定も受検する場合の受検資格

学歴／資格	電気通信工事に関しての実務経験年数	
	指定学科	指定学科以外
大学・高度専門士	卒業後 1 年以上	卒業後 1 年 6 ヵ月以上
短大・高等専門学校・専門士	卒業後 2 年以上	卒業後 3 年以上
高等学校	卒業後 3 年以上	卒業後 4 年 6 ヵ月以上
その他の者	卒業後 8 年以上	

◎指定学科は、電気通信工学・電気工学・土木工学・都市工
　学・機械工学・建築または建築学に関する学科をいう。

(注意) 電気通信主任技術者は、資格者証交付後 1 年以上の実
　　　　務経験で受検できる。

3　検定科目と合格基準

一次検定は**マークシート方式**で、検定科目別の解答形式は下
表に示すとおりです。

検定科目	1 級		2 級	
	知識・能力	出題形式	知識・能力	出題形式
電気通信工学等	知識	四肢択一	知識	四肢択一
施工管理法	知識	四肢択一	知識	四肢択一
施工管理法	能力	四肢択一	能力	四肢択一
法　　規	知識	四肢択一	知識	四肢択一

選択問題と必須問題があり、マーク数は 1 級は 90 問出題さ
れ 60 問（うち、能力は 5 問で正誤の組合せ）、2 級は 65 問出
題され 40 問を解答します。1 級は全体で得点が 60％で、かつ、
施工管理法（能力）が 40％であれば合格です。2 級は全体で
得点が 60％であれば合格です。

4 検定日程

● 1級の検定日程の概略は、下記とおりです。

一次・二次検定申込 受検料　一次検定　13,000 円 　　　　二次検定　13,000 円	5 月上旬～5 月中旬
一次検定実施	**9 月中旬**
一次検定合格発表	10 月中旬
当年度一次検定合格者の 二次検定受検手数料払込 　　　　二次検定　13,000 円	10 月上旬～中旬
二次検定実施	**12 月上旬**
二次検定合格発表	翌年 3 月上旬

● 2級の検定日程の概略は、下記とおりです。

一次検定・二次検定申込 一次二次・二次検定 　　　　　　　各 6,500 円	1 回目（一次）3 月中旬 2 回目（一次・二次）7 月中旬
一次および二次検定実施	1 回目（一次）**6 月上旬** 2 回目（一次・二次）**11 月中旬**
合格発表	1 回目（一次）：7 月初旬 2 回目一次のみ：翌年 1 月中旬 一次・二次：翌年 3 月上旬

5 受検地

1 級	一次検定	札幌、仙台、東京、新潟、金沢、名古屋、大阪、広島、高松、福岡、熊本、那覇の 12 地区
	二次検定	札幌、仙台、東京、新潟、名古屋、大阪、広島、高松、福岡、那覇の 10 地区
2 級	一次検定 （前期）	札幌、仙台、東京、新潟、名古屋、大阪、広島、高松、福岡、那覇の 10 地区
	一次検定 （後期） 二次検定	札幌、青森、仙台、東京、新潟、金沢、静岡、名古屋、大阪、広島、高松、福岡、鹿児島、那覇の 14 地区

6 受検申込書の提出先

【問い合わせ先および受検申込書の提出先】

（一財）全国建設研修センター　電気通信工事試験部

〒187-8540　東京都小平市喜平町2−1−2

電話：042-300-0205

ホームページ：https://www.jctc.jp/

電気通信工学

☻ POINT ☻

電気抵抗の求め方とオームの法則をマスターしておく。

1. 物質と電気抵抗

・金属のように電気をよく通す物質を導体といい、通しにくい
物質を絶縁体という。半導体は両者の中間である。

・電気抵抗の小さなものは電流が流れやすい。

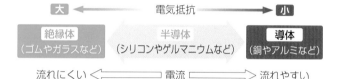

2. 導体の電気抵抗

・導体の抵抗率を ρ 〔Ω・m〕、断面積を S 〔m²〕、長さを l 〔m〕
とすると

電気抵抗 $R = \rho \dfrac{l}{S}$ 〔Ω〕

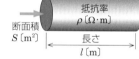

で表され、電気抵抗は、長さに
比例し、断面積に反比例する。

（参考）抵抗率の単位が ρ 〔Ω・mm²/m〕のときは、断面積は
S 〔mm²〕。長さは l 〔m〕の単位を使用する。

・導体は温度が上昇すると電気抵抗は増加し、半導体や絶縁体
は温度が上昇すると電気抵抗は減少する。

3. 合成電気抵抗

2つの抵抗の合成抵抗 R_0 は、下式で求められる。

直列接続	R_1〔Ω〕 R_2〔Ω〕	$R_0 = R_1 + R_2$ 〔Ω〕 2抵抗の和
並列接続	R_1〔Ω〕 R_2〔Ω〕	$R_0 = \dfrac{1}{\dfrac{1}{R_1} + \dfrac{1}{R_2}}$ $= \dfrac{R_1 \times R_2}{R_1 + R_2}$ 〔Ω〕 2抵抗の $\left(\dfrac{積}{和}\right)$

4. オームの法則

回路に流れる電流 I〔A〕は、**電圧 V〔V〕に比例し、抵抗 R〔Ω〕に反比例する。**これを式で示したのがオームの法則である。

電流 $I = \dfrac{V}{R}$〔A〕 ← 基本式

電圧 $V = RI$〔V〕 ← 変形式

抵抗 $R = \dfrac{V}{I}$〔Ω〕 ← 変形式

5. 電 力

R〔Ω〕の抵抗に V〔V〕の電圧が印加され、I〔A〕の電流が流れているとき、消費される電力 P は、次式で求められる。

$$P = VI = (RI)I = RI^2 = R\left(\frac{V}{R}\right)^2 = \frac{V^2}{R}\ \text{〔W〕}$$

問題1 下図に示す断面積 $S = 1.0\,\text{mm}^2$、長さ $l = 20\,\text{km}$ の銅線の抵抗 R〔Ω〕として、適当なものはどれか。ただし、銅の抵抗率 $\rho = 1.69 \times 10^{-8}$〔Ω·m〕とする。

(1) 8.5×10^{-19}〔Ω〕
(2) 8.5×10^{-3}〔Ω〕
(3) 3.4×10^{-1}〔Ω〕
(4) 3.4×10^{2}〔Ω〕

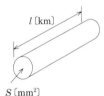

問題2 下図に示す抵抗 R〔Ω〕が配置された回路において、A–B 間の合成抵抗 R_0〔Ω〕として、適当なものはどれか。

(1) $\dfrac{1}{4}R$〔Ω〕

(2) $\dfrac{1}{2}R$〔Ω〕

(3) $2R$〔Ω〕

(4) $5R$〔Ω〕

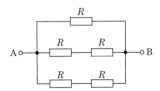

問題3 下図に示す回路において、A−B 間の合成抵抗の値として、適当なものはどれか。ただし、抵抗 $R_1 = 1\,\Omega$、$R_2 = 2\,\Omega$、$R_3 = 6\,\Omega$、$R_4 = 2\,\Omega$ とする。

(1) $0.6\,\Omega$
(2) $1.6\,\Omega$
(3) $2.6\,\Omega$
(4) $3.7\,\Omega$

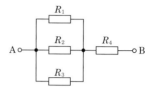

1級 **問題4** 下図に示す回路において、内部抵抗 $r = 10\,\Omega$、起電力 $E = 8\,\text{V}$ の電源を抵抗 $R\,[\Omega]$ の素子に接続したとき、素子に供給される電力 $[\text{W}]$ の最大値として、適当なものはどれか。

(1) $0.8\,\text{W}$
(2) $1.0\,\text{W}$
(3) $1.4\,\text{W}$
(4) $1.6\,\text{W}$

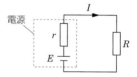

解答・解説

問題1

導線の抵抗 R は

$$R = \rho \frac{l}{S}$$

$$= 1.69 \times 10^{-8}\,[\Omega \cdot \text{m}] \times \frac{20 \times 10^3\,[\text{m}]}{1.0 \times 10^{-6}\,[\text{m}^2]}$$

$$= 1.69 \times 20 \times 10^{-8+3+6} = 33.8 \times 10^1$$

$$= 3.38 \times 10^2 \fallingdotseq 3.4 \times 10^2\,[\Omega]$$

答 (4)

(参考) 温度上昇後の導体の抵抗

$t_1\,[\text{℃}]$ のときの抵抗値が $R_1\,[\Omega]$ の導体の温度が上昇し、$t_2\,[\text{℃}]$ になったときの抵抗 R_2 は、導体の抵抗の温度係数を $\alpha\,[\text{℃}^{-1}]$ とすると、次式で求められる。

$$R_2 = R_1\{1 + \alpha(t_2 - t_1)\}\,[\Omega]$$

問題2

①下 2 つの並列抵抗：2 個の R〔Ω〕が直列であるため $R+R$ $=2R$〔Ω〕であるので

下 2 つの並列抵抗 $= \dfrac{2R \times 2R}{2R + 2R} = R$〔Ω〕

②A−B 間の合成抵抗 R_0：①で求めた下 2 つの並列抵抗と上の R〔Ω〕との並列抵抗となるので

$R_0 = \dfrac{R \times R}{R + R} = \dfrac{1}{2}R$〔Ω〕　　　　　**答**(2)

問題3

合成抵抗 $R_0 = \dfrac{1}{\dfrac{1}{R_1} + \dfrac{1}{R_2} + \dfrac{1}{R_3}} + R_4$

$= \dfrac{1}{\dfrac{1}{1} + \dfrac{1}{2} + \dfrac{1}{6}} + 2 = \dfrac{1}{\dfrac{10}{6}} + 2$

$= 0.6 + 2 = 2.6$〔Ω〕　　　　　**答**(3)

問題4

素子に供給される電力が最大になるのは、整合条件（$r=R$）が成立しているとき（マッチングしているとき）である。すなわち、$R=10\,\Omega$ のときである。

したがって、このときの素子に供給される電力 P は、電流を I〔A〕とすると

$P = RI^2 = R\left(\dfrac{E}{r+R}\right)^2$

$= 10 \times \left(\dfrac{8}{10+10}\right)^2 = 10 \times 0.4^2 = 1.6$〔W〕　　　**答**(4)

☺ POINT ☺

キルヒホッフの法則と電圧の分担・電流の分流についてマスターしておく。

1. キルヒホッフの法則

キルヒホッフの法則には、第一法則と第二法則があり、回路網計算には欠かすことができない。

電流に関する法則 （第一法則）	電圧に関する法則 （第二法則）
回路網の**任意の接続点**において、流入電流の総和と流出電流の総和は等しい	任意の**閉回路**において、起電力の総和は電圧降下の総和に等しい
$I_1+I_3=I_2$	$E_1=R_1I_1+R_2I_2$ $E_2=R_3I_3+R_2I_2$

2. 分担電圧と分路電流

電圧の分担	電流の分流
分担電圧は、抵抗の大きさに比例配分する。	分路電流は、抵抗の大きさに逆比例配分する。
$V_1=\dfrac{R_1}{R_1+R_2}V$ 〔V〕 $V_2=\dfrac{R_2}{R_1+R_2}V$ 〔V〕	$I_1=\dfrac{R_2}{R_1+R_2}I$ 〔A〕 $I_2=\dfrac{R_1}{R_1+R_2}I$ 〔A〕

問題1 図に示す回路において、抵抗 R_1 に流れる電流 I_1〔A〕の値として、適当なものはどれか。ただし、$R_1 = 2$〔Ω〕とする。

(1) 1.0 A
(2) 2.0 A
(3) 3.0 A
(4) 4.0 A

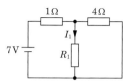

問題2 下図に示す回路において、抵抗 R_2 を流れる電流 I_2〔A〕の値として、適当なものはどれか。ただし、抵抗 $R_1 = 4\Omega$、$R_2 = 2\Omega$、$R_3 = 2\Omega$ とする。

(1) 0.2 A
(2) 0.7 A
(3) 1.9 A
(4) 2.3 A

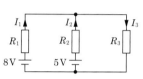

問題3 下図に示すブリッジ回路において、抵抗 R_x〔Ω〕でブリッジが平衡している状態のときの R_x〔Ω〕の値として、適当なものはどれか。

(1) 8Ω
(2) 50Ω
(3) 680Ω
(4) 5 000Ω

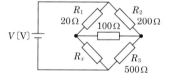

問題1

回路の合成抵抗 $R = 1 + \dfrac{2 \times 4}{2 + 4} = 1 + \dfrac{4}{3} = \dfrac{7}{3}$ 〔Ω〕

全電流 $I = \dfrac{\text{起電力 } E}{\text{合成抵抗 } R} = \dfrac{7 \, 〔\text{V}〕}{\dfrac{7}{3} \, 〔\text{Ω}〕} = 3$ 〔A〕

$I_1 = I \times \dfrac{4}{2 + 4} = 3 \times \dfrac{4}{2 + 4} = 2$ 〔A〕　　　　**答** (2)

問題2

分岐点の流入電流と流出電流は等しいことから

$I_1 + I_2 = I_3$ 〔A〕 ……①

回路網上で任意の閉回路での電源の電圧の総和と電圧降下の総和は等しいので

$R_1 I_1 + R_3 I_3 = E_1$ 〔V〕

$\rightarrow 4I_1 + 2I_3 = 8$ 〔V〕

$\rightarrow 4I_1 + 2(I_1 + I_2) = 8$ 〔V〕

$\rightarrow 6I_1 + 2I_2 = 8$ 〔V〕 ……②

$R_2 I_2 + R_3 I_3 = E_2$ 〔V〕

$\rightarrow 2I_2 + 2I_3 = 5$ 〔V〕

$\rightarrow 2I_2 + 2(I_1 + I_2) = 5$ 〔V〕

$\rightarrow 2I_1 + 4I_2 = 5$ 〔V〕 ……③

③式×3−②式を計算すると、

$$\begin{array}{r} 6I_1 + 12I_2 = 15 \ 〔\text{V}〕 \\ -) \ \underline{6I_1 + \ 2I_2 = \ 8 \ 〔\text{V}〕} \\ 10I_2 = \ 7 \ 〔\text{V}〕 \end{array}$$

$\therefore I_2 = 0.7$ 〔A〕　　　　**答** (2)

問題3

ブリッジが平衡しているときには、100 〔Ω〕の抵抗に流れる電流は 0 〔A〕である。平衡状態では、4つの抵抗の間に次の条件が成り立つ。

$R_1 \times R_3 = R_2 \times R_x$ ←たすき掛けの抵抗の積が等しい

$\therefore R_x = \dfrac{R_1 \times R_3}{R_2} = \dfrac{20 \times 500}{200} = 50$ 〔Ω〕　　　　**答** (2)

電気理論 3 分流器と倍率器

☙ POINT ☙

大電流を測定するための分流器、高電圧を測定するための倍率器についてマスターする。

1. 分流器

電流計の測定範囲を拡大するため、電流計に並列に接続して、大電流を測定する。

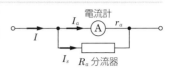

測定したい電流を I〔A〕、電流計Ⓐの電流を I_a〔A〕、電流計の内部抵抗を r_a〔Ω〕、分流器の抵抗を R_a〔Ω〕とすると、端子電圧は一定であるので

$$\frac{r_a R_a}{r_a + R_a} I = r_a I_a$$

となる。したがって

分流器の倍率 $m_a = \dfrac{測定電流}{電流計の電流} = \dfrac{I}{I_a} = 1 + \dfrac{r_a}{R_a}$〔倍〕

2. 倍率器

電圧計の測定範囲を拡大するため、電圧計に直列に接続して、高電圧を測定する。

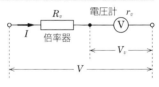

測定したい電圧を V〔V〕、電圧計Ⓥの端子電圧を V_v〔V〕、電圧計の内部抵抗を r_v〔Ω〕、倍率器の抵抗を R_v〔Ω〕とすると、電流は一定であるので

$$\frac{V}{R_v + r_v} = \frac{V_v}{r_v}$$

となる。したがって

倍率器の倍率 $m_v = \dfrac{測定電圧}{電圧計の電圧} = \dfrac{V}{V_v} = 1 + \dfrac{R_v}{r_v}$〔倍〕

1級 〔問題1〕 下図に示す最大目盛 $I_a = 50\,\mathrm{mA}$、内部抵抗 $r = 5.6\,\Omega$ の電流計に分流器を接続して、測定範囲を $I = 0.4\,\mathrm{A}$ まで拡大したときの分流器の倍率 m と分流器の抵抗 $R_s\,〔\Omega〕$ の値の組合せとして、適当なものはどれか。

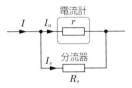

	分流器の倍率 m	分流器の抵抗 R_s
(1)	7	$0.9\,\Omega$
(2)	7	$0.8\,\Omega$
(3)	8	$0.9\,\Omega$
(4)	8	$0.8\,\Omega$

解答・解説

〔問題1〕

①分流器の倍率 m は

$$m = \frac{I}{I_a} = \frac{0.4}{0.05} = 8\,〔倍〕$$

②分流器に流れる電流 I_s は

$$I_s = I - I_a = 0.4 - 0.05 = 0.35\,〔\mathrm{A}〕$$

電流計と分流器の端子電圧は等しいので

$$rI_a = R_s I_s$$

$$\therefore R_s = \frac{rI_a}{I_s} = \frac{5.6 \times 0.05}{0.35} = 0.8\,〔\Omega〕$$

答 (4)

☺ POINT ☺

単相交流回路の基礎知識をマスターしておく。

1. 正弦波交流

電圧の最大値を E_m〔V〕、角周波数を ω〔rad/s〕、時間を t〔s〕とすると、正弦波交流の波形は図に示すとおり一定周期で正負を繰り返す。この波形の瞬時値、実効値、平均値はそれぞれ次のように表せる。

瞬時値 $e = E_m \sin \omega t$〔V〕

実効値 $= \dfrac{最大値}{\sqrt{2}}$〔V〕

実効値は、瞬時値の2乗の平均の平方根である。

平均値 $= \dfrac{2}{\pi} \times 最大値$〔V〕

交流波形の $0 \sim 2\pi$〔rad〕の間の時間を周期という。

周波数 f を用いると、角周波数 ω は

角周波数 $\omega = 2\pi f$〔rad/s〕

で表される。

2. 交流の電力

交流の電力 P、無効電力 Q、皮相電力 S は、電圧を V〔V〕、電流を I〔A〕、力率を $\cos\theta$ とすると下表のようになる。

種　類	有効電力 P 〔W〕	無効電力 Q 〔var〕	皮相電力 S 〔V・A〕
イメージ	熱の消費を伴う	熱の消費を伴わない	$\sqrt{P^2 + Q^2}$
単相交流	$VI\cos\theta$	$VI\sin\theta$	VI

3. RLC 直列回路

電源の角周波数が ω〔rad/s〕であるとき、抵抗 R〔Ω〕、誘導性リアクタンス $\omega L = X_L$〔Ω〕、容量性リアクタンス $\dfrac{1}{\omega C} = X_C$〔Ω〕の合成インピーダンス Z は、次式で表される。L はインダクタンス〔H〕、C は静電容量〔F〕である。

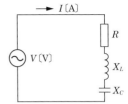

$$\dot{Z} = R + jX_L - jX_C = r + j\left(\omega L - \frac{1}{\omega C}\right) \text{〔Ω〕}$$

$$Z = \sqrt{R^2 + \left(\omega L - \frac{1}{\omega C}\right)^2} = \sqrt{R^2 + (X_L - X_C)^2} \text{〔Ω〕}$$

$X_L > X_C$ は誘導性、$X_L < X_C$ は容量性、$X_L = X_C$ は直列共振状態になる。インピーダンス Z〔Ω〕に電圧 V〔V〕を加えると、電流 I は

$$I = \frac{V}{Z} = \frac{V}{\sqrt{R^2 + \left(\omega L - \frac{1}{\omega C}\right)^2}} = \frac{V}{\sqrt{R^2 + (X_L - X_C)^2}} \text{〔A〕}$$

4. RLC 並列回路

アドミタンス $\dot{Y}$（$\dot{Z}$ の逆数）と電流 $\dot{I}$ は、次式で表される。

$$\dot{Y} = \frac{1}{R} + \frac{1}{jX_L} + j\frac{1}{X_C} = \frac{1}{R} + j\left(\omega C - \frac{1}{\omega L}\right) \text{〔S〕}$$

アドミタンスの大きさ Y は

$$Y = \sqrt{\left(\frac{1}{R}\right)^2 + \left(\omega C - \frac{1}{\omega L}\right)^2} \text{〔S〕}$$

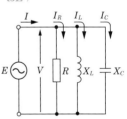

$$\dot{I} = \dot{I}_R + \dot{I}_L + \dot{I}_C$$

$$= \frac{\dot{V}}{R} + j\omega C\dot{V} - j\frac{\dot{V}}{\omega L} \text{〔A〕}$$

電流の大きさ I は

$$I = \sqrt{I_R{}^2 + (I_L - I_C)^2} \text{〔A〕}$$

問題1 下図に示す RC 直列回路において、抵抗 R〔Ω〕、コンデンサの静電容量 C〔F〕とした場合の合成インピーダンスの大きさ Z〔Ω〕として、適当なものはどれか。ただし、ω は電源の角周波数〔rad/s〕である。

(1) $Z = \dfrac{1}{\sqrt{\left(\dfrac{1}{R}\right)^2 + (\omega C)^2}}$ 〔Ω〕

(2) $Z = \dfrac{1}{\sqrt{\left(\dfrac{1}{R}\right)^2 + \left(\dfrac{1}{\omega C}\right)^2}}$ 〔Ω〕

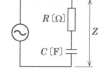

(3) $Z = \sqrt{R^2 + \left(\dfrac{1}{\omega C}\right)^2}$ 〔Ω〕

(4) $Z = \sqrt{R^2 + (\omega C)^2}$ 〔Ω〕

1級 **問題2** 下図に示す RC 直列回路において、$R = 40\,\Omega$、$X_L = 20\,\Omega$、$X_C = 60\,\Omega$ のとき、インピーダンスの大きさ Z〔Ω〕と回路の性質の組合せとして、適当なものはどれか。

	Z	回路の性質
(1)	$40\sqrt{2}\,\Omega$	容量性
(2)	$40\sqrt{2}\,\Omega$	誘導性
(3)	$40\sqrt{5}\,\Omega$	容量性
(4)	$40\sqrt{5}\,\Omega$	誘導性

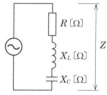

問題3 下図に示す RC 直列回路において、共振周波数 f_0〔Hz〕の値として、適当なものはどれか。ただし、抵抗 $R = 10\,\Omega$、インダクタンス $L = 40/\pi$〔mH〕、コンデンサ $C = 4/\pi$〔μF〕とする。

(1) $1.25\,\text{Hz}$

(2) $15\,\text{Hz}$

(3) $125\,\text{Hz}$

(4) $1\,250\,\text{Hz}$

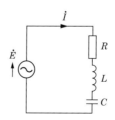

問題4 下図に示す RL 並列回路において、インピーダンス $|\dot{Z}|$ の値として、適当なものはどれか。ただし、抵抗 $R = 10\,\Omega$、コイルのインダクタンス $L = 5/\pi\,\text{〔mH〕}$、電源の周波数 $f = 1\,\text{〔kHz〕}$ とする。

(1) $0.10\,\Omega$
(2) $0.14\,\Omega$
(3) $5.00\,\Omega$
(4) $7.07\,\Omega$

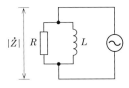

問題5 下図に示す RC 並列回路において、抵抗 $R\,\text{〔Ω〕}$、コンデンサ $C\,\text{〔F〕}$ とした場合の合成インピーダンス $\dot{Z}\,\text{〔Ω〕}$ として、適当なものはどれか。

(1) $\dot{Z} = \dfrac{R}{1+j\omega RC}\,\text{〔Ω〕}$

(2) $\dot{Z} = \dfrac{R}{1-j\omega RC}\,\text{〔Ω〕}$

(3) $\dot{Z} = \dfrac{1+j\omega RC}{R}\,\text{〔Ω〕}$

(4) $\dot{Z} = \dfrac{1-j\omega RC}{R}\,\text{〔Ω〕}$

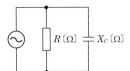

問題6 下図に示す RC 並列回路において、抵抗 $R = 8\,\Omega$、容量性リアクタンス $X_C = 6\,\Omega$ のときのインピーダンスの大きさ 〔Ω〕として、適当なものはどれか。

(1) $0.1\,\Omega$
(2) $0.2\,\Omega$
(3) $4.8\,\Omega$
(4) $10\,\Omega$

1級 問題7 下図に示す RLC 並列回路において、回路のインピーダンス $\dot{Z}$ 〔Ω〕として、適当なものはどれか。ただし、Ω は電源の角周波数〔rad/s〕である。

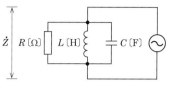

(1) $\dot{Z} = \dfrac{1}{R + j\left(\omega L - \dfrac{1}{\omega C}\right)}$ 〔Ω〕

(2) $\dot{Z} = \dfrac{1}{R + j\left(\omega C - \dfrac{1}{\omega L}\right)}$ 〔Ω〕

(3) $\dot{Z} = \dfrac{R}{1 + jR\left(\omega C - \dfrac{1}{\omega L}\right)}$ 〔Ω〕

(4) $\dot{Z} = \dfrac{R}{1 + jR\left(\omega L - \dfrac{1}{\omega C}\right)}$ 〔Ω〕

解答・解説

問題1

RC 直列回路のインピーダンス $\dot{Z}$ は

$$\dot{Z} = R - j\frac{1}{\omega C}$$

$$\therefore Z = |\dot{Z}| = \sqrt{R^2 + \left(\frac{1}{\omega C}\right)^2} \ 〔Ω〕$$

答 (3)

問題2

① 直列回路の誘導性リアクタンスを X_L 〔Ω〕、容量性リアクタンスを X_C 〔Ω〕とすると、回路のインピーダンス Z は

$$Z = \sqrt{R^2 + (X_L - X_C)^2}$$
$$= \sqrt{40^2 + (20 - 60)^2} = \sqrt{40^2 \times 2} = 40\sqrt{2} \ 〔Ω〕$$

② $X_L < X_C$ であるので、容量性である。

答 (1)

《問題3》

直列共振状態では、誘導性リアクタンス $\omega L = X_L$〔Ω〕と容量性

リアクタンス $\dfrac{1}{\omega C} = X_C$〔Ω〕が等しいので

$$\omega L = \frac{1}{\omega C} \rightarrow 2\pi f_0 L = \frac{1}{2\pi f_0 C}$$

$$\therefore f_0 = \frac{1}{2\pi\sqrt{LC}} = \frac{1}{2\pi\sqrt{\left(\dfrac{40}{\pi} \times 10^{-3}\right) \times \left(\dfrac{4}{\pi} \times 10^{-6}\right)}}$$

$$= 1\,250 \text{〔Hz〕}$$

答 (4)

《問題4》

誘導性リアクタンス ωL は

$$\omega L = 2\pi f L = 2\pi \times 10^3 \times \left(\frac{5}{\pi} \times 10^{-3}\right)$$

$$= 10 \text{〔Ω〕}$$

$$|\dot{Z}| = \left|\frac{R \times j\omega L}{R + j\omega L}\right| = \frac{R\omega L}{\sqrt{R^2 + (\omega L)^2}} = \frac{10 \times 10}{\sqrt{10^2 + 10^2}}$$

$$= \frac{100}{10\sqrt{2}} = \frac{10\sqrt{2}}{2} = 5\sqrt{2} \fallingdotseq 7.07 \text{〔Ω〕}$$

答 (4)

《問題5》

インピーダンス $\dot{Z}$ は

$$\dot{Z} = \frac{R \times \dfrac{1}{j\omega C}}{R + \dfrac{1}{j\omega C}} = \frac{R}{1 + j\omega RC} \text{〔Ω〕}$$

(参考) $\dfrac{1}{j\omega C} = -j\dfrac{1}{\omega C}$ である。

答 (1)

《問題6》

インピーダンス $\dot{Z}$ は

$$\dot{Z} = \frac{R \times (-jX_C)}{R - jX_C} = \frac{-jRX_C}{R - jX_C}$$

$$\therefore Z = \frac{RX_C}{\sqrt{R^2 + X_c^2}} = \frac{8 \times 6}{\sqrt{8^2 + 6^2}}$$

$$= \frac{48}{10} = 4.8 \text{〔Ω〕}$$

答 (3)

問題7

合成インピーダンス $\dot{Z}$ は、合成アドミタンス $\dot{Y}$ の逆数であるので

$$\dot{Z} = \frac{1}{\dot{Y}} = \frac{1}{\dfrac{1}{R} + \dfrac{1}{j\omega L} + j\omega C} = \frac{R}{1 + jR\left(\omega C - \dfrac{1}{\omega L}\right)} \ [\Omega]$$

(参考) $\dot{Y} = \dot{Y}_1 + \dot{Y}_2 + \dot{Y}_3 = \dfrac{1}{R} + \dfrac{1}{j\omega L} + j\omega C$ である。　　**答** (3)

☺ POINT ☺

電界に関する基礎知識をマスターしておく。

1. 電気力線の性質

①電気力線の向きはその点の電界
　の向きと同じである。

②電気力線の密度はその点の電界
　の強さに等しい。

③電気力線は正電荷から出て負電
　荷に入る。

④電気力線は電位の高い点から低
　い点に向かう。

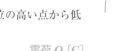

$$電気力線の本数 = \frac{電荷\ Q\ \text{(C)}}{誘電率\ \varepsilon\ \text{(F/m)}}$$

2. 電界の強さ

誘電率 ε〔F/m〕の媒質中に Q〔C〕の
点電荷が置かれた場合、電荷から r〔m〕
離れた位置の電界の強さ E は

$$E = \frac{Q}{4\pi\varepsilon r^2}\ \text{(V/m)}$$

である。

3. クーロンの法則

誘電率 ε〔F/m〕の媒質中に Q_1〔C〕と Q_2〔C〕の2つの電
荷が r〔m〕隔てて置かれた場合、両者に働く力 F(クーロン力)
は

$$F = \frac{Q_1 Q_2}{4\pi\varepsilon r^2}\ \text{(N)}$$

である。クーロン力は、電荷の積に比例し、異符号の電荷同士
では吸引力、同符号の電荷同士では反発力となる。

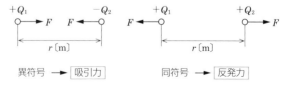

異符号 ➡ 吸引力　　　　　同符号 ➡ 反発力

1級 **問題1** 下図に示すに真空中において A 点に $Q_A = +64\,\mu\text{C}$ の点電荷を置いたとき、A 点から 2m 離れた B 点における電界の強さ〔V/m〕として、適当なものはどれか。ただし、真空中の誘電率を ε_0〔F/m〕としたときの比例定数 $k = \dfrac{1}{4\pi\varepsilon_0}$ は 9.0×10^9〔N·m/C^2〕とする。

(1) 7.2×10^4〔V/m〕

(2) 1.4×10^5〔V/m〕

(3) 2.9×10^5〔V/m〕

(4) 5.8×10^5〔V/m〕

Q_A〔μC〕
A   B

2〔m〕

解答・解説

問題1

AB 間の距離を r〔m〕とすると、B 点における電界の強さ E は

$$E = \frac{Q_A}{4\pi\varepsilon_0 r^2} = \frac{1}{4\pi\varepsilon_0} \times \frac{Q_A}{r^2}$$

$$= 9.0 \times 10^9 \times \frac{64 \times 10^{-6}}{2^2}$$

$$= 144 \times 10^3 \fallingdotseq 1.4 \times 10^5 \ \text{〔V/m〕}$$

（**参考**）電界の方向は、Q_A が正の電荷であるので、A から B に向かう方向（→）である。

答 (2)

😺 POINT 😺
コンデンサについての基礎知識をマスターしておく。

1. 平板コンデンサの静電容量

2枚の金属平行板の電極間隔を d〔m〕、真空の誘電率を ε_0〔F/m〕、媒質の比誘電率を ε_r、電極の面積を S〔m²〕とすると、コンデンサの静電容量 C は

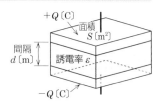

$$C = \frac{\varepsilon S}{d} = \frac{\varepsilon_0 \varepsilon_r S}{d} \text{〔F〕}$$

で表される。コンデンサに V〔V〕の電圧を加えると、電荷 Q が蓄えられる。

$$Q = CV \text{〔C〕}$$

2. コンデンサの並列接続と直列接続

接続区分	並列接続	直列接続
接続図	C_1 ⊣⊢ C_2	C_1 C_2
蓄積電荷〔C〕	静電容量が異なれば大きさは異なる $Q_1 = C_1 V$〔C〕 $Q_2 = C_2 V$〔C〕	静電容量が異なっても大きさは同じ $Q = C_1 V_1 = C_2 V_2$〔C〕
合成静電容量〔F〕	$C_0 = C_1 + C_2$〔F〕 並列接続は和	$C_0 = \dfrac{C_1 \times C_2}{C_1 + C_2}$〔F〕 直列接続は積／和
分担電圧〔V〕	$V = \dfrac{Q_1}{C_1} = \dfrac{Q_2}{C_2}$〔V〕	$V_1 = \dfrac{C_2}{C_1 + C_2} V$〔V〕 $V_2 = \dfrac{C_1}{C_1 + C_2} V$〔V〕

3. 静電エネルギー

コンデンサに蓄えられる静電エネルギー W は、次式で表される。

$$W = \frac{1}{2} CV^2 \text{〔J〕}$$

問題1 下図に示す電極板の面積 $S = 0.4\,\mathrm{m}^2$ の平行板コンデンサに、比誘電率 $\varepsilon_r = 3$ の誘電体があるとき、このコンデンサの静電容量として、正しいものはどれか。ただし、誘電体の厚さ $d = 4\,\mathrm{mm}$、真空の誘電率は $\varepsilon_0\,[\mathrm{F/m}]$ とし、コンデンサの端効果は無視するものとする。

(1) $0.03\varepsilon_0\,[\mathrm{F}]$
(2) $0.3\varepsilon_0\,[\mathrm{F}]$
(3) $100\varepsilon_0\,[\mathrm{F}]$
(4) $300\varepsilon_0\,[\mathrm{F}]$

問題2 下図に示す静電容量 $C_1 = 60\,\mu\mathrm{F}$ の平行板コンデンサの電極板の間隔 d を、1/2 に縮めたときの静電容量 $C_2\,[\mu\mathrm{F}]$ の値として、適当なものはどれか。

(1) $30\,\mu\mathrm{F}$
(2) $60\,\mu\mathrm{F}$
(3) $120\,\mu\mathrm{F}$
(4) $240\,\mu\mathrm{F}$

1級 問題3 下図に示す電極間の距離 $d_0 = 0.02\,\mathrm{mm}$、電極の面積 $S = 100\,\mathrm{cm}^2$ の平行板空気コンデンサにおいて、電極間に厚さ $d_1 = 0.01\,\mathrm{mm}$、比誘電率 $\varepsilon_r = 10$ の誘電体を挿入し、電極間に充電電圧 $V = 24\,\mathrm{V}$ を与えたときのこのコンデンサが蓄える電気量 $Q\,[\mu\mathrm{C}]$ の値として、適当なものはどれか。ただし、コンデンサの初期電荷は 0 とし、端効果は無視できるものとする。また真空の誘電率 $\varepsilon_0 = 8.85 \times 10^{-12}\,[\mathrm{F/m}]$、空気の比誘電率は 1 とする。

(1) $0.01\,\mu\mathrm{C}$
(2) $0.19\,\mu\mathrm{C}$
(3) $0.30\,\mu\mathrm{C}$
(4) $2.3\ \mu\mathrm{C}$

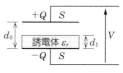

1級 問題4 下図に示す回路において、$C_1 = 2\,\mu\mathrm{F}$、$C_2 = 4\,\mu\mathrm{F}$、$V = 12\,\mathrm{V}$ のとき、2 つのコンデンサに蓄えられるエネルギー $W\,[\mathrm{J}]$ として、適当なものはどれか。

(1) $9.6\ \times 10^{-5}\,[\mathrm{J}]$
(2) $8.64 \times 10^{-4}\,[\mathrm{J}]$
(3) $5.4\ \times 10^{7}\,[\mathrm{J}]$
(4) $1.08 \times 10^{8}\,[\mathrm{J}]$

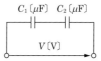

◀問題1▶

誘電率 ε = 真空の誘電率 ε_0 × 比誘電率 ε_r

$$= 3\varepsilon_0 \text{ [F/m]}$$

であるので、電極間隔 d [m]、電極板面積 S [m²] の平行板コンデンサの静電容量 C は

$$C = \frac{\varepsilon S}{d} = \frac{3\varepsilon_0 \times 0.4}{0.004} = 300\varepsilon_0 \text{ [F]}$$

答 (4)

◀問題2▶

電極間隔 d [m]、電極板面積 S [m²]、誘電体の誘電率を ε [F/m] とすると

$$C_1 = \frac{\varepsilon S}{d} = 60 \text{ [}\mu\text{F]}$$

$$C_2 = \frac{\varepsilon S}{\dfrac{d}{2}} = \frac{2\varepsilon S}{d} = 2C_1 = 120 \text{ [}\mu\text{F]}$$

答 (3)

◀問題3▶

2つのコンデンサは直列接続である。空気コンデンサ部の静電容量を C_1、比誘電率 ε_r 部のコンデンサの静電容量を C_2 とすると

$$C_1 = \frac{\varepsilon_0 S}{d_0 - d_1} = \frac{\varepsilon_0 \times (100 \times 10^{-4}) \text{ [m}^2\text{]}}{0.01 \times 10^{-3} \text{ [m]}}$$

$$= 1\,000\varepsilon_0 \text{ [F]}$$

$$C_2 = \frac{\varepsilon_0 \varepsilon_r S}{d_1} = \frac{\varepsilon_0 \times 10 \times (100 \times 10^{-4}) \text{ [m}^2\text{]}}{(0.01 \times 10^{-3}) \text{ [m]}}$$

$$= 10\,000\varepsilon_0 \text{ [F]}$$

$$\therefore \text{合成静電容量 } C = \frac{C_1 \times C_2}{C_1 + C_2} = \frac{1\,000\varepsilon_0 \times 10\,000\varepsilon_0}{1\,000\varepsilon_0 + 10\,000\varepsilon_0}$$

$$= \frac{10\,000}{11}\varepsilon_0 \text{ [F]}$$

したがって、電極間に充電電圧 $V = 24\text{ V}$ を与えたときのこのコンデンサが蓄える電気量（電荷）Q は

$$Q = CV = \frac{10\,000}{11}\varepsilon_0 \times 24 \text{ [C]}$$

$$= \frac{10\ 000}{11} \times 8.85 \times 10^{-12} \times 24 \text{ (C)}$$

$$= 0.19 \text{ (}\mu\text{C)}$$

答 (2)

◀問題4▶

合成静電容量 $C = \dfrac{C_1 C_2}{C_1 + C_2} = \dfrac{2 \times 4}{2 + 4} = \dfrac{8}{6}$

$$= \frac{4}{3} \text{ (}\mu\text{F)} = \frac{4}{3} \times 10^{-6} \text{ (F)}$$

コンデンサに蓄えられるエネルギー W は

$$W = \frac{1}{2} C V^2$$

$$= \frac{1}{2} \times \left(\frac{4}{3} \times 10^{-6} \right) \times 12^2$$

$$= 9.6 \times 10^{-5} \text{ (J)}$$

答 (1)

電気理論 7 　磁力線とヒステリシスループ

😸 POINT 😸
磁界に関する基礎知識をマスターしておく。

1. 磁力線の性質
①磁力線の向きはその点の磁界の向きと同じである。
②磁力線の密度はその点の磁界の強さに等しい。
③磁力線はN極から出てS極に入る。
④磁力線は磁位の高い点から低い点に向かう。

⑤磁力線の本数 $= \dfrac{\text{磁極の強さ } m \text{〔Wb〕}}{\text{透磁率 } \mu \text{〔H/m〕}}$

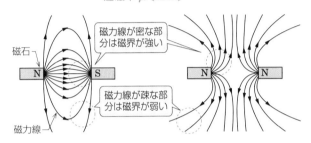

磁力線が密な部分は磁界が強い

磁石

磁力線が疎な部分は磁界が弱い

磁力線

2. ヒステリシスループ
　ヒステリシスループは、磁化曲線とも呼ばれ、磁界の強さ H〔A/m〕の変化に対する磁束密度 B〔T〕の変化を示した曲線である。最大磁束密度は、一番飽和しきっているところの磁束密度で、B_r を残留磁気、H_c を保磁力という。

●電磁石の条件：B_r が大きくて H_c が小さい磁性体
●永久磁石の条件：B_r も H_c も大きい強磁性体

　鉄心入りコイルに電流を流すと、ヒステリシス損が発生し、ヒステリシスループ内の面積に比例した電気エネルギーが鉄心中で熱として失われる。電磁石は面積が小さく、永久磁石は面積が大きい方がよい。

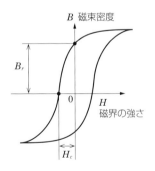

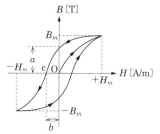

1級 **問題1** 下図に示す磁性体の磁束密度 B〔T〕と磁界の強さ H〔A/m〕の曲線に関する記述として、適当なものはどれか。

(1) この曲線は、無負荷飽和曲線と呼ばれる。

(2) 電磁石の鉄心材料としては、残留磁気と保磁力が大きい強磁性体が適している。

(3) この曲線の a は残留磁気を表し、b は保磁力を表す。

(4) この曲線を一回りするときに消費される電気エネルギーは、この曲線内の面積に反比例する。

解答・解説

問題1

(1) この曲線は、**ヒステリシスループ**と呼ばれる。

(2) **永久磁石**の鉄心材料としては、残留磁気と保磁力が大きい強磁性体が適している。**電磁石**の鉄心材料としては飽和磁束密度が大きく、保磁力の小さいものがよい。

(4) この曲線を一回りするときに消費される電気エネルギーは、この曲線内の面積に**比例**する。

答 (3)

☺ POINT ☺

アンペアの法則と電磁力についてマスターしておく。

1. アンペアの法則

アンペアの右ねじの法則	直線電流による磁界の強さ
右ねじの進む方向に電流を流したとき、ねじの回転方向に磁界ができる。	直線導体に電流 I〔A〕を流すと、導体から半径 r〔m〕の円周上の磁界の強さ H は $$H = \frac{I}{2\pi r} \ \text{〔A/m〕}$$ で求められる。

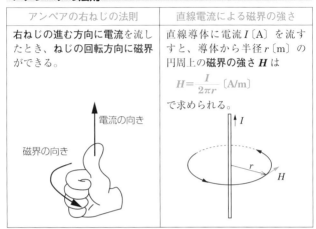

電流の向き

磁界の向き

I

r

H

2. 平行導体間に働く力

　導体 A の作る磁界の方向は、アンペアの右ねじの法則より⊗方向（表から裏に向かう方向）で、導体 B に働く力の方向は吸引力となる。

　真空中または空気中に距離 r〔m〕を隔てた長さ l〔m〕の平行導体に電流 I_1〔A〕と I_2〔A〕を流すと、導体間に働く電磁力 F は

$$F = \frac{2I_1 I_2}{r} l \times 10^{-7} \ \text{〔N〕}$$

となる。電磁力は、**電流 I_1 と I_2 が**同方向の場合には吸引力、反対方向の場合には反発力となる。

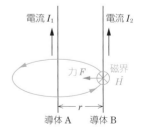

電流 I_1　　　電流 I_2

力 F　　磁界 $\dot{H}$

r

導体 A　　導体 B

問題1 下図に示す無限に長い直線導体に $I = 6.28\,\mathrm{A}$ の電流が流れているとき、導体から $r = 5\,\mathrm{cm}$ 離れた場所 A 点の磁界の強さ $H\,\mathrm{[A/m]}$ と磁界の向きの組合せとして、適当なものはどれか。

	磁界の強さ	磁界の向き
(1)	20.0〔A/m〕	a 方向
(2)	20.0〔A/m〕	b 方向
(3)	125.6〔A/m〕	a 方向
(4)	125.6〔A/m〕	b 方向

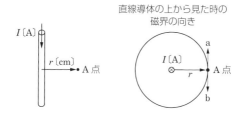

直線導体の上から見た時の磁界の向き

問題2 下図に示すように、真空中に $r = 0.1\,\mathrm{m}$ の間隔で平行に置いた無限に長い 2 本の直線導体に同じ向きに $I_1 = I_2 = 2\,\mathrm{A}$ の電流が流れているとき、導体 1 m あたりに働く力 $F\,\mathrm{[N/m]}$ として、適当なものはどれか。ただし、真空中の透磁率 $\mu_0 = 4\pi \times 10^{-7}\,\mathrm{[H/m]}$ とする。

(1) 4×10^{-6}〔N/m〕
(2) 8×10^{-6}〔N/m〕
(3) 16×10^{-6}〔N/m〕
(4) 25×10^{-6}〔N/m〕

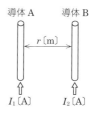

導体 A　　導体 B

【問題1】

① A 点の磁界の強さ H は

$$H = \frac{I}{2\pi r} = \frac{6.28}{2\pi \times 0.05} = 20 \,[\text{A/m}]$$

②磁界の向きは、アンペアの右ねじの法則より **b 方向**となる。

答 (2)

【問題2】

導体 1 m あたりの電磁力 F は

$$F = \frac{2I_1 I_2}{r} \times 10^{-7}$$

$$= \frac{2 \times 2 \times 2}{0.1} \times 10^{-7}$$

$$= 8 \times 10^{-6} \,[\text{N/m}] \quad (\text{電流 } I_1 \text{ と } I_2 \text{ は同方向のため吸引力})$$

答 (2)

電気理論 9 　自己インダクタンスと相互インダクタンス

☺ POINT ☺

インダクタンスの概念についてマスターしておく。

1. 自己インダクタンス

図のように、巻数 N のコイルに電流 I 〔A〕を流したとき、

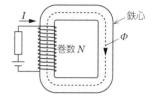

鉄心中に磁束 Φ 〔Wb〕が通過したときの磁束鎖交数は $N\Phi$ 〔Wb〕で、コイルの自己インダクタンス L は、次式で表される。

$$L = \frac{N\Phi}{I} \ \text{〔H〕}$$

自己インダクタンス L は、**巻数 N の 2 乗に比例**する。

2. 相互インダクタンス

鉄心に巻数 N_1、N_2 のコイル 1、コイル 2 がある。

コイル 1 の電流 I_1 〔A〕を時間的に変化させると、コイル 2 と鎖交する磁束 Φ_1 〔Wb〕が時間的に変化し、コイル 2 に起電力 e_2 〔V〕が誘起される。また、コイル 2 の電流 I_2 〔A〕を時間的に変化させるとコイル 1 と鎖交する磁束 Φ_2 〔Wb〕が時間的に変化し、コイル 1 に起電力 e_1 〔V〕が誘起される。この起電力を相互誘導起電力という。

$$e_1 = -M\frac{\Delta I_2}{\Delta t} \ \text{〔V〕} \quad e_2 = -M\frac{\Delta I_1}{\Delta t} \ \text{〔V〕}$$

式中の M を相互インダクタンス〔H〕という。相互インダクタンス M は、$M = k\sqrt{L_1 L_2}$ 〔H〕（k は結合係数、L_1、L_2 は 2 つのコイルの自己インダクタンス）表され、**（$N_1 \times N_2$）に比例**する。

1級 **問題1** 下図に示す平均磁路長 $l = 50\,\text{cm}$、断面積 $S = 10\,\text{cm}^2$、比透磁率 $\mu_r = 500$ の環状鉄心に巻数 $N_1 = 500$、$N_2 = 200$ のコイルがあるとき、両コイルの相互インダクタンス $M\,[\text{mH}]$ の値として、適当なものはどれか。

ただし、真空の透磁率 $\mu_0 = 1.2 \times 10^{-6}\,[\text{H/m}]$ とし、磁束の漏れはないものとする。

(1) $3.0 \times 10^{-3}\,[\text{mH}]$

(2) $2.4 \times 10^{-1}\,[\text{mH}]$

(3) $1.2 \times 10^{2}\,\ [\text{mH}]$

(4) $1.2 \times 10^{4}\,\ [\text{mH}]$

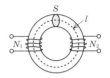

解答・解説

問題1

巻数 N_1 および N_2 のコイルの自己インダクタンスを、それぞれ L_1、L_2 とすると

$$L_1 = \frac{\mu_0 \mu_r S N_1^2}{l}\,[\text{H}] \qquad L_2 = \frac{\mu_0 \mu_r S N_2^2}{l}\,[\text{H}]$$

両コイルの相互インダクタンス M は、$M = k\sqrt{L_1 L_2}$ で表されるが、磁束の漏れはないので、結合係数 k は 1 である。したがって

$$M = \sqrt{L_1 L_2} = \sqrt{\frac{\mu_0 \mu_r S N_1^2}{l} \times \frac{\mu_0 \mu_r S N_2^2}{l}}$$

$$= \boxed{\frac{\mu_0 \mu_r S N_1 N_2}{l}}$$

$$= \frac{(1.2 \times 10^{-6}) \times 500 \times (10 \times 10^{-4}) \times 500 \times 200}{0.5}$$

$$= 0.12\,[\text{H}] = 120\,[\text{mH}]$$

(参考) 2級（R1後期）は □ の式を選ぶ問題、2級（R3後期）は数値を変えた問題が出題されている。

答 (3)

電気理論 10 電磁波と進行波

☺ POINT ☺

電磁波の伝播のしくみと進行波の定在波比についてマスターする。

1. 電磁波

電磁波は、電界と磁界の直交する 2 成分からなる波で、電場と磁場が交互に振動しながら空間を伝播していく。電磁波のうち、周波数が 3THz 以下のものを電波という。媒質の誘電率を ε 〔F/m〕、透磁率を μ 〔H/m〕とすると、電磁波の伝播速度 v は、次式で表される。

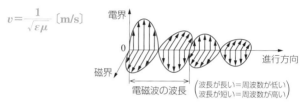

$$v = \frac{1}{\sqrt{\varepsilon\mu}} \ \text{〔m/s〕}$$

電磁波の波長 〔波長が長い=周波数が低い 波長が短い=周波数が高い〕

2. 進行波の定在波比

伝送線路にインピーダンスの不整合があった場合、進行波の一部がその点で反射し、逆方向に伝搬する反射波を生じる。進行波と反射波は、互いに逆方向に伝搬しながら加わったり打ち消しあったりして定在波を生じる。

この定在波の（最大の振幅／最小の振幅）を定在波比という。電圧の場合には、これを電圧定在波比（VSWR）という。

①電圧反射係数

線路の特性インピーダンスを Z_0、負荷のインピーダンスを Z とすると、電圧反射係数 Γ は、次式で求められる。

$$\Gamma = \frac{Z - Z_0}{Z_0 + Z}$$

②定在波比

電圧定在波比（VSWR）は、次式で求められる。

$$\text{VSWR} = \frac{1 + |\Gamma|}{1 - |\Gamma|}$$

VSWR は、負荷の短絡、開放とも ∞ となる。

問題1 伝送線路に関する次の記述の □ に当てはまる語句の組合せとして、適当なものはどれか。

「下図に示すように伝送線路の特性インピーダンス Z_0 と負荷のインピーダンス Z_r が等しくない伝送線路に電気信号を流した場合、負荷との接続点において □ ア □ が生じ、これが入射波と干渉することによって伝送線路上に □ イ □ が現れる。」

特性インピーダンス Z_0　Z_r　負荷のインピーダンス Z_r

$Z_0 \neq Z_r$

	ア	イ
(1)	近接効果	表皮効果
(2)	近接効果	定在波
(3)	反射波	表皮効果
(4)	反射波	定在波

1級

問題2 定在波に関する記述として、適当でないものはどれか。

(1) 伝送線路の負荷側を短絡あるいは開放した場合の電圧定在波比は 0 となる。

(2) 伝送線路に、伝送線路の特性インピーダンスと異なる負荷を接続した場合は、負荷において反射が起こり伝送線路に定在波が発生する。

(3) 伝送線路に発生する定在波の電圧の最大値を伝送線路に発生する定在波の最小値で割った値を電圧定在波比という。

(4) 伝送線路に、伝送線路の特性インピーダンスと同じ値の負荷を接続した場合の電圧定在波比は 1 となる。

問題3 無線通信において、アンテナの入力インピーダンスと給電線の特性インピーダンスの整合が必要となる理由に関する記述として、適当でないものはどれか。

(1) 効率のよい送受信ができなくなる。

(2) 送信機の電力増幅回路の動作が不安定になる。

(3) 電波障害の発生原因となる。

(4) 受信機の選択度の低下原因となる。

解答・解説

問題1

文章を完成させると、次のようになる。

「下図に示すように伝送線路の特性インピーダンス Z_0 と負荷のインピーダンス Z_r が等しくない伝送線路に電気信号を流した場合、負荷との接続点において**反射波**が生じ、これが入射波と干渉することによって伝送線路上に**定在波**が現れる。」

(参考) 進行波と反射波の概念

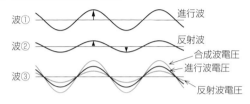

波①　進行波
波②　反射波
波③　合成波電圧　進行波電圧　反射波電圧

答 (4)

問題2

伝送線路の負荷側を短絡あるいは開放した場合の**電圧定在波比**は∞となる。

答 (1)

問題3

受信機の選択度は、他の電波から目的波をどれだけ分離できるかの指標である。選択度は受信機の同調回路の Q（コイルのよさ）で決まるものである。

答 (4)

POINT
アナログ通信とデジタル通信の違いをマスターしておく。

1. 音声通信とデータ通信
①音声通信：音声（アナログ情報）を送受する。
②データ通信：インターネットや LAN 等における通信で、データというデジタル情報を送受する。

2. アナログ信号とデジタル信号
両者の信号を比較すると、下表のようになる。

区　分	アナログ信号	デジタル信号
元信号	連続的に変化する信号	0 1 0 1 0 離散的な信号
再生信号	波形にひずみがあると再生できない	しきい値 0 1 0 1 0 しきい値を超えないひずみは再生できる

問題1 デジタル伝送の特徴に関する記述として、適当でないものはどれか。
(1) 信号レベルがしきい値より低下すると品質が急激に悪くなる。
(2) 多種類の情報をまとめて伝送できる。
(3) コンピュータとの親和性がよい。
(4) 情報が電圧の有無や高低などの2値として伝送されるのでアナログ伝送に比べ雑音に弱い。

解答・解説
問題1
アナログ伝送は雑音が入ると混信するが、デジタル伝送は雑音があっても0と1の識別可能な範囲内では受信側で元のデータに戻すことができる。　　　　　　　　　　答 (4)

変調方式と多重化方式

電気通信工学

☺ POINT ☺

主に変調方式と多重化方式についてマスターしておく。

1. 情報の伝送モード

伝送モードには、次の3種類がある。

①単方向モード：通信の向き
が常に単一である。（→）

②全二重モード：送信と受信
が並行して同時に行える。
（⇄）

```
        伝送モード
       ┌──────┴──────┐
   単方向モード    双方向モード
              ┌──────┴──────┐
            全二重        半二重
```

③半二重モード：送信と受信が可能で、送信側と受信側を交互
に切り替えて伝送する。（→または←）

2. 変調と復調

①有線での通信：送りたい信号（ベースバンド信号）をそのま
ま通信線で送ることができる。

②無線での通信：ベースバンド信号をそのまま送ることができ
ないため、送信側は搬送波に信号をのせて伝送（**変調**：
MOD）する。受信側は、受信波形から搬送波を取り除き信
号のみを取り出す（**復調**：**DEM**）ようにする。

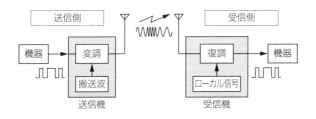

3. アナログ変調とデジタル変調

搬送波に対し、どのような方式で信号を伝送するかで変調方
式が変わり、代表的なものとして次の方式がある。

①アナログ変調：振幅変調（AM）、周波数変調（FM）

②デジタル変調：振幅偏移変調（ASK）、周波数偏移変調
（FSK）、位相偏移変調（PSK）、直交振幅変調（QAM）

4. 変調方式

①振幅変調（AM）

音声信号からなる信号により搬送波の振幅を変化させて伝送する。

②周波数変調（FM）

搬送波の振幅は一定で、音声信号によって搬送波の周波数を変えて伝送する。

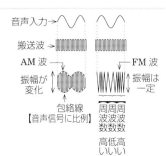

③振幅偏移変調（ASK）

送信データのビット列に対応して、搬送波の振幅を変化させて伝送する。

④周波数偏移変調（FSK）

送信データのビット列に対応して、搬送波の周波数を上下に変化させて伝送する。

⑤位相偏移変調（PSK）

送信データのビット列に対応して、搬送波の位相を変化させて伝送する。

⑥直交振幅変調（QAM）

位相が90°ずれた2つの搬送波をそれぞれ振幅変調して合成する変調方式である。この方式は、一度に複数ビットを送信できる。

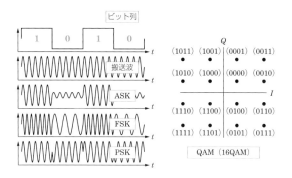

5. 多重化方式

1本の伝送路を用いて多数の利用者の端末から信号を束ねて送る技術が多重化である。多重化によって、信号を効率的に伝送することができる。主な多重方式には、下表のものがある。

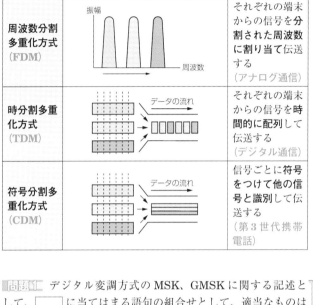

周波数分割多重化方式（FDM）		それぞれの端末からの信号を**分割された周波数に割り当て**伝送する（アナログ通信）
時分割多重化方式（TDM）		それぞれの端末からの信号を**時間的に配列して**伝送する（デジタル通信）
符号分割多重化方式（CDM）		信号ごとに符号をつけて他の信号と識別して伝送する（第3世代携帯電話）

1級 **問題** デジタル変調方式の MSK、GMSK に関する記述として、◻◻◻ に当てはまる語句の組合せとして、適当なものはどれか。

「MSK は、FSK の変調指数が ◻ア◻ の状態であり、GMSK は、MSK の ◻イ◻ を低く抑えた変調方式である。」

	ア	イ
(1)	0.5	サイドローブのレベル
(2)	0.5	周波数偏移
(3)	1.0	サイドローブのレベル
(4)	1.0	周波数偏移

1級 　**問題2** 　下図に示す FM 受信機のブロック図において、(ア) に当てはまる回路の名称とその内容に関する記述として、適当なものはどれか。

(1) **周波数弁別回路**：FM 波の周波数変化に比例した信号波を取り出すための FM 検波回路である。

(2) **周波数弁別回路**：振幅の大きな信号によって、瞬間的に周波数偏移が過大になるのを防ぐ回路である。

(3) **IDC 回路**：FM 波の周波数変化に比例した信号波を取り出すための FM 検波回路である。

(4) **IDC 回路**：振幅の大きな信号によって、瞬間的に周波数偏移が過大になるのを防ぐ回路である。

解答・解説

問題1

① FSK の変調指数＝（周波数偏移幅／変調ビットレート）であり、**変調指数 *m*＝0.5** の FSK を、変調指数が小さいという意味で **MSK**（Minimum Shift Keying）と呼んでいる。

② GMSK（Gausisian Filtered MSK）は、デジタル符号を低域フィルタ（ガウスフィルタ）を通して帯域制限によって**サイドローブのレベルを低く抑えて**パルス成形した後、FSK 変調を実施する。

答 (1)

問題2

FM 波の周波数変化に比例した信号波を取り出すための FM 検波回路は、周波数弁別回路である。

答 (1)

❄ POINT ❄

LAN のネットワーク形態とプロトコルをマスターする。

1. LAN の接続形態

LAN（ローカルエリアネットワーク）の論理的な接続形態をトポロジーといい、その代表的なものには、スター形、リング形、バス形がある。

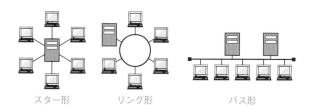

スター形　　　　　リング形　　　　　　バス形

スター形	サーバやハブを中心に放射状にクライアントを配置した形態で主流である。
リング形	ループ状のネットワークににホストを接続した形態である。
バス形	バスと呼ばれる幹線にクライアントやサーバが枝状に接続された形態である。

2. OSI 参照モデル

ISO（国際標準化機構）の OSI 参照モデルでは、ネットワークシステムを機能別に 7 つの階層に分けている。ネットワークシステムやプロトコルは、この階層構造モデルに合致するように作られており、OSI 参照モデルの 7 階層と LAN 接続機器との関連は下図のとおりである。

	OSI 参照モデル		LAN 接続機器
第 7 層	アプリケーション層	通信サービス	ゲートウェイ
第 6 層	プレゼンテーション層	データの表現形式の変換	
第 5 層	セッション層	同期制御	
第 4 層	トランスポート層	システム間のデータ転送	
第 3 層	ネットワーク層	データの伝送経路を選択	ルータ
第 2 層	データリンク層	伝送制御	ブリッジ
第 1 層	物理層	物理的な伝送媒体	リピータ

3. TCP と UDP の違い

TCP (**Transmission Control Protocol**) と UDP (**User Datagram Protocol**) はトランスポート層のプロトコルである。

TCP	①コネクション型のプロトコルである。 ②パケット単位に送受信確認を行いながら通信するため、非常に信頼性が高く、サーバ間のデータ交換などに適用されている。
UDP	①コネクションレス型のプロトコルで、コネクションの確立や切断の機能がない。 ② TCP と比較すると信頼性は劣るが、映像や音声をリアルタイムに効率よく高速に伝送できる。

4. TCP でのコネクション

TCP では、TCP/IP ネットワークにおいて通信を行うノード間にコネクションを確立してデータ転送を行う。その際にコネクションを識別するため、宛先 IP アドレス、宛先 TCP ポート番号、送信元 IP アドレス、送信元 TCP ポート番号が必要となる。

始点(送信元)ポート番号		終点(送信先)ポート番号	
シーケンス番号			
ACK番号(次に受信すべきシーケンス番号)			
ヘッダ長	予約	コントロールビット	ウィンドウサイズ
TCP チェックサム		緊急データポインタ	
オプション			

ACK : Acknowledgement

図 TCP セグメントのフォーマット

5. LAN のアクセス方式

有線 LAN では、CSMA/CD 方式 (搬送波感知多重アクセス／衝突検出方式) が採用されている。この方式では各端末がデータの送信前に伝送路の状態確認をし、伝送路上に何もデータが検知されなければデータの送信を行う。データ送信後に伝送路上で衝突が検知された場合には、直ちにデータの送信を打ち切り、一定時間待機した後にデータの再送を行う。

問題1 LAN の接続形態（トポロジー）に関する次の記述のうち、適当なものはどれか。

「基幹となるケーブルを1本敷設し、そこから複数の支線が延びるようにネットワークを構築する方法で、この接続形態は 10BASE5 や 10BASE2 で用いられる。」

(1) スター型　　(2) バス型
(3) リング型　　(4) ツリー型

問題2 右表に示す OSI 参照モデルの空欄（ア）、（イ）に該当する名称の組合せとして、適当なものはどれか。

NO.	名称
7	（ア）
6	プレゼンテーション層
5	セッション層
4	（イ）
3	ネットワーク層
2	データリンク層
1	物理層

　　　　（ア）　　　　　　　　　（イ）
(1) アプリケーション層　　ファンクション層
(2) トランスポート層　　　アプリケーション層
(3) ファンクション層　　　トランスポート層
(4) アプリケーション層　　トランスポート層

問題3 TCP/IP における IP（インターネットプロトコル）の特徴に関する記述として、適当でないものはどれか。

(1) パケット通信を行う。
(2) 最終的なデータの到達を保証しない。
(3) 経路制御を行う。
(4) OSI 参照モデルにおいて、トランスポート層に位置する。

問題4 TCP に関する記述として、適当でないものはどれか。

(1) TCP は、同じトランスポート層のプロトコルである UDP に比べ、高速にデータ伝送ができる。
(2) TCP では、通信の途中でデータが欠落した場合、欠落したデータの再送信を行う。
(3) TCP では、データ伝送に先立ち、宛先側コンピュータとの間でコネクションを確立させてから通信を開始する。
(4) TCP は、分割して送信したデータの順序と宛先側で受信したデータの順序が異なっていた場合でも元のデータ順に戻すことができる。

問題1

①バス型で、10BASE5 や 10BASE2 は同軸ケーブルによる伝送速度 10 Mbps のネットワークである。

②伝送距離の限度は 10BASE5 で 500 m、10BASE2 で 200 m である。

答 (2)

問題2

第4層はトランスポート層、第7層はアプリケーション層である。第1層から第7層までの名称は確実に覚えておかねばならない。第7層から第1層に向かって頭文字を並べて『アプセットネデーブ』という有名な覚え方がある。　**答** (4)

問題3

プロトコルは、通信を成立させるためのしくみで、IP（インターネットプロトコル）は、OSI 参照モデルにおいて、ネットワーク層に位置する。　**答** (4)

問題4

① TCP はコネクション型の通信で、コネクションの確立はスリーウェイハンドシェイクにより行われ、信頼性を重視している。

② UDP はコネクションレス型の通信で、TCP に比べて信頼性は劣るが高速通信ができる。

答 (1)

☺ POINT ☺

無線通信システムの基本についてマスターしておく。

1. アナログ変調・復調

　無線通信で音声や画像などの情報を送る場合、**送信側**では情報を電気信号（信号波）に変換する。次に信号波より高い周波数の搬送波に信号波を含ませて得られる信号を送信する。**受信側**では、搬送波と信号波の2つの成分を含むこの信号から信号波の成分だけを取り出すことによって、音声や画像などの情報を得る。

　搬送波に信号波を含ませる操作を**変調**という。正弦波の搬送波を用いる基本的な変調方式として、振幅変調（AM）、周波数変調（FM）、位相変調（PM）がある。

　搬送波を変調して得られる信号から元の信号波を取り出す操作を復調（**検波**）という。

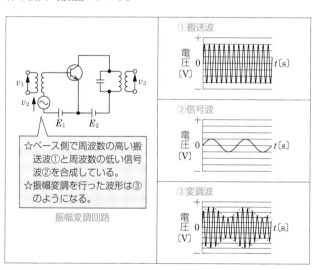

☆ベース側で周波数の高い搬送波①と周波数の低い信号波②を合成している。
☆振幅変調を行った波形は③のようになる。

振幅変調回路

①搬送波

電圧〔V〕　0　　　　　t〔s〕

②信号波

電圧〔V〕　0　　　　　t〔s〕

③変調波

電圧〔V〕　0　　　　　t〔s〕

2. 無線通信の周波数帯

下図のように周波数帯別の呼称がある。

直進性が弱い　　　　　　　　　　　　　　　　　　　　　　　直進性が強い
情報伝送容量が小さい　　　　　　　　　　　　　　　　　　　情報伝送容量が大きい
◀━━▶

波長 周波数	100km 3kHz	10km 30kHz	1km 300kHz	100m 3MHz	10m 30MHz	1m 300MHz	10cm 3GHz	1cm 30GHz	1mm 300GHz	0.1mm 3THz
	超長波 VLF	長波 LF	中波 MF	短波 HF	超短波 VHF	極超短波 UHF	マイクロ波 SHF	ミリ波 EHF	サブミリ波 THF	

それぞれの周波数帯の特徴は、下表のとおりである。

①超長波（VLF）	地表面に沿って伝わり、低い山も越えることができる。
②長波（LF）	非常に遠くまで伝わることができる。
③中波（MF）	AM ラジオに使用され、電波伝搬が安定しており電離層の E 層で反射して電波を伝え、遠距離まで届く。
④短波（HF）	地表と電離層の F 層での反射を繰り返し、地球の裏側まで伝わる。
⑤超短波（VHF）	FM ラジオや業務用移動無線に使用され、直進性があり、山や建物の陰にも回り込んで伝わる。
⑥極超短波（UHF）	携帯電話や地上デジタル TV に使用され、小形のアンテナと送受信設備で通信できる。
⑦マイクロ波（SHF）	衛星放送、衛星通信、無線 LAN に使用され、直進性が強い。
⑧ミリ波（EHF）	短距離の無線アクセス通信などに利用され、強い直進性があるが、雨や霧の影響であまり遠くに伝わらない。
⑨サブミリ波（THF）	水蒸気による吸収が大きく、電波望遠鏡による天文観測など用途が限定される。

問題1 超短波（VHF）帯の特徴に関する記述として、適当なものはどれか。

(1) 山岳回折により山の裏側に伝わることがある。

(2) わが国の地上デジタルテレビ放送は、この周波数帯を使用している。

(3) 電離層での反射による異常伝搬が起こらない周波数帯である。

(4) 主に、パラボラアンテナが使用される。

問題2 マイクロ波帯（3 GHz～30 GHz の周波数帯）の電波の大気中での減衰に関する記述として、適当でないものはどれか。

(1) 降雨、降雪、大気（水蒸気、酸素分子）、霧などによる影響を受ける。

(2) 降雨による減衰は、周波数が高いほど小さい。

(3) 降雨による減衰は、水蒸気による減衰より大きい。

(4) 降雨域では、雨滴による散乱損失や雨滴の中での熱損失により減衰する。

解答・解説

問題1

超短波（VHF）帯は、山岳回折により山の裏側に伝わることがある。

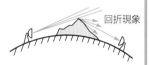

回折現象

(2) 地上デジタル TV は、UHF 帯を使用している。

(3) スポラディック E 層（高密度の電離層）では VHF 帯の反射が起こる。

(4) パラボラアンテナは UHF より波長の短い周波数帯（BS・CS 放送など）で使用される。VHF 帯のアンテナの一般的なものは、八木式アンテナである。

答 (1)

問題2

降雨による減衰は、周波数が高い（波長が短い）ほど大きい。

答 (2)

❤ POINT ❤

インターネットアクセス回線についてマスターしておく。

1. FTTH

ファイバ・ツー・ザ・ホームで、通信事業者の収容局の

OLT（光端局装置）から一
般家庭の加入者までを光ファ
イバとし、加入者の ONU（光
回線終端装置）で光を電気信
号に変換しルータを経由して
パソコンなどに接続する。

光ファイバに
よる加入者回線

クロージャ　クロージャ

2. ADSL

ADSL（Asymmetric Digital Subscriber Line）は非対称
デジタル加入者線のことで、上りと下りの通信速度が非対称
で、下りの方が高速である。ADSL は、既設のメタル加入者
回線を利用して、データ信号を高速に伝送できるようにしたも
のである。

電話共用形の ADSL サービスでは、図のように電話回線に
ADSL スプリッタを接続し、音声信号と ADSL 信号の分離ま
たは合成を行う。

パソコン接続は、ADSL ス
プリッタから ADSL モデム
経由で行い、電話機は直に
ADSL スプリッタに接続す
る。

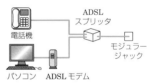

電話機

ADSL
スプリッタ

モジュラー
ジャック

パソコン　ADSL モデム

3. CATV

ケーブルテレビのことで、事業者と一般家庭などを光ファイ
バや同軸ケーブルを使用して繋げ、テレビ放送サービスを行う
ものである。元々は、地上波や衛星放送などが映りにくい地域
で映像を受信できるよう対策したことが始まりであるが、アン
テナが不要なこと、多チャンネル放送の実施などから難視聴エ
リア以外でも普及している。

問題1 家庭からのインターネット接続に関する次の記述に該当する名称として、適当なものはどれか。
「既存のアナログ電話回線を利用して高速なデータ通信を行う通信方式で、上り回線と下り回線の伝送速度が異なる。」
  (1) PLC   (2) FTTH
  (3) ADSL   (4) LTE

問題2 ADSL に関する記述として、適当なものはどれか。
  (1) ADSL を利用するには、ONU（Optical Network Unit）をパソコンに接続する必要がある。
  (2) アナログ信号とデジタル信号の間の変換を行うための装置が必要になる。
  (3) 上り（アップロード）と下り（ダウンロード）の通信速度が異なり、上りのデータ量が多い通信アプリケーションに適している。
  (4) 複数の 64k ビット/秒のチャネルを束ねて伝送に用いることによって、高速通信を実現している。

解答・解説

問題1

① 上り回線と下り回線の伝送速度が異なる（＝非対称）とのヒントから ADSL であることがわかる。

② (1) の PLC（Power Line Communication）は電力線搬送通信、(2) の FTTH（Fiber To The Home）は光ファイバによる家庭向けのデータ通信サービス、(4) の LTE（Long Term Evolution）は携帯電話の通信規格である。

答 (3)

問題2

(1) ADSL を利用するには、ADSL モデムをパソコンに接続する必要がある。（ADSL モデムはパソコンからのベースバンド信号を ADSL 信号に変換する。）

(3) 下りのデータ量が多い通信に適している。

(4) ISDN についての説明である。

答 (2)

❀ POINT ❀

数字の表現と文字コードについてマスターしておく。

1. 数字の表現

各桁を構成する数値や記号の数を**基数**という。2進数では（0と1）、10進数では（0～9）、16進数では（0～F）である。コンピュータの内部は、データは1か0かの2進数で処理し、この基本単位が**ビット（bit）**である。

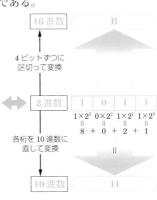

10進数	2進数	8進数	16進数
1	1	1	1
2	10	2	2
3	11	3	3
4	100	4	4
5	101	5	5
6	110	6	6
7	111	7	7
8	1000	10	8
9	1001	11	9
10	1010	12	A
11	1011	13	B
12	1100	14	C
13	1101	15	D
14	1110	16	E
15	1111	17	F
16	10000	20	10

2. 文字コード

コンピュータ上で文字を表現するために割り当てられた数字の組み合わせを文字コードという。

① シフトJISコード：マイクロソフト社により定められたコードで、Windowsなどで使用されている。**半角文字も全角文字も2バイトで扱う。**

② ASCIIコード：米国国家規格協会（ANSI）が制定した文字コードで、アルファベット、数字、記号や制御記号を**7ビットで表現**している。

③ Unicode：ユニコード・コンソーシアムが制定したコードで、**文字を4バイトで表現**している。

④ EUC：拡張UNIXコードとも呼ばれ、UNIX上で漢字、中国語、韓国語などを扱うことができる**マルチバイトコード**である。

問題1 2進数の 1101100101101010 を 16 進数に変換したものとして、適当なものはどれか。

(1) D96A　(2) B748　(3) C859　(4) EA7B

1級 **問題2** 文字コードに関する記述として、適当でないものはどれか。

(1) シフト JIS コードは、2バイトコードの第1バイトと ASCII コードなどの1バイトコードとの重なりが生じないように、JIS 漢字コードの文字割当て領域をシフトした文字コードである。

(2) EUC は、UNIX 上で様々な文字を扱うために策定された文字コードで、複数バイトからなる各国語の文字コードを定めている。

(3) EBCDIC は、アルファベット、数字、記号や制御記号を7ビットで表す米国国家規格協会（ANSI）が制定した文字コードである。

(4) Unicode は、世界各国の文字を統一的に扱うことを目的に国際標準化機構（ISO）で標準化された文字コードである。

解答・解説

問題1

① 2進数を4ビットずつに区切ると次のようになる。

1101 ｜ 1001 ｜ 0110 ｜ 1010

② 2進数の4ビットは、10進数では次のようになる

$(1101)_2 = 1 \times 2^3 + 1 \times 2^2 + 1 \times 2^0 = (\mathbf{13})_{10}$

$(1001)_2 = 1 \times 2^3 + 1 \times 2^0 = (\mathbf{9})_{10}$

$(0110)_2 = 1 \times 2^2 + 1 \times 2^1 = (\mathbf{6})_{10}$

$(1010)_2 = 1 \times 2^3 + 1 \times 2^1 = (\mathbf{10})_{10}$

③ 10進数を16進数に変換すると、**D96A** となる。

答 (1)

問題2

アルファベット、数字、記号や制御記号を7ビットで表す米国国家規格協会（ANSI）が制定した文字コードは、**ASCII** である。

答 (3)

☺ POINT ☺

コンピュータの構成と記憶素子をマスターしておく。

1. コンピュータのハードウェアの構成

コンピュータのハードウェアは、機能面から入力装置、出力装置、記憶装置（主記憶装置＋補助記憶装置）、中央処理装置（制御装置＋演算装置）で構成されている。

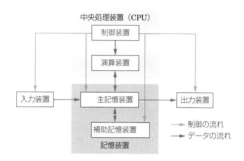

①入力装置	プログラムやデータを記憶装置に読み込むもので、キーボードやマウスなどがある。
②記憶装置	入力装置の読み込んだプログラムやデータや演算装置の演算結果などを格納・保持する。
③制御装置	記憶装置上に存在する基本ソフトウェア（OS）に書かれている命令を1つずつ順番に読み込んで解釈し、命令通り実行するため他の装置に指令を与える。
④演算装置	プログラムの命令に従って、データを使い各種の演算をする。
⑤出力装置	データなどの出力を行うもので、プリンタやディスプレイなどがある。

2. 記憶素子

記憶素子を大きく分けると、読み書きのできる RAM（Random Access Memory）と読み出し専用の ROM（Read Only Memory）がある。

区分	種　類		用　　途	揮発性	書き換え可否
RAM	SRAM		レジスタ、キャッシュの情報を格納	揮発性	可
	DRAM		メインメモリとして使用		
	バックアップ RAM（KAM）		外部電源で情報を保持させる		
ROM	EEPROM		外部電源がなくても情報を保持させる。書き込み回数に制限有り	不揮発性（NVM）	
		フラッシュメモリ	大量のデータを格納		
	マスク ROM		プログラム、データを格納		不可

3．コンピュータの記憶装置の種類

それぞれの記憶装置を比較すると、下表のようになる。

	キャッシュメモリ	主記憶	補助記憶
記　憶　装　置	SRAM	DRAM	HDD や SSD
アクセス速度	速　い ◄━━━━━━► 遅　い		
容　　　量	小さい ◄━━━━━━► 大きい		
容量当たりの価格	高　い ◄━━━━━━► 安　い		
CPUとの理論的距離	近　い ◄━━━━━━► 遠　い		

4．仮想記憶の概念

補助記憶装置と組み合わせ、主記憶装置の容量よりも大きい仮想的記憶領域を提供するための仕組である。

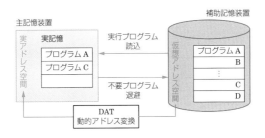

問題1 コンピュータの基本構成に関する記述として、適当でないものはどれか。

(1) 入力装置は、コンピュータに命令やデータを入力する装置で、キーボードやマウスなどがある。

(2) 出力装置は、コンピュータによって処理されたデジタル信号を人間にわかる文字や図形に変換する装置で、ディスプレイやプリンタなどがある。

(3) 演算装置は、制御装置からの制御信号により算術演算や論理演算などの演算を行う。

(4) 主記憶装置は、プログラムやデータを一時的に記憶する装置で、ハードディスク装置が使われる。

問題2 コンピュータの仮想記憶管理に関する記述として、適当でないものはどれか。

(1) 仮想記憶は、主記憶装置と補助記憶装置を組み合わせて、主記憶装置の容量よりも大きい仮想記憶領域を提供するしくみである。

(2) ページング方式は、仮想記憶装置の仮想アドレス空間と主記憶装置の実アドレス空間を固定サイズに分割して管理する方式である。

(3) セグメント方式は、ジョブの優先度に応じて、主記憶装置と補助記憶装置との間でジョブを入れ替える方法である。

(4) 仮想記憶管理では、仮想アドレス空間と実アドレス空間の間で、相互のアドレス変換を含めた管理のしくみが必要である。

問題3 仮想記憶システムでスワップイン、スワップアウトが繰り返されることでコンピュータの性能が低下するスラッシングの防止対策に関する記述として、適当でないものはどれか。

(1) プログラム処理の多重度を上げる。

(2) メモリ消費量が大きいプログラムを停止する。

(3) 主記憶装置容量を増やす。

(4) ハードディスクを増設する。

解答・解説

問題1

補助記憶装置は、主記憶装置の記憶容量の不足を補うのに、プログラムやデータを一時的に記憶する装置で、ハードディスク装置が使われる。キャッシュメモリは、CPU と主記憶装置の間に置かれる。

答(4)

問題2

① **セグメント方式**は、仮想記憶装置の仮想アドレス空間と主記憶装置の実アドレス空間をセグメントで分割して管理する。

② **スワッピング方式**は、ジョブの優先度に応じて、主記憶装置と補助記憶装置との間でジョブを入れ替える。

答(3)

問題3

①「ハードディスクを増設する」は、記憶領域の増強には関係しない。

②ページイン、ページアウトは図に示すとおりである。

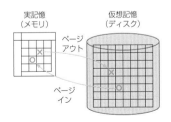

答(4)

:briefcase: POINT :briefcase:

コンピュータのデータモデルをマスターしておく。

1. データモデル

データモデルは、データ構造や操作方法をモデル化したもので、次の種類がある。

種　類	説　明
①階層型モデル 社長 部長　　部長 社員 社員 社員 社員 社員 社員	データ構造を階層構造で表現したもので、木（ツリー）構造モデルとも呼ばれる。 データの形が $1:N$ の親子関係の場合に用いられる。
②ネットワーク型モデル 社長 部長　　部長 社員 社員 社員 社員 社員 社員	データ間が複数対複数（$M:N$）の関係がある場合に用いられ、複数の親を持つことができる。
③関係型モデル | 社員番号	社員名 | | 1001 | 昭和花子 | | 1002 | 平成太郎 | | 1003 | 令和　光 |	リレーショナルモデルとも呼ばれ、データ構造を行と列からなる2次元の表形式で表している。

2. オブジェクト指向モデル

データとそのデータに関する手続き（メソッド）を1つのまとまりとして定義することによって、オブジェクトは独立した部品として扱える。データは外部から隠ぺいされ、メソッドと呼ばれる手続により間接的に操作される。

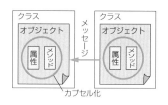

1級 問題1 データベースのデータモデルの1つであるリレーショナルモデルに関する記述として、適当なものはどれか。

(1) データを2次元の表形式で表し、複数の表を関連付けてデータ構造を表現するデータモデルである。

(2) データを階層型の木構造で表現し、データ間を網の目状につないでおり、親が複数の子を持つことができるだけでなく、子も複数の親を持つことができる。

(3) データを階層型の木構造で表現し、データ間は親子関係になっており、親は複数の子を持つことができるが、子は1つの親しか持つことができない。

(4) 文字や数値などのデータだけでなく、データとデータに対する操作を含めてオブジェクトとして扱うモデルである。

問題2 空の二分探索木に 6、8、3、1、7、4、5 の順に値を与えたときにできる二分探索木として、適当なものはどれか。なお、ルートノードは6である。

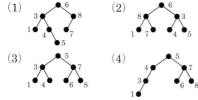

(1) (2) (3) (4)

1級 問題3 データベース管理システム（DBMS）の機能に関する記述して、適当でないものはどれか。

(1) データベース定義機能とは、データベースの構造やデータの格納形式を内部スキーマ、概念スキーマ及び外部スキーマとして定義する機能をいう。

(2) 障害回復機能とは、バックアップファイルやログファイルを事前に採取し、データベースの運用中に発生した障害から回復させるための機能をいう。

(3) 排他制御機能とは、データベースの利用者ごとに利用できるデータを制限することにより不正なアクセスからデータを守る機能をいう。

(4) データベース操作機能とは、データベースの操作（登録、読出し、更新、削除）をデータベース言語を用いて行う機能をいう。

解答・解説

問題1

リレーショナルモデルは、データを2次元の表形式で表し、複数の表を関連付けてデータ構造を表現するデータモデルである。 **答** (1)

問題2

①木を構成する節に値をもつ要素を格納した木を、探索木という。

②2分探索木では、各節点のもつ値は「その節点から出る左部分木にあるどの値よりも大きく、右部分木のどの値よりも小さい」という条件がある。

　したがって、左の子の値＜親の値＜右の子の値の条件を満足するものを探せばよい。

（参考）2分探索法（バイナリサーチ）は、あらかじめ昇順または降順にソートされたデータを対象に探索するアルゴリズムである。 **答** (1)

問題3

排他制御機能とは、二重更新などによってデータの不整合が生じないように、あるトランザクション**A**がデータを更新している間、他のトランザクション**B**が同じデータを更新できないようにする。つまり、データの競合を防止する機能である。 **答** (3)

情報工学 4 ソフトウェア

☺ POINT ☺
言語と OS についてマスターしておく。

1. プログラミング言語

コンピュータにプログラムを実行させるための命令を記述するための型式言語で、次のようなものがある。

①コンパイラ型言語

人間が書いたプログラムをコンピュータが解釈・実行できる形式に一括して機械語に翻訳するプログラム言語で、**C 言語**、**C⁺⁺**、**Java** がこれに該当する。

②インタプリタ型言語

人間がプログラミング言語で記述したプログラムを、コンピュータが解釈・実行できる機械語の形式へと一行ずつ逐次翻訳しながら実行を繰返すプログラムで、**Basic**、**Perl**、**JavaScrit** がこれに該当する。

2. マークアップ言語

視覚表現や文章構造などを記述するための形式言語で、HTML や XML などがある。

① **HTML**：WWW において、ウェブページを表現するために用いられる。

② **XML**：インターネットを介して、構造化された文書や構造化されたデータの共有を容易にするもので、文書を構造化して記述できる。

3. オペレーティングシステム（OS）

OS は、コンピュータの基本操作を行うシステムソフトウェアで、Unix、Linux、Windows などがある。

OS は、制御プログラム、言語プロセッサ、サービスプログラムからなっている。

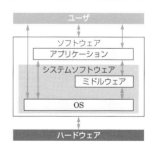

問題1 インタプリタに関する記述として、適当なものはどれか。

(1) 機械語を、英文字を組み合わせたニーモックとよばれる表意記号で記述して、人間に理解しやすくした機械向き言語である。

(2) C などの高水準言語で書かれたソースプログラムを、一括して機械語に翻訳するソフトウェアである。

(3) BASIC などの高水準言語のソースプログラムを、1 行ずつ読み込んでは解釈して実行することを繰返すソフトウェアである。

(4) あるプログラム言語で書かれたソースプログラムを、別のプログラム言語のソースプログラムに変換するためのソフトウェアである。

問題2 ソフトウェアの種類に関する記述として、適当でないものはどれか。

(1) アプリケーションソフトウェアは、特定の目的や業務などで利用されるソフトウェアである。

(2) 言語プロセッサは、データベースの定義・操作・制御などの機能をもち、データベースを統合的に管理するためのソフトウェアである。

(3) ミドルウェアは、オペレーティングシステムとアプリケーションソフトウェアの間で動作する汎用的な機能を提供するソフトウェアの総称である。

(4) オペレーティングシステムは、コンピュータを動かすための基本的なソフトウェアでありハードウェアやアプリケーションソフトウェアを管理、制御するソフトウェアである。

1級 問題3 XML 文書に関する記述として、適当なものはどれか。

(1) 前書きに記述できる内容は、XML 宣言、空白、コメント、及び処理命令であり、XML 文書ではこの前書き部分を省略することはできない。

(2) ルート要素は XML 文書の最初に出てくる要素であり、すべての XML 文書に存在するが、テキストだけが含まれる要素である。

(3) 正しいXML文書であるためには、整形式（well-formed）である必要があるが、整形式のXML文書には複数のルート要素が含まれることがある。
(4) 妥当な（valid）XML文書を作成するには、文書の構造や内容を記述した文法である文書型宣言を前書き部分に含める必要がある。

解答・解説

【問題1】
(1) はアセンブリ言語、(2) はコンパイラ、(4) はトランスレータである。　　　　　　　　　　　　　　　　　　**答** (3)

【問題2】
言語プロセッサでなく、各言語は DDL（定義）、DML（操作）、DCL（制御）である。

（参考）OS の主な機能

①タスク管理	タスクの生成や消滅、実行するタスクの切り替えなどを行う。
②ファイル管理	様々なアプリケーションソフトを利用して作成したファイルを管理する。
③ユーザ管理	ユーザアカウントの登録・削除や利用者のファイルへのアクセス権の設定などコンピュータの利用者を管理する。
④入出力管理	キーボードやプリンタなどの周辺機器の管理や制御を行い、入出力処理を効率化する。
⑤記憶管理	限られた容量の主記憶装置を効果的に利用し、容量の制約をカバーする。

答 (2)

【問題3】
(1) **XML文書**は前書きと文書インスタンスの2つの重要な部分に分けることができる。**前書きは省略できるが文書インスタンスは省略できない。**
(2) ルート要素には、属性、テキストが入れられる。
(3) 整形式の XML 文書のルート要素は1つである。

答 (4)

☻ POINT ☻
コンピュータの性能の指標についてマスターしておく。

1. バッチ処理でのシステムの性能評価
　発生したデータを一定期間まとめておき、あるタイミングで一括処理する形態のバッチ処理では、次の指標がある。

①レスポンスタイム：データの入力完了から端末装置が結果を出力しはじめるまでの時間（応答時間）である。

②スループット：単位時間内に処理できるシステムの仕事量である。

③ターンアラウンドタイム：処理するデータをシステムに入力後、結果が得られるまでの時間で、値が小さいほど性能がよい。

2. コンピュータの性能
　代表的な性能を表すものとして、次のものがある。

①クロック周波数：クロックはコンピュータ内での装置の動作タイミングを合わせる信号で、クロック周波数は1秒間にクロックが何回繰り返されるかを表すもので、単位は〔Hz〕である

②CPI：（Cycles Per Instruction）の略で、1命令当たりの実行に必要なクロック数を表す。

③MIPS：（Million Instructions Per Second）の略で、1秒間に実行できる命令の数を百万単位で表す。

④FLOPS：（FLoating-point Operations Per Second）の略で、1秒間に実行できる浮動小数点演算命令の数を表す。

問題1 コンピュータの性能を評価する指標として、適当でないものはどれか。

(1) TTL　　　(2) CPI
(3) MIPS　　(4) FLOPS

1級 **問題2** コンピュータの中央処理装置に関する記述として、適当でないものはどれか。

(1) 制御装置は、主記憶装置に記憶されているプログラムの命令を取り出して解読し、制御信号を各装置に送り制御する。

(2) 中央処理装置は、制御装置、演算装置、主記憶装置及び補助記憶装置で構成される。

(3) 演算装置は、制御装置からの制御信号により算術・論理・比較・シフトなどの演算を行う。

(4) 中央処理装置の性能を表す指標である MIPS は、1秒間に実行できる命令の数を 10^6 で除した値である。

解答・解説

問題1

TTL (Time To Live) は、TCP/IP では、IP パケットのネットワーク上で送信側が設定する最大転送回数である。DNS ではドメイン情報がキャッシュされる時間を表す。

(2) **CPI** は、CPU の1命令当たりの平均クロック数である。

(3) **MIPS** は、CPU の1秒間の命令実行回数を百万回の単位で表現したものである。

(4) **FLOPS** は、CPU が1秒間に浮動小数点演算命令を何回実行できるかを表す数である。

答 (1)

問題2

中央処理装置 (CPU) は、制御装置、演算装置で構成される。

答 (2)

✿ POINT ✿

ハードディスクについての RAID をマスターする。

1. RAID

RAID（レイド：**R**edundant **A**rray of **I**nexpensive **D**isks）は、データを複数のハードディスクに分散することで、高速、大容量で耐障害性を確保する技術である。RAID の導入で、信頼性や性能の向上が図られる。

表　RAID のレベル

RAID0	ストライピングといい、複数のディスクに分散してデータを書き込むことで、同時に並行アクセスができる。 1 台でもディスクが故障するとデータの読み書きができなくなる。
RAID1	ミラーリングといい、同じデータを 2 台のディスクに書き込む。1 台のディスク故障時に、他の 1 台のディスクで継続して利用できるが、記録するデータよりも倍の記憶容量が必要となる。
RAID2	データの誤りの検出・訂正にハミングコードをしたものをストライピングで書き込む。
RAID3	複数のディスクのうち 1 台をパリティ情報の記録に割り当て、残りのディスクを使用してデータを分散して記録する。
RAID4	RAID3 とほぼ同じで、RAID3 でのビット／バイト単位のストライピングをブロック単位で行う。
RAID5	複数のディスクにデータとパリティ情報をそれぞれ分散して記録する方式で、1 台のディスクが故障しても残りのディスクのデータとパリティ情報から元のデータを復元できる。

問題1 複数のハードディスクを組み合わせて仮想的な1台の装置として管理する技術である RAID に関する次の記述に該当する名称として、適当なものはどれか。

「2台のハードディスクにまったく同じデータを書き込む方式」

  (1) RAID0　　　(2) RAID1

  (3) RAID3　　　(4) RAID5

1級　問題2 信頼性設計の考え方であるフェールセーフに関する記述として、適当なものはどれか。

  (1) 構成部品の品質を高めたり、十分なテストを行ったりして、故障や障害の原因となる要素を取り除くことで信頼性を向上させることである。

  (2) 故障や操作ミス、設計上の不具合などの障害が発生することをあらかじめ予測しておき、障害が生じてもできるだけ安全な状態に移行する仕組みにすることである。

  (3) システムの一部に障害が発生しても、予備系統への切り替えなどによりシステムの正常な稼働を維持することである。

  (4) 利用者が操作や取り扱い方を誤っても危険が生じない、あるいは、誤った操作や危険な使い方ができないような構造や仕掛けを設計段階で組み込むことである。

解答・解説

問題1

適当なものは **RAID1** で、ミラーリングと呼ばれている。

答 (2)

問題2

  (1) はフォールトアボイダンスである。

  (3) はフォールトトレランスである。

  (4) はフールプルーフである。

答 (2)

情報工学 7 コンピュータシステムの信頼性

☻ POINT ☻

コンピュータシステムの信頼性についてマスターしておく。

1. 信頼性の尺度

コンピュータシステムの信頼性の尺度としての MTBF と MTTR がある。

平均故障間隔　$\mathrm{MTBF} = \dfrac{\text{稼働時間の和}}{\text{故障回数}}$ 〔h〕

平均修復時間　$\mathrm{MTTR} = \dfrac{\text{修復時間の和}}{\text{故障回数}}$ 〔h〕

稼働率 $= \dfrac{\mathrm{MTBF}}{\mathrm{MTBF} + \mathrm{MTTR}}$

[例] MTBF と MTTR の求め方

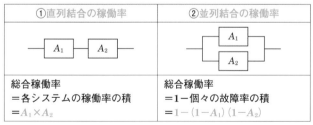

$$\mathrm{MTBF} = \frac{\text{稼働時間の和}}{\text{故障回数}} = \frac{100 + 60 + 80}{3} = 80 \text{〔h〕}$$

$$\mathrm{MTTR} = \frac{\text{修復時間の和}}{\text{故障回数}} = \frac{20 + 10 + 30}{3} = 20 \text{〔h〕}$$

2. 計算機システムの稼働率

稼働率 A_1 と稼働率 A_2 のシステムを直列接続と並列接続したときの総合稼働率 A は、次のように求められる。

①直列結合の稼働率	②並列結合の稼働率
—[A_1]—[A_2]—	A_1 ／ A_2 （並列）
総合稼働率 ＝各システムの稼働率の積 $= A_1 \times A_2$	総合稼働率 ＝1−個々の故障率の積 $= 1 - (1 - A_1)(1 - A_2)$

1級 問題1 2台のハードディスク（HDD）で構成した RAID1（ミラーリング）を2組用いて RAID0（ストライピング）構成とした場合の稼働率として、適当なものはどれか。

ただし、HDD 単体の稼働率は 0.8 とし、RAID コントローラなど HDD 以外の故障はないものとする。

(1) 0.64 (2) 0.87 (3) 0.92 (4) 0.96

問題2 コンピュータシステムの信頼性設計の基本的な考え方である RASIS に関する次の記述の ☐ に当てはまる語句の組合せとして、適当なものはどれか。

「信頼性は、システムが障害なく動作することを示す指標で ア が用いられ、保守性は、障害発生時の保守のしやすさを示す指標で イ が用いられる。」

	ア	イ
(1)	MTBF	MTTR
(2)	MTBF	MBR
(3)	MTTR	MTBF
(4)	MBR	MTTR

問題3 下図に示すシステムの運転時間における MTBF と MTTR の値の組合せとして、適当なものはどれか。ただし、停止時間は、システムが故障してから修復が完了するまでの時間とする。

稼働時間 9 時間	停止時間 5 時間	稼働時間 12 時間	停止時間 5 時間	稼働時間 9 時間
運転時間				

	MTBF	MTTR
(1)	10 時間	3.3 時間
(2)	10 時間	5 時間
(3)	15 時間	3.3 時間
(4)	15 時間	5 時間

解答・解説

RAID1 のディスクは一方の HDD が稼働していればよいため、HDD 単体の稼働率 R とすると、2 台での稼働率は

$$稼働率 = 1 - 故障率^2 = 1 - (1 - R)^2$$
$$= 1 - (1 - 0.8)^2 = 0.96$$

となる。RAID1（ミラーリング）を 2 組用いて RAID0（ストライピング）構成とした場合は、2 組のうちどちらかが故障すると稼働不能となる。したがって、1 組の稼働率は $1 - (1 - R)^2$ であるので、2 組用いて RAID0 構成とした場合の全体の稼働率は、次のようになる。

全体の稼働率
$$= \{1 - (1 - R)^2\}^2$$
$$= 0.96^2 \fallingdotseq 0.92$$

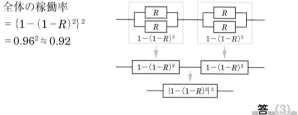

答 (3)

《問題2》

文章を完成させると次のようになる。

「信頼性は、システムが障害なく動作することを示す指標で **MTBF** が用いられ、保守性は、障害発生時の保守のしやすさを示す指標で **MTTR** が用いられる。」

（**参考**）MTBF は **Mean Time Between Failure** の略、**MTTR** は **Mean Time To Repair** の略である。

答 (1)

《問題3》

$$\textbf{MTBF} = \frac{稼働時間の和}{故障回数} = \frac{9 + 12 + 9}{2} = 15 \text{〔h〕}$$

$$\textbf{MTTR} = \frac{修復時間の和}{故障回数} = \frac{5 + 5}{2} = 5 \text{〔h〕}$$

答 (4)

☺ POINT ☺

暗号化と認証について概要をマスターしておく。

1. 暗号化

　機密情報や個人情報などを通信する際に、**盗聴されたり傍受されたりする**と、**第三者に通信の内容を知られたり、改ざんされたりする危険**がある。これを防ぐための技術として暗号化（共通鍵暗号方式や公開鍵暗号方式）がある。

　ハードディスクやフラッシュメモリなどのデータも暗号化して保護するのが望ましい。メールや Web での暗号化通信には **SSL** という技術が、無線 LAN の暗号化規格には **WPA** や **WEP** などがある。

2. 認 証

　認証には、本人認証やメッセージ認証がある。認証の仕組みによって、ネットワークや情報機器を利用する際に、**利用権限のない第三者の利用を防止**できる。

表　本人認証の種類

①知識認証（パスワード認証）：本人認証の方法として、**ID** と**パスワード**を用いる。　［ユーザ ID とパスワードを入力して下さい　ユーザ ID □　パスワード □］
②個体認証：本人の認証として、**カード**などの個体を所有していることを確認する。
③生体認証（バイオメトリクス認証）：本人の認証として、**指紋、静脈パターン、虹彩、網膜**など本人固有の身体情報を用いる。
④二要素認証：パスワードなどの**知識認証に加え、個体認証や生体認証を併用**することで、本人の真正性が確実になる。
⑤ログによる認証：ログ分析ツールを用いる。

3. 情報セキュリティマネジメント

企業や組織にとって、情報セキュリティに対するリスクマネジメントは極めて重要な経営課題の1つである。

企業や組織が、個人情報や顧客情報などを保護することは、社会的責務でもあり、情報のセキュリティ対策には、次のようなものがある。

①物理的環境面の対策：オフィスへの入退室・施錠管理、PCなど情報機器や USB メモリなどの記録媒体の厳正管理

②個人の対策：従業員の規則遵守、判断、目配り気配り、自主的な運用と管理

③組織の対策：ルールを作り、ルールを守る取り組み

④技術面の対策：ウイルス対策ソフトやファイアウォールの適正配置と運用による防御、常時監視、定期チェックによる検知・発見

［問題1］ 本人を認証する手法の1つであるバイオメトリクス認証に利用される情報として、適当でないものはどれか。
　(1) 声紋　(2) 虹彩　(3) 指紋　(4) 個人番号

解答・解説

《問題1》
①個人番号は、知識認証である。
②声紋、虹彩、指紋は本人固有の身体情報を用いるので、生体認証（バイオメトリクス認証）である。

答　(4)

☕ POINT ☕
半導体の基礎知識についてマスターしておく。

1. 半導体の種類

①真性半導体：不純物を含まないけい素などの4価の純粋な半導体で、隣接する4つの原子が互いに1個ずつ電子を出し合って共有する共有結合をしている。

②n形半導体とp形半導体：半導体の電気伝導は、**電子と正孔（ホール）**で行われ、両者は電荷の運び手であることから**キャリア**と呼ばれている。n形半導体は、図1のように、4価のけい素（シリコン Si）の中に**5価の不純物**のりん（P）が含まれ、**電子が過剰**となってキャリアの電子濃度が正孔の濃度より大きい。p形半導体は、図2のように、4価のけい素（Si）の中に**3価の不純物**のインジウム（In）が含まれ、**電子が不足して正孔**ができ、正孔濃度が電子の濃度より大きい。

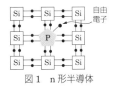
図1 n形半導体

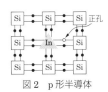
図2 p形半導体

③ドナーとアクセプタ：p形半導体の正孔を作ることができる添加物質（不純物）を**アクセプタ**、n形半導体の自由電子を作ることができる添加物質（不純物）を**ドナー**という。

2. 半導体の性質
半導体には、次のような性質がある。

①真性半導体に不純物を微量添加すると電気抵抗が著しく低下する。

②抵抗率の大きさは、**導体＜半導体＜絶縁体**である。

③温度の上昇によって抵抗値が下がる。（**温度係数は負**）

④**真性半導体**は、**電子と正孔が同数**存在する。

⑤n形半導体の多数キャリアは電子、p形半導体の多数キャリアは正孔である。

> **問題1** 半導体に関する記述として、適当でないものはどれか。
> (1) 半導体は、常温で導体と絶縁体の中間の抵抗率を持っている物質である。
> (2) n 形半導体は、自由電子が多く正孔が少ない。
> (3) pn 接合面では、キャリアがほとんど存在しない空乏層ができる。
> (4) 半導体の抵抗率は、温度が上昇すると増加する。

> **問題2** 半導体に関する記述として、適当でないものはどれか。
> (1) シリコンの真性半導体にヒ素などのドナーを混入した n 形半導体では、自由電子の数が正孔の数より多くなる。
> (2) 半導体の電気伝導度は、真性半導体に添加されるドナーやアクセプタとなる不純物の濃度に依存する。
> (3) 逆方向電圧を加えた pn ダイオードでは、空乏層の領域で正孔と自由電子が結合しにくい状態となり、空乏層が狭くなる。
> (4) ガリウムヒ素を用いた化合物半導体では、半導体材料中を移動する電子の速度がシリコン半導体より速くなり、電子回路の高速動作が可能になる。

解答・解説

> **問題1**
> 半導体の抵抗率は、温度が上昇すると低下するので、抵抗の温度係数は負である。　　　　　　　　　　　　　**答** (4)

> **問題2**
> 逆方向電圧を加えた pn ダイオードでは、空乏層の領域で正孔と自由電子が結合しにくい状態となり、**空乏層が広くなる**。

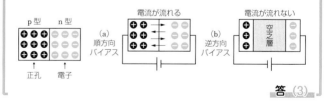

答 (3)

☙ POINT ☙

各種の電子デバイスの動作原理を中心にマスターしておく。

1. 電子デバイスの種類

種　類	説　明
ダイオード アノード　[p | n]　カソード (A)　　　　　　　(K) ⊸▷⊢	p形半導体とn形半導体を接合した構造で、**アノード側の電位がカソード側の電位より高いとA→Kに電流が流れる。** アノード側の電位がカソード側の電位より低ければ電流は流れない。
サイリスタ　　ゲート 　　　　　　　◦(G) アノード　[p | n | p | n]　カソード (A)　　　　　　　　　　　(K) A◦⊸▷⊢^G◦K	半導体のpnpn4層構造で、**AK間に順方向電圧を印加した状態で、ゲートに電流を流すとオン状態、AK間に逆方向電圧を印加するとオフ状態**になる。
トランジスタ E─[p | n | p]─C　　E─[n | p | n]─C 　　　│　　　　　　　　│ 　　　B　　　　　　　　B 　　　C　　　　　　　　C B─◁─│　　　　　B─◁─│ 　　　E　　　　　　　　E (a) pnp形　　　　(b) npn形	**ベース（B）、コレクタ（C）、エミッタ（E）の三端子**がある。pnp形はエミッタからベースへ電流が流れ、npn形はベースからエミッタに電流が流れる。この電流で、コレクターエミッタ間の電流を制御する電流制御素子である。
電界効果トランジスタ（FET） S◦─┐　　┌─◦D　　S◦─┐　　┌─◦D 　　　（↓）　　　　　　（↑） 　　　│　　　　　　　　│ 　　　G　　　　　　　　G nチャネル形　　　pチャネル形	**ドレーン（D）、ソース（S）、ゲート（G）の三端子**がある。電界効果トランジスタは動作に寄与するキャリアが（電子または正孔）1つであり、動作に寄与するキャリアが電子のものがnチャネル形、正孔のものがpチャネル形であり、電圧制御素子である。

問題1 下図に示す NPN トランジスタ回路の動作に関する記述として、適当でないものはどれか。

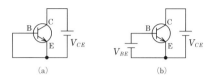

(a)　　　　　　　(b)

(1)（a）の回路は、C-B 間に逆電圧が加わるため C-B 接合面付近の空乏層が広くなる。

(2)（a）の回路は、コレクタに電流が流れない。

(3)（b）の回路は、B-E 間に順電圧が加わるため B-E 接合面付近の空乏層が広くなる。

(4)（b）の回路は、コレクタに電流が流れる。

問題2 トランジスタ増幅回路の接地方式に関する記述として、適当でないものはどれか。

(1) エミッタ接地回路の入力信号と出力信号は、同位相である。

(2) ベース接地回路の入力信号と出力信号は、同位相である。

(3) コレクタ接地回路の入力信号と出力信号は、同位相である。

(4) コレクタ接地回路は、エミッタホロワとも呼ばれている。

問題3 下図に示すトランジスタ回路において、トランジスタの V_{CE}〔V〕の値として、適当なものはどれか。ただし、V_{BE} = 0.7 V、直流電流増幅率 = 200 とする。

(1) 2.2 V

(2) 3.6 V

(3) 5　V

(4) 9　V

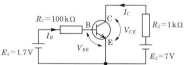

問題4 下図に示すエンハンスメント形 MOS-FET に関する記述として、適当でないものはどれか。

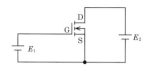

(1) ゲートに電圧を加えなくてもドレーン電流が流れる。
(2) ゲート電圧を大きくするとドレーン電流が増加する。
(3) ゲートにかける電圧が正の領域で動作する。
(4) ゲート電圧を加えるとゲート直下に反転層が形成される。

解答・解説

《問題1》

(b) の回路は、B-E 間に順電圧が加わるため **B-E 接合面付近の空乏層が狭くなる**。 **答** (3)

《問題2》

入力信号と出力信号は、**ベース接地回路とコレクタ接地回路では同位相**であるが、**エミッタ接地回路は逆位相**である。

答 (1)

《問題3》

① $I_B = \dfrac{E_1 - V_{BE}}{R_1} = \dfrac{1.7 - 0.7}{100 \times 10^3} = \dfrac{1}{10^5} = 10^{-5} \,〔\text{A}〕$

② $I_C = 200 \times 10^{-5} = 2 \times 10^{-3} \,〔\text{A}〕$

③ $V_{CE} = E_2 - R_2 I_C$
 　　　$= 7 - 1 \times 10^3 \times 2 \times 10^{-3}$
 　　　$= 7 - 2 = 5 \,〔\text{V}〕$

(**参考**) A 級電力増幅回路は、C 級電力増幅回路より電源効率が悪い。

答 (3)

《問題4》

ゲートに電圧を加えないとドレーン電流は流れない。

答 (1)

☺ POINT ☺

整流回路の基本回路を中心にマスターしておく。

1. ダイオードを用いた整流回路

電源電圧が正弦波であるときの出力波形は、下図のようになる。

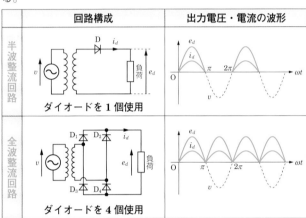

	回路構成	出力電圧・電流の波形
半波整流回路	ダイオードを 1 個使用	
全波整流回路	ダイオードを 4 個使用	

2. 微分回路と積分回路

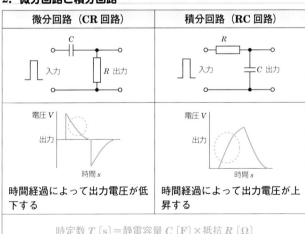

微分回路（CR 回路）	積分回路（RC 回路）
時間経過によって出力電圧が低下する	時間経過によって出力電圧が上昇する

時定数 T〔s〕＝静電容量 C〔F〕×抵抗 R〔Ω〕

問題1 下図に示す整流回路に関する記述として、適当なものはどれか。

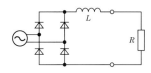

(1) ダイオードを用いた単相全波整流回路である。
(2) ダイオードを用いた単相半波整流回路である。
(3) サイリスタを用いた単相全波整流回路である。
(4) サイリスタを用いた単相半波整流回路である。

1級 **問題2** 下図に示す波形整形回路に正弦波を入力した場合の出力波形として、適当なものはどれか。

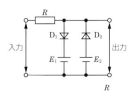

(1)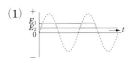

(2)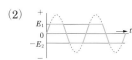

(3)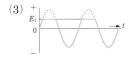

(4)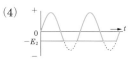

1級 　**問題3** 　下図において、図（a）のような方形波パルスを図（b）の回路に入力したときの出力波形 v_o として、適当なものはどれか。ただし、回路の時定数は方形パルスのパルス幅より十分小さいものとする。

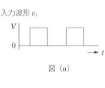

入力波形 v_i

図（a）

図（b）

（1）出力波形 v_o

（2）出力波形 v_o

（3）出力波形 v_o

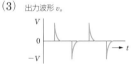

（4）出力波形 v_o

解答・解説

問題1

① 単相ダイオードブリッジ整流回路とも呼ばれ、4つのダイオードを用いており、全波整流波形が得られる。

② RL が直列となっているので、全体として誘導性負荷である。

答 （1）

問題2

① （1）はスライサ回路、（2）はリミッタ回路、（3）はピーククリッパ回路、（4）はベースクリッパ回路の出力波形である。

② 入力電圧を v_i とすると、スライサ回路では、正弦波の正の半波において $v_i > E_1$ なら E_1 を出力、$v_i < E_1$ なら v_i を出力する。負の半波では、E_2 を出力する。スライス回路と呼ばれるのは、入力波形の一部をスライスする（薄く切りとる）ように機能するからである。

76 電気通信工学

（参考）1 級（R2）では、下図のように E_2 の極性を逆にした問題が出題されている。この場合の出力波形は（2）の波形でリミッタ回路である。（1）はスライサ回路、（3）はピーククリッパ回路、（4）はベースクリッパ回路の出力波形である。

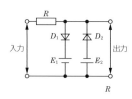

(1)
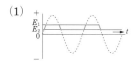

(2)
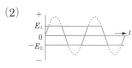

(3)
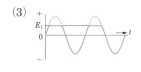

(4)

答 (1)

《問題 3》

CR 回路は微分回路であり、時間経過によって出力電圧が低下する。回路の時定数 T が十分に小さいと、低下が急になる。

答 (3)

☺ POINT ☺

発振回路に関する知識をマスターしておく。

1. 発振回路の原理

　電気的に繰り返し振動を発生する回路が発振回路である。正帰還回路では、電源を入れることによって条件①、②の条件を同時に満たすとき信号成分が循環して発振する。

① 入力電圧 V_i と帰還回路の出力電圧 V_f が同相である。

② 増幅回路の増幅度を A、帰還回路の帰還率を β で示すとき、$A\beta \geqq 1$ である。（図では、$V_i = \beta V_0$ で、$V_0 = AV_i$ であるので、$V_i = A\beta V_i$ となり、$A\beta = 1$）

2. LC 発振回路

　LC 発振回路の代表的なものに、表のようなハートレー発振回路とコルピッツ発振回路がある。ここで、インダクタンスは L〔H〕、静電容量は C〔F〕である。

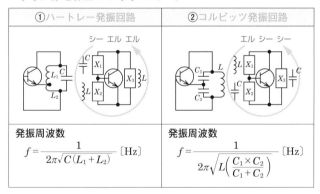

① ハートレー発振回路	② コルピッツ発振回路
発振周波数 $f = \dfrac{1}{2\pi\sqrt{C(L_1 + L_2)}}$ 〔Hz〕	発振周波数 $f = \dfrac{1}{2\pi\sqrt{L\left(\dfrac{C_1 \times C_2}{C_1 + C_2}\right)}}$ 〔Hz〕

問題1 下図に示す負帰還増幅回路において、増幅回路の電圧増幅度が A、帰還回路の帰還率が β の場合の負帰還増幅回路の電圧増幅度 A_f を表す式として、適当なものはどれか。

(1) $A_f = \dfrac{A}{\beta}$

(2) $A_f = \dfrac{1 + A\beta}{A}$

(3) $A_f = \dfrac{A}{1 + A\beta}$

(4) $A_f = A\beta$

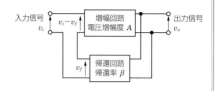

問題2 下図に示す発振回路のブロック図に関する記述として、適当でないものはどれか。

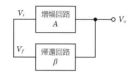

(1) 特定の周波数を発振させるためには、帰還回路に周波数選択回路を入れて、単一周波数だけを帰還するようにする。

(2) 増幅度 A の増幅回路と帰還率 β の帰還回路で構成された発振回路を発振させるための利得条件は、$A\beta \geqq 1$ にする必要がある。

(3) 帰還回路をコイル L とコンデンサ C で作る発振回路には、ハートレー発振回路がある。

(4) 増幅回路と帰還回路で構成された発振回路を発振させるための帰還回路の出力 V_f と増幅回路の入力 V_i の位相条件は、逆位相にする必要がある。

1級 **問題3** 下図のハートレー発振回路の原理図において、発振周波数 f が 100Hz の場合、コンデンサ C の静電容量の値を 36% 減少させたときの発振周波数〔Hz〕の値として、適当なものはどれか。ただし、発振周波数 f は次式で与えるものとし、コイル L_1 と L_2 およびその相互インダクタンス M の値は変化しないものとする。

$$f = \frac{1}{2\pi\sqrt{(L_1 + L_2 + 2M)C}} \ \text{〔Hz〕}$$

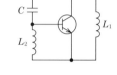

- (1) 64 Hz
- (2) 80 Hz
- (3) 125 Hz
- (4) 156 Hz

解答・解説

問題1

図より、下式が成り立つ。

$$(v_i - v_f)A = v_o \cdots ①$$
$$v_o\beta = v_f \cdots\cdots ②$$

式②を式①に代入すると

$$(v_i - v_o\beta)A = v_o \ \to \ Av_i = (1 + A\beta)v_o$$

$$\therefore A_f = \frac{v_o}{v_i} = \frac{A}{1 + A\beta}$$

答 (3)

問題2

増幅回路と帰還回路で構成された発振回路を発振させるための帰還回路の出力 V_f と増幅回路の入力 V_i の位相条件は、**同位相**にする必要がある。 **答** (4)

問題3

最初の静電容量を C とすると、減少後の静電容量は $0.64C$ となる。発振周波数 f は $1/\sqrt{C}$ に比例し、静電容量減少後の発振周波数 f_1 は $1/\sqrt{0.64C}$ に比例する。よって

$$f : f_1 = \frac{1}{\sqrt{C}} : \frac{1}{\sqrt{0.64C}} \ \to \ f : f_1 = 1 : \frac{1}{0.8}$$

$$\therefore f_1 = \frac{f}{0.8} = \frac{100}{0.8} = 125 \ \text{〔Hz〕}$$

答 (3)

電子工学 5 A/D 変換

☻ POINT ☻

アナログ / デジタル（A/D）変換をマスターしておく。

1. A/D 変換のプロセス

アナログ信号をデジタル信号に変換するのが A/D 変換で、その逆が D/A 変換である。A/D 変換では、アナログ信号が**標本化（サンプリング）**され、その値が**量子化**された後、**符号化**される。標本化→量子化→符号化のプロセスを経てアナログ信号をデジタル信号に変換する。受け取った側では逆操作により原信号に戻す**復号化**が行われる。

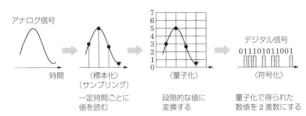

A/D 変換のプロセス

問題1 アナログ・デジタル（AD）変換に関する次の記述の ◯◯◯ に当てはまる語句の組合せとして、適当なものはどれか。

「A/D 変換では、まずアナログ入力信号が ア され、その値が イ された後、 ウ される。」

	ア	イ	ウ
(1)	量子化	標本化	符号化
(2)	量子化	符号化	標本化
(3)	標本化	符号化	量子化
(4)	標本化	量子化	符号化

問題2 最高周波数が、4kHz のアナログ信号をサンプリングする場合、もとのアナログ信号を再現するために必要なサンプリング時間〔μs〕の値として、適当なものはどれか。

(1) 125 μs (2) 250 μs
(3) 375 μs (4) 500 μs

パルス符号変調（PCM）方式の送信側に関する次の記述の ▢ に当てはまる語句の組合せとして、適当なものはどれか。

「アナログ信号の信号波形を一定の間隔で抜き取り、パルス波形に置き換えることを ア といい、抜き取られたパルスを、2^n の間隔で分けられた大きさのパルスに近似することを イ という。さらに、パルスの大きさを、2^n で重み付けした2進数のデジタル信号に変換することを ウ という。」

	ア	イ	ウ
(1)	標本化	符号化	量子化
(2)	標本化	量子化	符号化
(3)	量子化	標本化	符号化
(4)	量子化	符号化	標本化

解答・解説

問題1

A/D変換は、**標本化（サンプリング）→量子化→符号化**の3段階の手順で行われる。 **答** (4)

問題2

必要なサンプリング時間 T は、サンプリング定理により元の信号に含まれている最高周波数 f の2倍以上の周波数で行えばよい。したがって

$$T = \frac{1}{2f} = \frac{1}{2 \times 4\,000} \text{〔s〕} = \frac{10^6}{8\,000} \text{〔}\mu s\text{〕}$$
$$= 125 \text{〔}\mu s\text{〕}$$

答 (1)

問題3

「アナログ信号の信号波形を一定の間隔で抜き取り、パルス波形に置き換えることを**標本化**といい、抜き取られたパルスを、2^n の間隔で分けられた大きさのパルスに近似することを**量子化**という。さらに、パルスの大きさを、2^n で重み付けした2進数のデジタル信号に変換することを**符号化**という。」

答 (2)

電子工学 6 　自動制御

☺ POINT ☺

シーケンス制御とフィードバック制御の概要をマスターしておく。

1. シーケンス制御とフィードバック制御

①シーケンス制御：**開ループ制御**で、あらかじめ定められた**順序または手続**に従って、制御の各段階を逐次進めていく制御方式で、一般に「入」と「切」などの不連続量を対象として扱う制御方式である。

②フィードバック制御：**閉ループ制御**で、制御量を目標値と比較し、偏差（ずれ）があれば**訂正動作を連続的に行う**制御方式である。

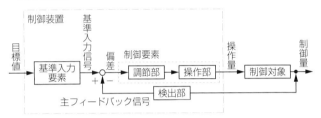

2. シーケンス制御の基本回路

①基本的なシーケンス制御の論理回路の図記号、真理値表は、下図のとおりである。

②ブール代数では、**論理和は＋**、**論理積は・**の記号で表す。

区分	論理和 (OR)		論理積 (AND)		理論否定 (NOT)		排他的論理和 (XOR)		
図記号	$A \atop B$ ⊐ー出力		$A \atop B$ ⊐ー出力		A ⊳○ー出力		$A \atop B$ ⊐ー出力		
真理値表	入力	出力	入力	出力	入力	出力	入力		出力
	A B	$A+B$	A B	$A \cdot B$	A	$\overline{A}$	A	B	$A \oplus B$
	0 0	0	0 0	0	0	1	0	0	0
	0 1	1	0 1	0	1	0	0	1	1
	1 0	1	1 0	0			1	0	1
	1 1	1	1 1	1			1	1	0

3. ブール代数の法則

交　換　則	$A \cdot B = B \cdot A$ $A + B = B + A$
吸　収　則	$A \cdot (A + B) = A$ $A + A \cdot B = A$
結　合　則	$(A \cdot B)C = A \cdot (B \cdot C)$ $(A + B) + C = A + (B + C)$
分　配　則	$A \cdot (B + C) = A \cdot B + A \cdot C$ $A + B \cdot C = (A + B) \cdot (A + C)$
ド・モルガンの法則	$\overline{A \cdot B} = \overline{A} + \overline{B}$ $\overline{A + B} = \overline{A} \cdot \overline{B}$

問題1 シーケンス制御に関する記述として、適当でないものはどれか。

(1) 順序制御とは、制御の順序だけが記憶され、制御する時間は検出器によって与えられるような制御をいう。

(2) 有接点リレー回路とは、ソリッドステートリレーやロジック IC などの半導体素子を使用する制御回路をいう。

(3) 時限制御とは、制御の順序とその制御命令の発令時刻とが記憶され、定まった順序の制御を定まった時刻に行う制御をいう。

(4) 条件制御とは、スイッチのオン・オフなどの信号の条件により動作の順序を変えていく制御をいう。

1級 **問題2** フィードバック制御システムに関する記述として、適当でないものはどれか。

(1) フィードバック制御とは、フィードバックによって制御量を目標値と比較し、それらを一致させるように操作量を生成する制御である。

(2) 伝達関数を四角で囲んだものをブロックといい、ブロックと加算・減算・分岐の記号を組み合わせ、信号の流れを矢印で描いた図をシーケンス図という。

(3) フィードバック制御は制御量により、プロセス制御、サーボ機構、自動調整に分類される。

(4) 目標値が時間的に一定である制御を定値制御、時間的に変化する目標値に追従する制御を追従制御という。

問題3 下図に示す論理回路の真理値表として、適当なものはどれか。

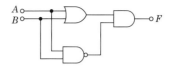

(1)

入力		出力
A	B	F
0	0	1
0	1	0
1	0	0
1	1	1

(2)

入力		出力
A	B	F
0	0	0
0	1	1
1	0	1
1	1	1

(3)

入力		出力
A	B	F
0	0	0
0	1	0
1	0	0
1	1	1

(4)

入力		出力
A	B	F
0	0	0
0	1	1
1	0	1
1	1	0

問題4 下図に示す論理回路において、出力 C の論理式として、適当なものはどれか。ただし、論理変数 A、B に対して、$A+B$ は論理和を表し、$A \cdot B$ は論理積を表す。

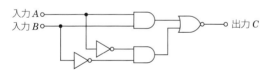

(1) A

(2) $\overline{A} \cdot B + A \cdot \overline{B}$

(3) B

(4) $A \cdot B + \overline{A} \cdot \overline{B}$

解答・解説

問題1

(2) の説明は、有接点リレー回路でなく、**無接点リレー回路**である。

答 (2)

問題2

(2) の説明は、シーケンス図でなく、ブロック線図である。

答 (2)

問題3

① 入力 A、B に 1 が入力されると OR の出力は 1 になり、NAND（AND の出力に NOT が入る）の出力は 0 になる。

② AND の入力は 1 と 0 になるので AND の出力は 0 となる。

これに合致する真理値表は (4) である。

答 (4)

問題4

問題に登場するのは AND 回路、NOT 回路、NOR 回路である。問題の図の真理値表と、選択肢 (2) の真理値表を作成すると下表のように一致する。

表1　問題の図の場合

入力		出力
A	B	C
0	0	0
0	1	1
1	0	1
1	1	0

表2　選択肢 (2) の場合

入力		出力
A	B	$\overline{A} \cdot B + A \cdot \overline{B}$
0	0	0
0	1	1
1	0	1
1	1	0

この回路は、排他的論理和である。

（参考）ド・モルガンの法則

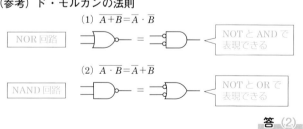

(1) $\overline{A+B} = \overline{A} \cdot \overline{B}$

NOR 回路　　　NOT と AND で表現できる

(2) $\overline{A \cdot B} = \overline{A} + \overline{B}$

NAND 回路　　　NOT と OR で表現できる

答 (2)

得点パワーアップ知識

・電気通信工学・

電気理論

①デジタル周波数カウンタの分周部は、基準発振部から出力された基準周波数を $1/n$（n は分周比で整数）の低い周波数にする。

②スペクトラムアナライザは、信号に含まれている周波数成分の大きさの分布を調べる測定器であり、横軸を周波数に縦軸を信号の強度として表示する。

通信工学

①TCPヘッダに規定されているシーケンス番号は、セグメントの順番を表す。

②送信元ポート番号および宛先ポート番号のフィールドは、TCPとUDPどちらのヘッド部にも含まれている。

③VHF帯以上の周波数の電波は、上空の電離層（E層、F層を含む）を通過する。

④スーパヘテロダイン受信機において、受信周波数が990 kHz、局部発信周波数が1 445 kHzの場合、映像妨害を起こす周波数は、$990 \pm (1\,445 - 990)$〔kHz〕である。

⑤データ伝送に使われる調歩同期方式は、1文字分のデータの先頭にスタートビットを、一文字分のデータの終わりにストップビットを付けて送り、同期を取る方式である。

情報工学

①ジョイスティック、バーコードリーダ、イメージスキャナは入力装置、インクジェットプリンタ出力装置である。

②補助記憶装置であるSSDは、ある回数以上の書き込みができない。

③ 10 進数の 666 を 2 進数に変換すると、1010011010 となる。これは、$666 = 1 \times 2^9 + 1 \times 2^7 + 1 \times 2^4 + 1 \times 2^3 + 2^1$ に相当するからである。

④「1100」の左端の 1 ビットが符号ビットであるとき、左へ 1 ビットの算術シフトを行うと 1000 となり、右へ 1 ビット算術シフトを行うと 1110 となる。これは、符号ビットはそのままで、左へ 1 ビットの算術シフトでは空きビットに 0 を、右へ 1 ビットの算術シフトでは空きビットに符号ビットと同じ値を挿入する結果である。

⑤ 16 進数の CFA を 10 進数に変換すると $12 \times 16^2 + 15 \times 16^1 + 10 \times 16^0 = 3322$ となる。

⑥ マスク ROM は、電源を切ってもデータを記憶している読み出し専用の半導体メモリであり、製造時にデータを書き込み、以降は内容を書き換えることができない。

⑦ ドットインクプリンタは、針のように細いピンが並ぶ印字ヘッドでインクリボンを叩いて印刷するプリンタである。

⑧ キャッシュメモリは、CPU と主記憶装置の間に置かれる。

① 発光ダイオードは、ある電圧以上の順方向電圧を加えると発光する素子である。

② 中性子やアルファ線、静電気放電、雷等による電源ノイズはマイクロプロセッサの誤動作原因であるが、量子化雑音は電気通信やデジタル信号処理における A/D 変換過程の量子化で発生するノイズでマイクロプロセッサの誤動作原因とはならない。

③ 量子化によって生じる量子化前の信号の振幅値と量子化後の振幅値の差を量子化誤差という。

④ A/D 変換において、標本化の時間間隔の逆数を最高周波数といい、元のアナログ信号に含まれる最高周波数の 2 倍以上の標本化周波数で抜き取ると、元のアナログ信

号を再現できる。

⑤ A 級電力増幅回路は、C 級電力増幅回路より電源効率が悪い。

⑥ フィードバック制御システムの検出部は、制御対象から制御に必要な信号を取り出す。

⑦ サーボ機構は、制御量として機械的な位置又は角度を取り扱うもので、目標値の任意の変化に常に追従させる制御である。

電気通信設備

☺ POINT ☺

基本的な伝送方式についてマスターする。

1. 伝送方式の種類

①ベースバンド伝送方式：有線（光ファイバやメタル）を用い、信号をパルスの形で伝送する。

②ブロードバンド伝送方式：メタル回線や電波を用い、搬送波の振幅や周波数、位相を変化させて変化分を情報として伝送する。代表的なものに、**振幅偏移変調**（ASK）、**周波数偏移変調**（FSK）、**位相偏移変調**（PSK）がある。

2. ベースバンド伝送方式

図1のような種類があり、伝送路符号はパルスの電圧レベル（極性）が1つの**単極**と極数が2つの**両極**がある。

NRZ（Non Return Zero）は信号の伝送途中で0に戻らず、**RZ**（Return Zero）は信号の伝送の途中で0に戻る。

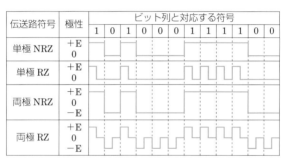

図1　ベースバンド伝送方式の種類

3. 位相偏移変調（PSK）

データの信号の1、0に対応して搬送波の位相を変える方式である。ASKは雑音の影響を受けやすい、FSKは高速伝送に適さないといった問題点があるのに対し、PSKは問題点が少なく**広く使用**されている。

変調単位をシンボルといい、PSKは1回の変調（1シンボル）で送れる情報量によって、**BPSK**、**QPSK**、**8PSK**がある。

①**BPSK**（二位相偏移変調）：BはBinaryの略で、0°と180°の位相のずれた2つの正弦波を用い、**1回の変調で2値**

（**1 bit**）の情報を送る。

② **QPSK**（四位相偏移変調）：Q は Quadra の略で、90°位相
   のずれた4つの正弦波を用い、**1回の変調で4値（2 bit）**
   の情報を送る。

③ **8PSK**（八位相偏移変調）：45°位相のずれた8つの正弦波
   を用い、**1回の変調で8値（3 bit）**の情報を送る。

（a）BPSK 位相点　　（b）QPSK 位相点　　（c）8PSK 位相点

図2　PSK の種類

4. 直交振幅変調（QAM）

QAM は、位相と振幅の両方を同時に変化させる変調方式で、
周波数帯域の利用効率が高い。

① **16QAM**：位相が直交する2つの搬送波を4段階の振幅で
   識別する。**1回の変調で16値（4 bit）**の情報を送る。

② **64QAM**：位相が直交する2つの搬送波を8段階の振幅で
   識別する。**1回の変調で64値（6 bit）**の情報を送る。

③ **256QAM**：位相が直交する2つの搬送波を16段階の振幅
   で識別する。**1回の変調で256値（8 bit）**の情報を送る。

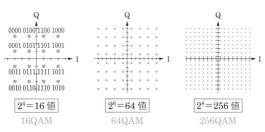

図3　QAM の種類

1級 **問題1** デジタル無線の変調方式に関する記述として、適当でないものはどれか。

(1) ASK は、伝送信号の振幅の違いに情報を乗せる方式であり、振幅性雑音や受信信号のレベル変化によって BER が悪化しやすい。

(2) QPSK は、4 つの位相点を用いて情報を伝送する方式であり、1 シンボルで 4 ビットの情報を送ることができる。

(3) 64QAM は、直交する 2 つの 8 値の ASK 変調信号を合成する方式であり、1 シンボルで 6 ビットの情報を送ることとができる。

(4) FSK は、情報を搬送波の周波数の違いに置き換えて伝送する方式であり、振幅性雑音に強い。

1級 **問題2** デジタル変調である PSK に関する記述として、適当でないものはどれか。

(1) 搬送波電力対雑音電力比（C/N）が同じ場合、BPSK と 8PSK の誤り率を比較すると BPSK のほうが、誤り率が小さい。

(2) QPSK の変調信号は、搬送波発振回路から出力される搬送波とその搬送波の位相を 90 度ずらした搬送波にそれぞれ BPSK 変調を行った後、この 2 つの信号を合成することで得られる。

(3) PSK は、ベースバンド信号の 0 と 1 に応じて搬送波の振幅を変化させる変調方式である。

(4) QPSK は 1 シンボルで 2 ビットの情報を伝送でき、8PSK は 1 シンボルで 3 ビットの情報を伝送できる。

問題3 移動通信に用いられる次の変調方式のうち、周波数利用効率が最も高いものはどれか。

(1) QPSK　　(2) GMSK
(3) 16QAM　　(4) 8PSK

問題4 デジタル変調の QAM 方式に関する記述として、適当でないものはどれか。

(1) 16QAM 方式は、1 シンボル当たり 4 ビットの情報を伝送することができる。

(2) 16QAM 方式は、LTE のデータの変調に利用されている。

(3) QAM 方式は、搬送波の周波数をデジタル信号により変化させる変調方式である。

(4) 16QAM 方式は、BPSK 方式に比べて周波数利用効率が高い。

問題5 デジタル変調の QAM 方式に関する記述として、適当でないものはどれか。

(1) 16QAM は、直交している 2 つの 4 値の ASK 信号を合成して得ることができる。

(2) 16QAM は、受信信号レベルが安定であれば 16PSK に比べ BER 特性が良好となる。

(3) 64QAM の信号点間距離は、QPSK（4PSK）の 1/7 となる。

(4) 64QAM は、16QAM に比べ同程度の占有周波数帯で 2 倍の情報量を伝送できる。

解答・解説

問題1

QPSK は、90° 位相のずれた 4 つの正弦波を用い、1 回の変調で 4 値（2 ビット）の情報を送る。　　　　答 (2)

問題2

PSK は、ベースバンド信号の 0 と 1 に応じて搬送波の位相を変化させる変調方式である。　　　　答 (3)

問題3

QAM は、周波数利用効率が最も高い。　　　　答 (3)

問題4

QAM 方式は、デジタル信号によって位相と振幅を変化させる変調方式である。　　　　答 (3)

問題5

64QAM は 6 ビット（2^6）、16QAM4 ビット（2^4）の信号を伝送できる。同程度の占有帯域では 6/4 = 1.5 倍の情報量を伝送できる。　　　　答 (4)

☻ POINT ☻
光ファイバによる伝送方式をマスターしておく。

1. 光ファイバによる伝送の特徴
①伝送損失が小さく、長距離伝送が可能である。
②広帯域の伝送特性を有し、波長多重も可能である。
③細径・軽量であるため、建設・保守が容易である。
④無誘導で電気的、磁気的な影響がなく、漏話も発生しない。

2. 光通信設備の構成
①送信側では、電気信号を **E/O（Electric/Optical：電気／光）変換器**により光信号に変換する。発光素子には、半導体レーザ（LD）や発光ダイオード（LED）が使用されている。
②光ファイバ中を伝搬した光信号は、受信側でホトダイオード（PD）やアバランシェフォトダイオード（**APD**）の受光素子の **O/E 変換器**で光信号を電気信号に変換する。
③長距離伝送の場合には、中継器を設ける。

図 1　光通信設備の基本構成

3. 変調方式
　光ファイバ通信には、光源の強度を変化させる強度変調が使用され、直接変調方式と外部変調方式がある。

①直接変調方式：**電気信号の強弱に応じて光の強度を変化させる方式**で、単純な原理のため機器構成も単純で小型化が図れ、安価である。しかし、高速で変調した場合に光の波長が変動するチャーピングにより信号の劣化が発生する。

図 2　直接変調方式

②外部変調方式：発光素子からの**無変調の光を変調器で変調する**方式である。チャーピングによる信号の劣化がなく、高速かつ長距離伝送ができる。外部変調方式には、LN 変調器と EA 変調器がある。

図3　外部変調方式

☆ **LN 変調器**：光が透過する媒体に電界を加えると、媒体の屈折率が変化する電気光学効果を利用している。

☆ **EA 変調器**：半導体に電界を加えると、電界の強さに応じて媒体での光の透過率が変化する電界吸収効果を利用している。

4. 光中継伝送方式

　光ファイバでの長距離の伝送では、伝送損失による信号の減衰や分散によるひずみなどを生じる。このため、適当な間隔で中継器を置いて、**減衰した信号の増幅やひずみの補正をする**のが光中継伝送方式で、次の2つがある。

①再生中継伝送方式：光信号を電気信号に変換した後、増幅・再生して光信号として送り出す。ノイズの除去、信号の再生を同時に行うため、各中継器でのひずみや雑音が累積しない。

②線形中継伝送方式：減衰した光信号を電気信号に変換することなしに、光のまま増幅して送り出す。

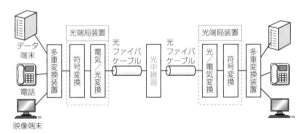

図4　光中継伝送方式

問題1 光ファイバ通信の特徴に関する記述として、適当でないものはどれか。

(1) メタルケーブルに比べ伝送損失が少ない。

(2) メタルケーブルに比べ伝送帯域が広い。

(3) 電磁界の影響を受ける。

(4) 波長多重により通信容量の増大が可能である。

問題2 光ファイバ通信技術を用いた伝送システムに関する記述として、適当でないものはどれか。

(1) 電気エネルギーを光エネルギーに変換する素子には、発光ダイオードと半導体レーザがある。

(2) 光ファイバ増幅器は、光信号のまま直接増幅する装置である。

(3) 光送受信機の変調方式には、電気信号の強さに応じて光の強度を変化させるパルス符号変調方式がある。

(4) 光ファイバは、コアと呼ばれる屈折率の高い中心部と、それを取り囲むクラッドと呼ばれる屈折率の低い外縁部からなる。

問題3 光通信の直接変調に関する記述として、適当でないものはどれか。

(1) 変調方式として強度変調が使われる。

(2) 1つの半導体レーザで発光と変調を行う。

(3) 変調速度が高くなると発信波長が変動する波長チャーピングが起こる。

(4) 直接変調は、デジタル変調に使用できるがアナログ変調には使用できない。

1級 **問題4** 光通信の中継器に関する記述として、適当でないものはどれか。

(1) 3R再生中継器は、光信号を電気信号に変換した後、等化増幅、タイミング抽出および識別再生により再生された電気信号を光信号に変換し送出する。

(2) 3R再生中継器を用いた伝送システムは、3R再生中継器による中継数の増加に伴って伝送波形の劣化や雑音が累積する。

(3) 線形中継器は、光ファイバケーブルで伝送されている光信号を光のまま直接増幅する。

(4) 線形中継器で利用している光増幅器には、エルビウム添加光ファイバ増幅器（EDFA）がある。

解答・解説

■問題1

光ファイバの材質は石英ガラスやプラスチックであるため、電磁界の影響は受けない。　　　　　　　　　　　　　　**答** (3)

■問題2

光送受信機の変調方式には、電気信号の強さに応じて光の強度を変化させる**強度変調方式**が使用される。

(参考) 次の選択肢も出題されている。

○：シングルモード光ファイバは、長距離大容量伝送に適している。

×：半導体レーザは、光を電気信号に変換する受光素子として使われる。→半導体レーザや発光ダイオードは、**電気信号を光に変換する発光素子**として使われる。受光素子には、フォトダイオードが使われる。　　　　　　　　　　　**答** (3)

■問題3

直接変調は、デジタル変調にもアナログ変調にも使用できる。

答 (4)

■問題4

3R再生中継器を用いた伝送システムは、3R再生中継器による中継数の増加に伴って伝送波形の劣化や雑音が累積しない。

(参考) **3R機能とは？**

デジタル中継方式の再生中継器は、3R（①等化機能（Reshaping）、②リタイミング（Retiming）、③識別再生（Regenerating））の機能をもっている。

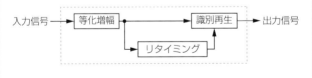

答 (2)

電気通信設備

☺ POINT ☺

波長分割多重と光アクセスシステムについてマスターする。

1. 波長分割多重

波長分割多重（**WDM**：Wavelength Division Multiplexing）は、各チャンネルの信号に異なる波長（λ）の光を用いる方法である。

①送信側では異なる複数の光源の光を変調し、**光合波器**で1心の光ファイバの光周波数軸上に多重化する。

②受信側では、**光分波器**により波長ごとに分離した後、電気信号に変換する。

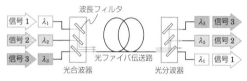

図1　波長分割多重

2. 光アクセスシステム

光アクセスシステムは、**SS**（Single Star）と**PON**（Passive Optical Network）がある。

SS	PON
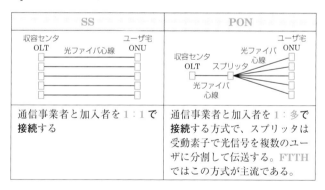	
通信事業者と加入者を1：1で**接続**する	通信事業者と加入者を1：多で**接続**する方式で、スプリッタは受動素子で光信号を複数のユーザに分割して伝送する。**FTTH**ではこの方式が主流である。

（参考）
・OLT（Optical Line Terminal）加入者線終端装置
・ONU（Optical Network Unit）光回線終端装置

1級 問題1 WDM（波長分割多重）に関する記述として、適当でないものはどれか。

(1) 複数の異なる波長を用い、波長間の干渉がないようにして、1心の光ファイバに複数波長の光を伝送する。

(2) 複数波長の光信号を光合波器で多重化する送信部、光増幅器、多重化した光信号を光分波器で分波したのち各波長毎に光信号を受信する受信部からなる。

(3) WDMには、光信号を比較的広めの波長間隔に配置するDWDMと光信号を高密度に配置するCWDMがある。

(4) 四光波混合による光信号の劣化を緩和するために使われる光ファイバとして非零分散シフト光ファイバ（NZ-DSF）がある。

1級 問題2 GE-PONに関する記述として、適当でにものはどれか。

(1) センター～光スプリッタ間は1心ファイバを共有、光スプリッタ～ユーザ間は個別ファイバを用いる。

(2) OLTからONUに行く下りの光信号とONUからOLTに行く上りの光信号に異なる波長を使うことで、光ファイバ1心で双方向通信ができる。

(3) ONUからOLTに上りの光信号を送信する場合、ONUが光信号の衝突検知を行い光信号の衝突を回避する。

(4) OLTからの下り信号は、すべてのONUに同じ信号が送られるため、ONUは自分宛の信号のみを取り込み、他のONU宛の信号は廃棄する。

解答・解説

問題1

WDMには、光信号を**比較的広めの波長間隔に配置する CWDM** と光信号を**高密度に配置する DWDM** がある。

答 (3)

問題2

GE-PON（Gigabit Ethernet Passive Optical Network）は、ONUからOLTに上りの光信号を送信する場合、**TDMA方式**により、**OLT** から割り当てられたタイムスロットを使用して**ONU** がデータを送信する。

答 (3)

☕ POINT ☕
光ファイバケーブルの構造と接続をマスターしておく。

1. 光ファイバケーブルの構造

光ファイバの材料は石英ガラスやプラスチックで、中心部がコア、その周囲がクラッドの二層構造となっている。コアは、クラッドに比べて屈折率が高いので、光は全反射によりコア内に閉じこめられた状態で伝搬していく。

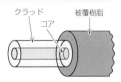

図1　光ファイバの構造

2. 光ファイバの種類

光の通過の仕方が1つしかなく**コアが細いのがシングルモード**（SM）で、光の通過の仕方が複数あり**コアが太いのがマルチモード**（MM）で、ステップインデックス型（SI型）とグレーテッドインデックス型（GI型）とがある。

表1　モードによる分類

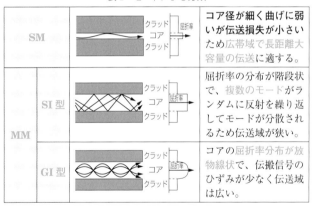

SM			コア径が細く曲げに弱いが伝送損失が小さいため広帯域で長距離大容量の伝送に適する。
MM	SI型		屈折率の分布が階段状で、複数のモードがランダムに反射を繰り返してモードが分散されるため伝送域が狭い。
	GI型		コアの屈折率分布が放物線状で、伝搬信号のひずみが少なく伝送域は広い。

特に、**シングルモード（SM）**は、**伝送容量が大きく、広帯域伝送ができ、伝送損失も少なく、長距離伝送が可能**であり、現在の主流である

3. 用途による分類

層より型とテープスロット型がある。

表2　層より型とテープスロット型の比較

層より型	テープスロット型

直径 0.9 mm の光ファイバの芯線をテンションメンバの周囲に配置した方式で、芯線数の少ない場合に用いられる。	直径 0.25 mm のテープ芯線をテンションメンバの周りに設けられたスロットに収納する方式で、芯線数の多い場合（幹線系）に用いられる。

4. 光ファイバの接続

永久接続方法には①②の方法があり、トラブル時に着脱可能なものは③の方法である。

①融着接続：2 本の光ファイバのコアとクラッドのガラス部の両端面を、アーク放電やレーザ光を利用して融着する方法で、接続損失が小さいが、接続作業には専門技術者が必要となる。原理上、石英ガラスの光ファイバのみに適用できる。

②メカニカルスプライス：接続部品の V 溝に光ファイバを両側から挿入し、押さえ込んで機械的に光ファイバ素線の軸合わせをして接続する方法で、押さえ部材により光ファイバを固定する。電源が不要で、融着接続より短時間に接続作業ができ、プラスチックファイバにも適用できる。

③コネクタ接続：2 本の光ファイバの先端に取り付けられたコネクタにより着脱する方法で、頻繁な着脱にも対応できる。接続損失は大きいものの、プラスチックファイバにも適用できる。

問題1 光ファイバの種類・特長に関する記述として、適当でないものはどれか。

(1) 光ファイバには、シングルモード光ファイバとマルチモード光ファイバがあり、伝送損失はシングルモード光ファイバのほうが小さい。

(2) 長距離大容量伝送には、マルチモード光ファイバが適している。

(3) マルチモード光ファイバには、ステップインデックス型とグレーデッドインデックス型の2種類がある。

(4) シングルモード光ファイバは、マルチモード光ファイバと比べてコア径を小さくすることで、光伝搬経路を単一としたものである。

問題2 下図に示すスロット型光ファイバケーブルの断面図において、(ア)、(イ) の名称の組合せとして、適当なものはどれか。

	(ア)	(イ)
(1)	チューブ	スロットロッド
(2)	チューブ	光ファイバテープ
(3)	テンションメンバ	スロットロッド
(4)	テンションメンバ	光ファイバテープ

解答・解説

問題1

シングルモードファイバ（**SM**）は、光が単一のモードで伝搬され、伝送損失が少ないため長距離大容量の伝送に適している。　　　　　　　　　　　　　　　　　　　　　　　　　答 (2)

問題2

(ア) テンションメンバは、ファイバ心線に許容量以上の張力が加わらないよう、敷設時の引張力を持たせている。

(イ) 心線数の多いスロット型光ファイバケーブルでは、テープ心線を用いている。

答 (4)

☺ POINT ☺

光ファイバケーブルの各種損失をマスターしておく。

1. 光ファイバの損失

光ファイバの損失には、光ファイバの製造過程で発生する固有の損失と施工によって付加される損失とがある。

固有損失	吸収損失：光ファイバ中を伝わる光を光ファイバ自身が吸収し、**熱に変換される損失**である。ガラス自身の固有の吸収によるものと、ガラス内に含まれている不純物によるものがある。
	レイリー散乱損失：光ファイバ製造時の密度や組成のバラツキに起因し、屈折率のゆらぎによる散乱損失で、**波長の4乗に反比例する**。
	構造不均一による散乱損失：**コアとクラッドの境界面の微小な凹凸による光の乱反射での損失**である。
付加損失	曲げによる放射損失：曲げによって**光の反射角が大きくなる**ことによる損失である。
	マイクロベンディングロス：**側面から光ファイバに不均一な圧力が加わり軸が曲がって発生する損失**である。
	接続損失：接続する光ファイバのコア同士の中心軸のずれで、一方のコアから出た光の一部が他方のコアに入射できず放射されて生ずる損失がある。その程度の大きいものを**フレネル反射**という。

2. OTDR による損失の測定

光ファイバの片端からパルスを入射すると、終端に向かって強度が減少し、一部は反射されて入射端側に戻ってくる。この戻りのパルス光を測定し波形観測することで、接続損失、伝送損失、線路長、障害位置がわかる。

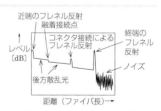

図　OTDR による受光レベル

有線電気通信設備 5　光ファイバの損失と測定　**105**

光ファイバの光損失に関する記述として、適当でないものはどれか。

(1) 吸収損失とは、光ファイバ中を伝わる光が光ファイバ材料自身によって吸収され電流に変換されることにより生じる損失である。

(2) レイリー散乱損失とは、光ファイバ中の屈折率のゆらぎによって光が散乱するために生じる損失である。

(3) 構造不均一性による損失とは、光ファイバのコアとクラッドの境界面の凹凸により光が乱反射され、光ファイバ外に放射されることにより生じる損失である。

(4) 接続損失とは、光ファイバを接続する場合に、軸ずれ、光ファイバ端面の分離等によって生じる損失である。

1級 問題2 光ファイバの伝送特性試験に関する記述として、適当でないものはどれか。

(1) カットバック法は、被測定光ファイバを切断する必要があるが光損失を精度よく測定できる。

(2) OTDR 法は、光ファイバの片端から光パルスを入射し、そのパルスが光ファイバ中で反射して返ってくる光の強度から光損失を測定できる。

(3) 挿入損失法は、被測定光ファイバおよび両端に固定される端子に対して非破壊で光損失を測定できる。

(4) ツインパルス法は、光ファイバに波長が異なる2つの光パルスを同時に入射し、光ファイバを伝搬した後の到達時間差により光損失を測定する。

解答・解説

問題1

吸収損失とは、光ファイバ中を伝わる光が光ファイバ材料自身によって吸収され**熱に変換**されることにより生じる損失である。　　　　　　　　　　　　　　　　　　　答 (1)

問題2

ツインパルス法は、光ファイバに波長が異なる2つの光パルスを同時に入射し、光ファイバを伝搬した後の到達時間差により**波長分散**を測定する。　　　　　　　　　　答 (4)

ペアケーブルと同軸ケーブル

POINT

ペアケーブルと同軸ケーブルの概要をマスターしておく。

1. ペアケーブル（平衡対ケーブル）

誘導による漏話を防止するため、**2本の導体をより合せ**、金属遮へい層、心線相互間や大地などに対して電磁的に平衡のとれた構造のケーブルである。近距離で、主として伝送容量が小・中規模の交換局間に用いられ、周波数を f とすると伝送損失は $\sqrt{f}$ に比例して増加する。

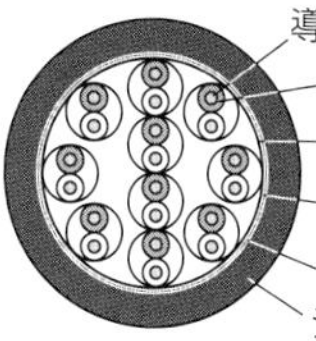

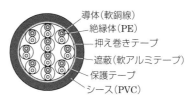

導体(軟銅線)
絶縁体(PE)
押え巻きテープ
遮蔽(軟アルミテープ)
保護テープ
シース(PVC)

図1　平衡対ケーブル

LANに使用されるLANケーブルはツイストペアケーブルで、UTPケーブルとSTPケーブルがある。

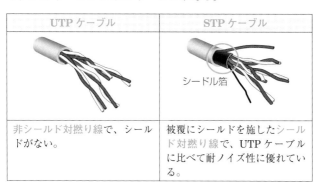

UTPケーブル	STPケーブル
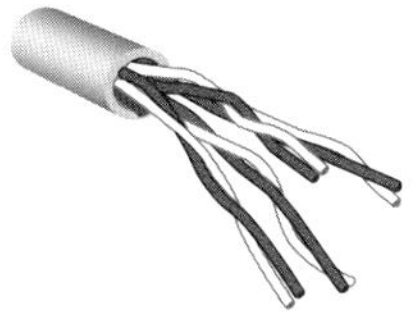	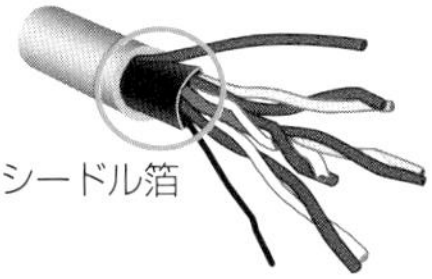シードル箔
非シールド対撚り線で、シールドがない。	被覆にシールドを施したシールド対撚り線で、UTPケーブルに比べて耐ノイズ性に優れている。

2. 同軸ケーブル

1本の中心導体の周りに絶縁体を、その外周に外部導体、その外周に外装を設けている。**不平衡形ケーブル**であるが、内部に電磁界を閉じ込めて伝播するため漏話特性がよく、内部導体を覆う外部導体が電磁シールドの役割を果している。

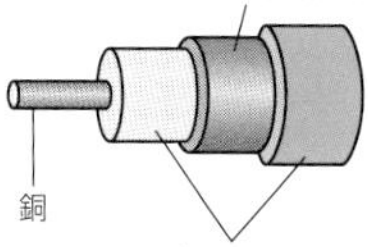

アルミニウム
銅
ポリエチレン

図2　同軸ケーブル

1級 問題1 平衡対ケーブルに関する記述として、適当でないものはどれか。

(1) 平衡対ケーブルは、2本または4本の心線を撚り合わせたものを多数集合してケーブル化したものである。

(2) 心線を撚り合わせることで平衡対間の漏話の軽減を図っている。

(3) 市内電話配線用のメタルケーブルであるCCPケーブルは、平衡対ケーブルである。

(4) 対撚りは、4本の心線を星状の四角に配列して共通の軸まわりに一括して撚り合わせたものである。

問題2 UTPケーブルに関する記述として、適当でないものはどれか。

(1) LAN配線に使用されている。

(2) UTPケーブルは、外被の内側に編組シールドがあり、各対にもシールドがある。

(3) 心線に使われる導体には、単線とより線がある。

(4) UTPケーブルは、2本の心線を撚り合わせたもので構成されている。

問題3 同軸ケーブルに関する記述として、適当でないものはどれか。

(1) 特性インピーダンスが50Ωと75Ωの同軸ケーブルが広く利用されている。

(2) 内部導体を同心円の外部導体で取り囲み、内部導体と外部導体の間に絶縁体をはさみ込んだ構造である。

(3) 同軸ケーブルの記号「3C-2V」の「3」は、外部導体の概略内径をmm単位で表したものである。

(4) 外部からの雑音を受けやすい。

問題4 同軸ケーブル「S-5C-FB」の、記号の中の「C」が意味するものとして、適当なものはどれか。

(1) 内部導体を発泡ポリエチレンで絶縁している。

(2) 特性インピーダンスが75Ωである。

(3) アルミニウムはく張付けプラスチックテープに編組を施した外部導体である。

(4) 用途が衛星放送受信用である。

問題5 高周波伝送路に関する記述として、適当でないものはどれか。

  (1) 特性インピーダンスが異なる2本の通信ケーブルを接続したとき、その接続点で送信側に入力信号の一部が戻る現象を反射という。

  (2) 平行線路は、電磁波が伝送線路の外部空間に開放された状態で伝送されるため、外部空間の電磁波からの干渉に弱く、また、外部空間への電磁波の放射が生じるという問題が起こる。

  (3) 同軸ケーブルの特性インピーダンスは、内部導体の外径と、外部導体の内径の比を変えると変化する。

  (4) 同軸ケーブルの記号「3C-2V」の最初の文字「3」は、外部導体の概略外径を mm 単位で表したものである。

（電気通信設備）

解答・解説

問題1

星カッド撚りは、4本の心線を星状の四角に配列して共通の軸まわりに一括して撚り合わせたものである。

対撚りは、対を構成する2本の心線を対称に撚り合わせたものである。

（**参考**）漏話は回線と回線の間に発生する静電結合と電磁結合が原因であり、送信側では近端漏話、受信側で遠端漏話が発生する。　　　　　　　　　　　　　　　　　　　　　　**答** (4)

問題2

STP ケーブルは、外被の内側に編組シールドがあり、各対にもシールドがある。　　　　　　　　　　　　　　　　　**答** (2)

問題3

同軸ケーブルは、外部からの雑音の影響を受けにくい。

　　　　　　　　　　　　　　　　　　　　　　　　　　答 (4)

問題4

「C」は特性インピーダンスが 75Ω（「D」は 50Ω）であることを表している。　　　　　　　　　　　　　　　　　　　**答** (2)

問題5

最初の数字「3」は、内部導体と外部導体の間の絶縁体の直径を mm 単位で表したものである。　　　　　　　　　　　**答** (4)

☺ POINT ☺

光ケーブルとメタルケーブルの施工の概要をマスターしておく。

1. 光ケーブルの施工

①地中への敷設：敷設時は、ケーブルドラムは、管路と鉛直な位置に据え付け、波形可とう管、ベルマウスを使用してケーブルを保護する。延線時は、光ケーブルの捻回が発生しないよう、プーリングアイに撚り返し金物を取り付ける。特に、ケーブルの敷設張力は許容張力以下になるようにし、許容曲げ半径以下の屈曲を与えないようにしなければならない。

表1 光ケーブルの許容曲げ半径

ケーブル種別	敷設・架渉	固 定
光ファイバケーブル	ケーブル外径の 20 倍	ケーブル外径の 10 倍

②架空への敷設：ケーブルドラムの据付位置は、金車取付け高さの2倍以上離れた位置とし、許容曲げ半径に注意しながら、許容張力以内の張力で延線する。長尺の場合には、テンションメンバを引張り架線するようにする。

表2 架空ケーブルの地上高の最低値

区 分		高 さ
道路上	交通に支障を及ぼすおそれが少ない場合で工事上やむを得ないとき	歩道上 2.5 m 路面上 4.5 m
	その他の場合	路面上 5 m
横断歩道橋の上		路面上 3 m
鉄道または軌道を横断する場合		レール面上 6 m
河川横断		舟行に支障を及ぼす恐れがない高さ

表3 共架線路における離隔距離

架空強電流電線の使用電圧および種別		離隔距離
低 圧		30 cm 以上
高 圧	強電流ケーブル	30 cm 以上
	その他の強電流ケーブル	60 cm 以上

③屋内への敷設：建物内の天井や壁を利用した管路配線やケーブルラック配線、フリーアクセス配線などがある。

2. メタルケーブルの施工

メタルケーブルの事務所内等の配線には、下表のような配線方式がある。

表4　事務所内等の配線方式

セルラダクト配線	波形のデッキプレートの溝部分にカバーを取り付けて配線する。
二重床配線	フリーアクセスフロアに配線する。
フロアダクト配線	鋼製のダクトをコンクリート床スラブに埋設し、ダクト内に配線する。

問題1 光ファイバケーブルの施工に関する記述として、適当でないものはどれか。

(1) 光ファイバ敷設後の許容曲げ半径は、仕上がり外径の8倍とする。

(2) 光ファイバケーブルを地中管路に敷設する前に、管内の清掃とテストケーブルによる通過試験を行う。

(3) 光ファイバケーブルの延線時許容曲げ半径は、仕上がり外径の20倍とする。

(4) 敷設時に、光ファイバケーブル内に水が入らないように防水処置を施す。

問題2 光ファイバケーブルの施工に関する記述として、適当でないものはどれか。

(1) 光ファイバケーブルの延線時許容曲げ半径は、仕上がり外径の15倍として敷設した。

(2) 光ファイバケーブルの接続部をクロージャ内に収容し、水密性が確保されているかどうかの気密試験を行った。

(3) 光ファイバケーブルは、ねじれ、よじれ等で光ファイバ心線が破断の恐れがあるため敷設状態を監視して施工した。

(4) 光ファイバケーブル敷設後の許容曲げ半径は、仕上がり外径の10倍とした。

問題3 架空配線のたるみである弛度に関する記述として、適当でないものはどれか。

(1) 電線の着氷雪の多い地方にあっては、着氷雪の実態に合った荷重を考慮した弛度とする。

(2) 弛度を大きくするほど張力が増加する。

(3) 多数の電線を架設する場合、1つの径間に架設される電線は、太さにかかわらず一定の弛度になるようにする。

(4) 電線の弛度を必要以上に大きくすると電線の地表上の高さを規定値以上に保つために支持物を高くする必要が生じ、不経済となる。

問題4 光ファイバケーブルの施工に関する記述として、適当でないものはどれか。

(1) ハンドホール等の引き通し部では、光ファイバケーブルに外傷を発生させないように施工する。

(2) 光ファイバケーブルの接続点では、圧着端子で心線接続を行いクロージャ内に収容する。

(3) 鋼線のテンションメンバは、接地を施す。

(4) 光ファイバケーブルの許容張力を超えないように光ファイバケーブルをけん引する。

1級 **問題5** 光ファイバケーブルの施工に関する記述として、適当でないものはどれか。

(1) 地震などで光ファイバケーブルが管路内に引き込まれていても接続部やケーブルに過大な張力がかかることを防いだり、将来、分岐が必要になった場合の接続のために、ハンドホール内で光ファイバケーブルの余長を確保する。

(2) 光ファイバケーブルを接続するため、クロージャ内で鋼線テンションメンバ、LAPシースのアルミテープをお互いに連結金具を介して電気的に接続し、光成端架で片端接地する。

(3) 光ファイバ心線の接続前に、接続するファイバ心線の残線を利用して、ファイバ心線被覆除去、切断、融着接続までを一度行い、良好な融着接続結果が得られることを確認する。

(4) 光ファイバケーブルの後分岐として、SZ型撚りでないテープスロット型光ファイバケーブルの途中でシースを剝

ぎ取り、分岐しない光ファイバ心線およびスロット（テンションメンバを含む。）を切断せずに必要な光ファイバ心線だけを取り出して分岐する。

1級 **問題6** 架空通信路の外径 15 mm の通信線において、通信線1条 1 m 当たりの風圧荷重〔Pa〕の値として、適当なものはどれか。なお、風圧荷重の計算は、「有線電気通信設備令施行規則に定める甲種風圧荷重」を適用し、その場合の風圧は980 Pa とする。また、架線およびラッシング等の風圧荷重は対象としないものとする。

(1) 7.4 Pa   (2) 13.2 Pa
(3) 14.7 Pa   (4) 29.4 Pa

問題7 UTP ケーブルの施工に関する記述として、適当でないものはどれか。

(1) UTP ケーブルに過度の外圧が加わらないように固定する。
(2) UTP ケーブルの成端作業時、対のより戻し長は最小とする。
(3) 許容張力を超える張力を加えないように敷設する。
(4) UTP ケーブルを曲げる場合、その曲げ半径は許容曲げ半径より小さくなるようにする。

1級 **問題8** UTP ケーブルの施工に関する記述として、適当でないものはどれか。

(1) 水平配線の配線後の許容曲げ半径は、ケーブル外径の4倍とした。
(2) ケーブルに過度の外圧が加わらないように固定した。
(3) 水平配線の長さは、パッチコード等も含め 150 m 以内とした。
(4) ケーブルの成端作業時、対のより戻し長は最小とした。

問題9 同軸ケーブルの施工に関する記述として、適当でないものはどれか。

(1) 屋内配線において、同軸ケーブルが低圧ケーブルと交差する場合は、同軸ケーブルが接触しないようにする。

(2) 同軸ケーブルを曲げる場合は、被覆が傷まないように行い、その曲げ半径は使用する同軸ケーブルの許容曲げ半径より小さくならないようにする。

(3) 同軸ケーブルと機器との接続、同軸ケーブル相互の接続は、同軸ケーブルの種類に対応したコネクタを用いて行う。

(4) 新4K8K衛星放送に対応した衛星放送用受信アンテナからテレビ受像機までの給電線として使用する同軸ケーブルには3C-2Vが適している。

解答・解説

問題1

光ファイバ敷設後の許容曲げ半径は、**仕上がり外径の10倍以上**としなければならない。 **答** (1)

問題2

延線時の許容曲げ半径は、仕上がり外径の20倍以上として敷設しなければならない。 **答** (1)

問題3

弛度を大きくするほど張力が減少する。 **答** (2)

問題4

光ファイバケーブルの接続は、融着接続、メカニカルスプライス、コネクタ接続であり、圧着端子は使用しない。 **答** (2)

問題5

①光ファイバケーブルの後分岐として、**SZ型撚りでない**テープスロット型光ファイバケーブルの途中でシースを剥ぎ取

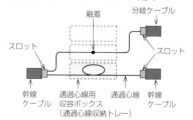

り、**スロットを切断、分岐しない光ファイバ心線は切断しな
いで必要な光ファイバ心線だけを取り出して分岐する。**
② SZ 型撚りは、後分岐工法に適している。 **答** (4)

《問題6》

通信線の直径が d〔m〕で長さ 1m であ
れば、垂直投影面積 S は

$S = d \times 1 = d$〔m²〕

したがって、風圧荷重 P は

$P = 980S = 980d$

$\quad = 980 \times 0.015 = 14.7$〔Pa〕

答 (3)

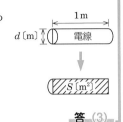

《問題7》

UTP ケーブルを曲げる場合、その**曲げ半径は許容曲げ半径よ
り大きくなる**ようにする。 **答** (4)

《問題8》

UTP ケーブルの総長は、**パッチコード等も含め 100 m 以内**と
しなければならない。
(参考) 次の選択肢も出題されている。
○：導通試験器などの試験器を使って、ワイヤマップを確認す
る。
○：UTP ケーブルの結束にあたっては、UTP ケーブルの外被
が変形するほど強く締め付けない。
×：UTP ケーブルの成端には、メカニカルスプライスを使う。
→メカニカルスプライスは光ファイバの接続に用いるもの
で、UTP ケーブルの成端には RJ45 モジュラジャックを用
いる。 **答** (3)

《問題9》

3C-2V や **5C-2V** は UHF/VHF のみへの適用で、新 4K8K 衛
星放送には S-4C-FB、S-5C-FB、S-7C-FB などが必要となる。
答 (4)

POINT

無線 LAN 設備についてマスターしておく。

1. 無線 LAN の通信規格

　無線 LAN の規格は、米国電気電子学会（IEEE）が定めたものが国際標準となっており、**IEEE 802.11 規格**のそれぞれの規格には特徴があり、通信速度や周波数帯も異なる。

　2.4 GHz 帯は、**ISM バンド**と呼ばれ、障害物の影響は少ないが、電子レンジや Bluetooth などの干渉による影響を受けやすいので注意が必要である。

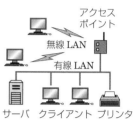

図 1　無線 LAN

　5 GHz 帯は、他の機器からの電波干渉は少ないが、障害物の影響によって通信速度が遅くなるので屋内での利用に限定される。

2. 無線 LAN の制御方式

　無線 LAN は、半二重の通信となるためキャリアと呼ばれる搬送波を、同じ周波数帯で同時に電波を発信する端末が存在した場合には衝突が発生する。

　そこで、無線 LAN では、**CSMA/CA 方式**（**搬送波感知多重アクセス / 衝突回避方式**）で端末間の通信制御を行っている。この方式では、無線通信回線が一定時間継続して空いている状態を確認してから電波を送出し、**複数の端末からの電波発信の混線を回避**している。

3. 無線 LAN の通信

① スペクトラム拡散方式：データを広い帯域に拡散させて通信することで、耐ノイズ性や秘匿性が高められる。

② OFDM 方式：直交周波数分割多重で、送信するデータを複数の搬送波に載せて伝送し、周波数帯を効率よく利用し、高速通信を実現できる。

③ MIMO 方式：OFDM と併用し、**複数の送信機と受信機を使用して通信速度の高速化**を図るマルチアンテナ技術である。

4. 無線 LAN のネットワーク構成

　無線 LAN のネットワーク構成には、インフラストラクチャモードとアドホックモードとがある。

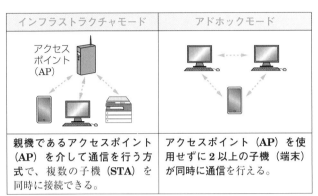

インフラストラクチャモード	アドホックモード
親機であるアクセスポイント（**AP**）を介して通信を行う方式で、複数の子機（**STA**）を同時に接続できる。	アクセスポイント（**AP**）を使用せずに 2 以上の子機（端末）が同時に通信を行える。

図 2　無線 LAN の通信方式

5. 無線 LAN のセキュリティ

　無線 LAN は、通信情報の搾取、無断利用（なりすまし）・踏み台にされるほか通信データの盗聴のおそれがある。
　このため、次のような対策をとる必要がある。
①暗号化の規格として、WEP、WPA、WPA2 を採用する。
②暗号化方式として、WEP、TKIP、CCMP を採用する。
　無線セキュリティの概要は、下表のとおりである。

方　式	暗号方式	暗号アルゴリズム	メッセージ認証
WEP	WEP	RC4	CRC32
WPA	TKIP	RC4	Michael
	CCMP	AES	CCM
WPA2	TKIP	RC4	Michael
	CCMP	AES	CCM

　WEP 方式は、暗号化されたパケットから暗号鍵が解読される危険性がある。

問題1 無線 LAN の規格に関する記述として、適当でないものはどれか。

(1) IEEE802.11a の最大伝送速度は、54 Mbps である。
(2) IEEE802.11b の最大伝送速度は、11 Mbps である。
(3) IEEE802.11g の使用周波数帯は、5 GHz 帯である。
(4) IEEE802.11ac の使用周波数帯は、5 GHz 帯である。

問題2 無線 LAN の規格に関する記述として、適当でないものはどれか。

(1) IEEE802.11g の最大伝送速度は、11 Mbps である。
(2) IEEE802.11g は、2.4 GHz 帯の電波を使う電子レンジと電波干渉を生じやすい。
(3) IEEE802.11a は、IEEE802.11g に比べて通信範囲が狭い。
(4) IEEE802.11n は、MIMO と呼ばれる技術が採用されている。

問題3 無線 LAN のアクセス制御方式である CSMA/CA 方式に関する記述として、適当でないものはどれか。

(1) データが正常に送信できたかどうかについては、受信側からの肯定応答信号で判断する。
(2) 肯定応答信号が返信されない場合は、データを再送信する
(3) 他の端末が無線伝送路を使用している場合には、無線伝送路が空いたことを確認してからランダムな待機時間後に送信を始める。
(4) 無線 LAN では、無線伝送路上でのデータ衝突の発生を検知できる。

問題4 無線 LAN の暗号化方式に関する記述として、適当でないものはどれか。

(1) WEP 方式では、暗号化アルゴリズムに DES 暗号を使用している。
(2) WPA2 方式では、暗号化アルゴリズムに AES 暗号をベースとした AES-CCMP を用いている。
(3) WPA 方式では、TKIP を利用してシステムを運用しながら動的に暗号鍵を変更できる仕組みになっている。
(4) WEP 方式は、WPA、WPA2 方式に比べ脆弱性があり安全な暗号方式とはいえない。

1級 問題5 無線 LAN の認証で使われる規格 IEEE802.1x に関する記述として、適当でないものはどれか。

(1) EAP-PEAP は、TLS ハンドシェイクの仕組みを利用する認証方式である。

(2) EAP-TTLS のクライアント認証は、ユーザ名とパスワードにより行う。

(3) EAP-MD5 は、サーバ認証とクライアント認証の相互認証である。

(4) EAP-TLS のクライアント認証は、クライアントのデジタル証明書を検証することで行う。

電気通信設備

解答・解説

問題1

IEEE802.11g の使用周波数帯は、**2.4 GHz 帯**である。

答 (3)

問題2

IEEE802.11g の最大伝送速度は、54Mbps である。

答 (1)

問題3

無線 LAN では、無線伝送路上でのデータ衝突の発生を検知できないため、送信前に待ち時間を毎回挿入する。 **答** (4)

問題4

WEP 方式では、暗号化アルゴリズムに **RC4** を使用している。

答 (1)

問題5

EAP-MD5 は、ユーザ名とパスワードを用いたチャレンジレスポンスによってクライアントを認証する方式で、サーバの認証は行われない。 **答** (3)

😎 POINT 😎
衛星通信設備の概要についてマスターしておく。

1. 衛星通信設備の構成

　静止衛星は、赤道上高度約 36 000 km の軌道を地球の自転と同期して周回している。

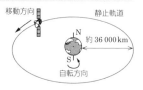

　高度が高いため、3基の衛星で極地域を除く地球全体をカバーすることが可能である。

　衛星通信設備の構成は、下図のとおりで、送信地球局からのアップリンクの搬送波（14〜14.5 GHz）は宇宙局の**トランスポンダ**で増幅されたのち、ダウンリンクの搬送波（12.25〜12.75 GHz）に変換し、これを増幅して地球局に送信する。アップリンク（上り回線）とダウンリンク（下り回線）で周波数が異なるのは、干渉防止のためである。

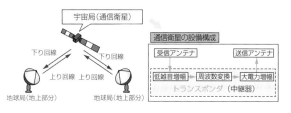

2. 衛星通信設備の回路設計

　地球局の設備の設計を行うため、次の①〜③の条件を満足する送受信アンテナおよび送信機容量を選定する。

①所要回線品質（C/N）

②送信チャンネル数または通信速度

③回線マージンまたは目標回線稼働率

3. 多元接続

　多元接続により送信波の周波数や時間を制御して、複数の局が衛星通信の周波数を共用することが可能になる。

4. 衛星通信に利用される周波数帯

　静止軌道を利用した衛星通信で使用されている主な周波数帯と特徴は下表のとおりである。

表　衛星通信に利用される周波数帯

周波数帯	特　徴
C バンド （4 GHz/6 GHz）	日本では 4 GHz 帯が用いられており、降雨減衰の影響を受けない。
Ku バンド （12 GHz/14 GHz）	**日本で最も多く用いられている**が、降雨減衰の影響を受ける。
Ka バンド （20 GHz/30 GHz）	日本での利用は進んでおらず、Ku バンドより降雨の影響を受ける。

5. GPS（全地球測位システム）

　GPS 衛星から発せられた電波を受信し、現在位置を特定するものである。地球を周回している GPS 衛星からの電波を端末が受信し、位置・距離・時刻などを計算して現在位置を測位する。

GPS 衛星は、**6 つの軌道面に各々 4 個以上**配備されている

　問題1　静止衛星通信に関する記述として、適当なものはどれか。

（1）静止衛星は、赤道上空およそ 36 000 km の円軌道を約 12 時間かけて周回する。

（2）静止軌道上に 3 機の衛星を配置すれば、北極、南極付近を除く地球上の大部分を対象とする世界的な通信網を構築できる。

（3）衛星通信には、電波の窓と呼ばれる周波数である 1〜10 GHz の電波しか使用できない。

（4）アップリンク周波数よりダウンリンク周波数のほうが高い。

問題2 GPS に関する記述として、適当でないものはどれか。

(1) GPS では、変調にスペクトル拡散方式が使われている。

(2) GPS 衛星は、6 つの軌道面にそれぞれ 4 個以上配備されている。

(3) 1 つの GPS 衛星からの電波を受信できれば、位置の特定ができる。

(4) GPS 衛星には、原子時計が搭載されている。

1級 問題3 GPS に関する記述として、適当でないものはどれか。

(1) GPS 衛星は、高度約 2 万 km の上空を約 12 時間周期で地球の周りを回っている。

(2) すべての GPS 衛星は同じ周波数の電波を送信しており、電波の変調にスペクトル拡散方式を使用している。

(3) 2 機の GPS 衛星から電波を受信できれば、位置（緯度、経度、高度）の特定および時刻の補正が可能となる。

(4) GPS による測位方法である単独測位は、1 台の GPS 受信機を用いて測位することである。

解答・解説

問題1

(1) 静止衛星は、赤道上空およそ 36 000 km の円軌道を約 **24 時間**かけて周回する。

(3) 衛星通信は、**4〜30 GHz** が使用できる。

(4) アップリンク周波数よりダウンリンク周波数のほうが低い。　　　　　　　　　　　　　　　　　**答** (2)

問題2

GPS は、衛星からの距離を測定して、3 次元の位置を特定する。位置の特定には **3 機（できれば 4 機以上）**の GPS 衛星からの電波を受信する必要がある。　　　　　　**答** (3)

問題3

位置の特定および時刻の補正には、**3 機（できれば 4 機以上）**の GPS 衛星からの電波を受信する必要がある。　　　**答** (3)

POINT

携帯電話システムの概要についてマスターしておく。

1. 移動通信の世代

移動通信技術は、自動車電話の第1世代（1G）、PHSの第2世代（2G）、携帯電話の第3世代（3G、3.5G）、スマートフォンの第4世代（3.9G、4G）と発展してきている。携帯電話の使用周波数帯は、3Gでは **UHF（極超短波帯）** が、4Gでは **SHF（マイクロ波帯）** が使用されている。

① 3.9G：第3世代携帯電話の拡張版で、通信方式は LTE（Long Term Evolution）で、**下り100Mbps以上、上り50Mbps以上** の伝送速度の高速データ通信が行える。

② 4G：通信方式は LTE-Advanced で、**高速移動時100Mbps、低速移動時1Gbps** の通信が行える。

2. 携帯電話システムの特徴

現在の主流の LTE の特徴は、次のとおりである。

① アクセス方式：OFMA（直交周波数分割多元接続）→下りには **OFDMA** が、上りには **SC-FDMA** が使用されている。

② 変調方式：64QAM により多くのデータを送れる。

③ アンテナ方式：MIMO で、送受信に複数のアンテナを用い、複数の伝送路で通信する。

3. 無線アクセス技術

携帯電話では、与えられた周波数帯域を有効に利用するため、無線アクセス技術として種々の **多元接続（マルチプルアクセス方式）** が採用されている。

① TDMA（時分割多元接続）

ある1つの周波数を時間で分割し、分割した時間を複数ユーザに割り当て通信を行う方式である。

② FDMA（周波数分割多元接続）

周波数帯域を分割して、ユーザ単位に割り当てられた周波数を使用して通信を行う方式である。

③ CDMA（符号分割多元接続）

同じ周波数帯の周波数軸と時間軸を複数のユーザが共有し、ユーザごとに異なる符号を割り当てて、通信を行う方式である。

④ OFDMA（直交周波数分割多元接続）

　複数のユーザが周波数幅を分割したサブキャリアを共有し、それぞれのユーザにとって伝送効率のよいサブキャリアを割り当てる通信方式である。

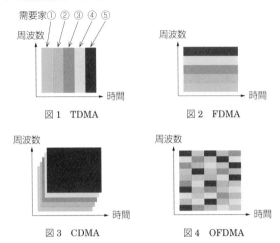

図1　TDMA

図2　FDMA

図3　CDMA

図4　OFDMA

4．アンテナ方式（MIMO）

　送信側、受信側とも複数のアンテナがあり、送信側は複数のデータを、複数のアンテナを使い同じタイミング、同じ周波数で一度に送信する。

　同時に送受信できるチャネルが増えるので、見かけ上の通信速度が向上し、通信容量を増やせる。4G では、送信アンテナ、受信アンテナとも 8 本の 8×8MIMO が規定されている。

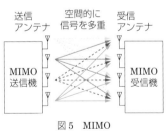

図5　MIMO

問題1 移動体通信で用いられる CDMA 多元接続方式に関する記述として、適当でないものはどれか。

(1) FDMA 方式に比べて秘話性が高い。

(2) 隣接基地局へのローミングが容易である。

(3) スペクトル拡散方式が用いられる。

(4) FDMA 方式に比べて干渉を受けにくい。

問題2 携帯電話システムに関する記述として、適当でないものはどれか。

(1) LTE の無線ネットワークは、パケット交換でサービスされている。

(2) W-CDMA では、スペクトラム拡散方式が採用されている。

(3) W-CDMA では、RAKE 受信により受信品質の向上が図られている。

(4) LTE の下りの多元接続には、TDMA が採用されている。

1級 **問題3** 第 4 世代移動通信システムと呼ばれる LTE に関する記述として、適当でないものはどれか。

(1) データの変調において、FSK を採用している。

(2) 複数のアンテナより送受信を行う MIMO 伝送技術を採用している。

(3) 無線アクセス方式において、上りリンクと下りリンクで異なった方式を採用している。

(4) パケット交換でサービスすることを前提としている。

1級 **問題4** 携帯電話システムである LTE に関する記述として、適当でないものはどれか。

(1) フェージングなどの無線環境に合わせて、データの変調方式を柔軟に切り替える適応変調を採用している。

(2) 上りリンクの無線アクセス方式には SC-FDMA を採用し、下りリンクの無線アクセス方式には CDMA を採用している。

(3) 音質サービスを実現するため、IP パケットにより音声データをリアルタイムに伝送する Voice over LTE を採用している。

(4) 複数の送受信アンテナにより異なる信号のセットを同一時間に同一周波数を用いて送受信することで伝送容量の増大や伝送品質の向上を図る MIMO が採用されている。

問題5 移動体通信で用いられる無線アクセス方式の特徴に関する記述として、適当でないものはどれか。

(1) 無線資源を周波数で分割する FDMA 方式は、デジタル変調だけでなくアナログ変調にも用いることができる

(2) 送信信号にユーザ固有の符号を乗算してスペクトルを拡散する CDMA 方式は、隣接する基地局間では異なる周波数を使用する必要がある。

(3) 無線資源を時間で分割する TDMA 方式は、各ユーザはフレームごとに間欠的に情報を送信するため、音声データ等を圧縮して送信する必要があることから、デジタル変調で用いられる。

(4) 直交関係にある複数のキャリアを個々のユーザの使用チャンネルに割り当てる OFDMA は、移動通信のマルチパス環境下でも高品質な信号伝送が可能である。

解答・解説

問題1

① CDMA（符号分割多元接続）は、個々のユーザに使用チャンネルとして個別に信号のスペクトルを拡散する拡散符号を割り当てる方式である。

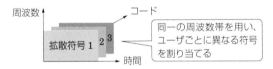

② ローミングとは、多元接続において端末が移動中に隣の基地局へ接続替えを行うことをいう。**CDMA 多元接続方式**は、隣接基地局への**ローミング**が**容易でない**。

答 (2)

《問題②》

LTE の下りには **OFDMA** が、上りには **SC-FDMA** が使用されている。

(**参考**) 次の選択肢も出題されている。

○：携帯電話システムでは、サービスエリアを多数の無線ゾーンに分割し、分割したゾーン内にそれぞれの基地局を設置している。

×：携帯電話システムで使用される電波は、主に VHF 帯の周波数が用いられている。→ **UHF**（極超短波帯）から **SHF**（マイクロ波帯）が使用されている。

○：携帯電話システムでは、1つの周波数帯で同時に複数のチャンネルを設定して通話する多元接続が用いられている。

答 (4)

《問題③》

データの変調には **64QAM** が採用されている。

(**参考**) キャリアアグリゲーションとは？

異なる周波数の帯域を複数同時に利用することで帯域幅を拡張し、通信速度の向上を図る技術である。

答 (1)

《問題④》

上りリンクの無線アクセス方式には **SC-FDMA** を採用し、下りリンクの無線アクセス方式には **OFDMA** を採用している。

答 (2)

《問題⑤》

送信信号にユーザ固有の符号を乗算してスペクトルを拡散する **CDMA 方式**は、すべての基地局で同一周波数が使用できる。

答 (2)

☺ POINT ☺

マイクロ波通信について概要をマスターしておく。

1. マイクロ波通信

　マイクロ波通信は、マイクロ波帯（SHF）の周波数を使用して無線通信を行うもので、**小電力で伝送容量が大きい**。

　マイクロ波通信は直線性が強いので、特定の方向に向けた長距離の伝送に使用され、衛星通信、衛星放送、気象レーダ、船舶用レーダなどに用いられている。

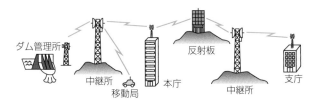

2. 中継方式

　マイクロ波は伝送距離が長くなると、減衰や雑音によって信号が劣化する。このため、中継が必要となり、約50kmごとに中継所を設けて増幅中継する。

①直接中継	受信信号を増幅して周波数をわずかに偏移させ再送信する。
②ヘテロダイン中継	受信信号を**中間周波数（IF）に変換して増幅**した後、再びマイクロ波に変換し再送信する。
③検波（再生）中継	受信信号を**検波（再生）してベースバンドに戻した後に、再び増幅して変調し再送信する。
④無給電中継	電波を反射板などで反射させて**電波の伝搬方向を変えて中継する**もので、受信信号を増幅しないため反射された信号が弱くなる。

3. フェージング

　時間差をもって到達した**電波の波長が干渉し合う**ことによって、受信点において電波レベルの強弱に影響を与える現象をフェージングという。この原因は、気温、気圧、湿度など気象条件の変化で**電波の経路の大気の屈折率が変化する**ことにある。

4. フレネルゾーン

　送信アンテナから発射された電波が受信アンテナに到達する際、電力損失なしに到達しようとすると、ある一定の区間が必要となる。この空間をフレネルゾーンといい、アンテナ間の最短距離を中心とした**回転楕円体**である。

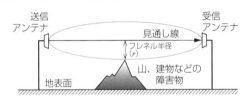

5. ダイバーシティ

　送信点から受信点に至る電波は、様々な経路を通過し、複数の電波が相互に干渉し、フェージングが発生する。フェージングを防止して、**通信品質を向上させる技術**がダイバーシティである。

①スペースダイバーシティ（空間ダイバーシティ）：空間的に十分離した複数のアンテナを用いる。

②偏波ダイバーシティ：垂直偏波を受信するアンテナから出力と水平偏波を受信するアンテナからの出力を合成または切り替え、受信レベルの変動を小さくする。

③角度ダイバーシティ：指向性の異なる複数の受信アンテナを用いる。

④周波数ダイバーシティ：同一信号を複数の異なる周波数で送信する。

問題1 パラボラアンテナに関する記述として、適当なものはどれか。

(1) 放物面をもつ反射器と一次放射器から構成されるアンテナである。
(2) 放射器の後方にV型の反射器を配置したアンテナである。
(3) 反射器、放射器、導波器で構成されるアンテナである。
(4) 複数のアンテナ素子をある間隔で並べ、各アンテナ素子に給電するアンテナである。

1級 問題2 マイクロ波通信の中継方式に関する記述として、適当でないものはどれか。

(1) 受信したマイクロ波帯の信号を中間周波数に変換して増幅した後、再びマイクロ波帯に変換して送信する方式をヘテロダイン中継方式という。
(2) 電波を反射板などで反射させて電波の伝搬方向を変えて中継する方式を無給電中継方式という。
(3) 受信した信号を目的の周波数に変換した後、または直接増幅して送信する方式を直接中継方式といい、衛星回線の中継で用いられる。
(4) 受信波よりベースバンド信号を変調し、波形整形や同期調整を行った後、再び変調して送信する方式を再生中継方式といい、アナログ回線の中継に用いられる。

1級 問題3 自由空間上の距離 $d = 25\,\text{km}$ 離れた無線局A、Bにおいて、A局から使用周波数 $f = 10\,\text{GHz}$、送信出力1Wを送信したときのB局の受信機入力〔dBm〕の値として、適当なものはどれか。

ただし、送信および受信空中線の絶対利得は、それぞれ40dB、給電線および送受信機での損失はないものとする。なお、自由空間基本伝搬損失 L_0 は、次式で表されるものとし、d はA局とB局の間における送受信空中線間の距離、λ は使用周波数の波長であり、ここでは $\pi = 3$ として計算するものとする。

$$L_0 = \left(\frac{4\pi d}{\lambda}\right)^2$$

(1) $-70\,\text{dBm}$ (2) $-60\,\text{dBm}$
(3) $-30\,\text{dBm}$ (4) $40\,\text{dBm}$

問題4 移動通信システムで用いられるダイバーシティ技術に関する記述として、適当でないものはどれか。

(1) CDMA は、1つの周波数を複数の基地局が共有しているため、周辺の基地局で受信される信号を利用する時間ダイバーシティにより回線の信頼性を高めている。

(2) 2つ以上の周波数帯域を使用するキャリアアグリケーションは、通信速度の向上だけでなく、通信が安定する周波数ダイバーシティ効果も得られる。

(3) 複数の伝搬経路を経由して受信された信号を最大比合成する RAKE 受信は、パスダイバーシティ効果が得られる。

(4) 偏波ダイバーシティは、直交する偏波特性のアンテナを用いて、受信した信号を合成することにより電波の偏波面の変動による受信レベルの変動を改善する。

解答・解説

問題1

パラボラアンテナの構造は、下図のとおりである。

放物面反射鏡　一次放射器（主に電磁ホーンアンテナが使われる）

(2) は UHF 用（地上デジタル放送用）アンテナ

(3) は八木アンテナ、(4) はアダプティブアレーアンテナである。

(参考) 固定局間のマイクロ波通信について、次の選択肢が出題されている。

○：指向性が鋭く、利得の高いアンテナが使える。

○：多重通信方式には時分割多重方式や周波数分割多重方式がある。

×：無線機とアンテナとの間の給電線路として平行2線式給電線が主に用いられる。→マイクロ波通信の無線機とアンテナ間の給電線には導波管が使用される。

○：見通し外の通信を行うために、中継局が用いられる。

答 (1)

《問題 2》

再生中継方式は、受信信号を復調し、ベースバンド信号に戻した後で再び増幅し変調して再送信する方式である。

答_(4)_

《問題 3》

使用周波数 f〔Hz〕と波長 λ〔m〕の積は、光速 $c = 3 \times 10^8$〔m/s〕で、$c = f\lambda$ である。これより

波長　$\lambda = \dfrac{c}{f} = \dfrac{3 \times 10^8}{10 \times 10^9} = 0.03$〔m〕

自由空間基本伝搬損失 L_0 は

$$L_0 = \left(\frac{4\pi d}{\lambda}\right)^2 = \left(\frac{4 \times 3 \times 25 \times 10^3}{0.03}\right)^2 = 10^{14}$$

自由空間基本伝搬損失 L_0 を利得計算すると

$10 \log_{10} L_0 = 10 \log_{10} 10^{14} = 140$〔dB〕

送信出力 1 W を〔dBm〕で表すと

$10 \log_{10} \dfrac{1\,000\,〔mW〕}{1\,〔mW〕} = 30$〔dBm〕

であるので

B 局の受信機入力 = 送信出力 + 送信及び受信空中線の
絶対利得 − 自由空間基本伝搬損失

= 30 + 40 + 40 − 140

= −30〔dBm〕

答_(3)_

《問題 4》

時間ダイバーシティの単純なものは、同じ情報を 2 度以上送信するという手法であるが、効率がよくない。　　**答**_(1)_

☻ POINT ☻

DSRC の用途や電波規格の概要をマスターしておく。

1. DSRC とは？

　DSRC は、狭域通信と言われている。高度道路交通システム（ITS）において、ETC の有料道路料金の自動収受（車載器と路側機間での数 m～30 m 程度の狭い範囲を対象）サービスに ISM バンドの１つである 5.8 GHz 帯を利用した双方向の無線通信方式である。

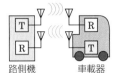

路側機　　　　車載器
T：送信部　R：受信部

2. DSRC の電波規格の概要

　下表に示すのが主な概要である。

項　目	規　格
周波数帯	5.8 GHz 帯、14 チャンネル
通信方式	アクティブ方式
変調方式	ASK、QPSK（FSK でない）
変調信号速度	（ASK）1 Mbps （QPSK）4 Mbps

問題1　我が国の ITS（高度道路交通システム）で用いられる DSRC（狭域通信）に関する記述として、適当でないものはどれか。
(1) DSRC で用いられる周波数は、5.8 GHz 帯である。
(2) DSRC は、路側機と車載器の双方向通信が可能である。
(3) DSRC の伝送速度は、最大 100 Mbps である。
(4) 有料道路料金収受で用いられている ETC は、DSRC を用いたシステムである。

解答・解説

問題1
DSRC の伝送速度は、(ASK) 1Mbps、(QPSK) 4Mbps である。
答 (3)

☻ POINT ☻

LAN の規格であるイーサネットをマスターしておく。

1. イーサネットの規格

イーサネットはコンピュータネットワークの規格の1つで、LAN の規格である。LAN によるコンピュータ通信では、イーサネットと TCP/IP の組み合わせが一般的である。

表 イーサネットの規格

呼称	規格名	伝送速度	ケーブルの種類
Ethernet	10BASE5	10Mbps	同軸ケーブル
			(Thick ケーブル)
	10BASE2		同軸ケーブル
			(Thin ケーブル)
	10BASE-T		ツイストペアケーブル
Fast Ethernet	100BASE-TX	100Mbps	
	100BASE-FX		
Gigabit Ethernet	1000BASE-LX	1Gbps	光ファイバケーブル
	1000BASE-SX		
	1000BASE-T		ツイストペアケーブル

問題1 イーサネットの規格に関する記述として、適当でないものはどれか。

(1) 10BASE2 の伝送媒体は、同軸ケーブルである。

(2) 10BASE-T の伝送媒体は、ツイストペアケーブルである。

(3) 100BASE-T の伝送媒体は、光ファイバケーブルである。

(4) 1000BASE-SX の伝送媒体は、光ファイバケーブルである。

解答・解説

問題1

100BASE-T の伝送媒体は、ツイストペアケーブルである。名称の 100 は伝送速度 100Mbps を、BASE はベースバンド方式を、T はツイストペアケーブルを表している。　　　答 (3)

☺ POINT ☺

MACアドレスとIPアドレスについてマスターしておく。

1．OSI参照モデルとTCP/IPの対比

TCP/IPはインターネットで実際に使用されているプロトコルで、OSI参照モデルと対比すると、下図のようになり、4階層で構成されている。

OSI参照モデル		TCP/IP	
第7層	アプリケーション層	アプリケーション層	HTTP、FTP、TELNET、SMTP、POP、NTP、SNMPなど
第6層	プレゼンテーション層		
第5層	セッション層		
第4層	トランスポート層	トランスポート層	TCP、UDP
第3層	ネットワーク層	インターネット層	IP
第2層	データリンク層	ネットワークインタフェース層	PPP、イーサネットなど
第1層	物理層		

2．MACアドレスとIPアドレス

MACアドレスは、ネットワークに接続する機器固有の48bitのアドレスで、IPアドレスは、ネットワークに接続するときに必要なアドレスである。IPアドレスはネットワーク層、MACアドレスはデータリンク層で動作する。

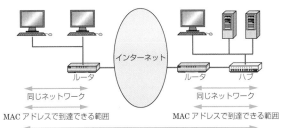

図1　アドレスによる到達範囲の違い

IPアドレスには、インターネット接続に必要なグローバルIPアドレスと企業の構内などの限定されたところで使用するプライベートIPアドレスがある。ルータは、同じネットワーク内ではプライベートIPアドレスで通信し、インターネットではグローバルIPアドレスで通信する。

3. IPv4とIPv6

IPアドレスには、**32 bitのIPv4**と**128 bitのIPv6**の2種類がある。IPv4アドレスは長さが短くユーザ数の増加に伴うIPアドレスの枯渇が問題となってきた。この問題点を解消したのがIPv6である。

表1　IPv4とIPv6の比較

比較項目	IPv4	IPv6
IPアドレス長	32ビット	128ビット
IPヘッダ	可変	**基本ヘッダは40バイトの固定長**
セキュリティ	暗号・認証プロトコルはオプション	**IPsec**という暗号・認証プロトコルでサポート
異なるIPネットワーク間の移動	モバイルIP機能をサポート	**移動端末にIPアドレスを一意に付加可能**で、IPアドレスの自動設定機能により端末移動が可能

IPv4アドレスの構成

ネットワーク部	ホスト部

32ビット

IPv6アドレスの構成

プレフィックス	インタフェースID

128ビット

問題1 IPv6 に関する記述として、適当でないものはどれか。

(1) IPv6 の IP アドレスは、128 ビットで構成されている。

(2) IPv6 のヘッダ長は、データに応じた可変長となっている。

(3) IPv6 のグローバルユニキャストアドレスは、インターネット通信や組織内での通信などに利用される

(4) IPv6 のホスト部のアドレスは、MAC アドレスを基に自動的に設定できる。

1級 問題2 IPv6 のヘッダに関する記述として、適当でないものはどれか。

(1) 宛先 IP アドレスおよび送信元 IP アドレス長は 128 ビットである。

(2) トラフィッククラスは、IPv4 ヘッダの TOS（Type Of Service）に相当するもので、パケットの優先度を設定する。

(3) ホップリミットは、IPv4 のヘッダの TTL に相当するもので、ルータを通過するたびに値が1つずつ減らされ、0 になるとその IPv6 のパケットは破棄される。

(4) フローラベルは、IPv6 のヘッダを除くペイロードの長さを表すもので、拡張ヘッダが含まれる場合は拡張ヘッダの長さを含めた長さがペイロードの長さとなる。

解答・解説

問題1

IPv6 のヘッダ長は、40 バイトの固定長である。

答 (2)

問題2

①フローラベルは 20 ビット、ペイロード長は 16 ビットである。

②ペイロード長は、IPv6 ではヘッダを除いたデータの長さである。

答 (4)

😺 POINT 😺
IP アドレスの表現方法をマスターしておく。

1. IP アドレスのクラス

LAN 内で使用する IP アドレスは、ネットワークを構成する PC 台数によって 3 つのクラスに分かれる。

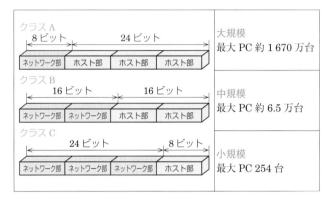

クラス A 8 ビット / 24 ビット ネットワーク部 | ホスト部 | ホスト部 | ホスト部	大規模 最大 PC 約 1 670 万台
クラス B 16 ビット / 16 ビット ネットワーク部 | ネットワーク部 | ホスト部 | ホスト部	中規模 最大 PC 約 6.5 万台
クラス C 24 ビット / 8 ビット ネットワーク部 | ネットワーク部 | ネットワーク部 | ホスト部	小規模 最大 PC 254 台

2. サブネットマスク

サブネットマスクは、ネットワーク部とホスト部を識別する仕組みである。これにより、ネットワーク部を拡張する（ホスト部を少なくする）ことができる。サブネットマスクでは、IP アドレスと同じ 32 ビット長のビット列により、ネットワークアドレスの部分を示している。

```
IP アドレス        11000000. 10101000. 00000001. 01100100
                      192   ·   168   ·    1    ·   100
サブネットマスク    11111111. 11111111. 11111111. 11110000
                      255   ·   255   ·   255   ·  240
                   クラス部（C クラス）    サブネット部
```

> IP アドレスとサブネットマスクをかける（AND を取る）とネットワークアドレスになる

```
ネットワークアドレス  11000000. 10101000. 00000001. 01100000
                        192   ·   168   ·    1    ·  96 ─┐
                                                    ホスト部
          ※CIDR 表記：192.168.1.96/28          97～110
```

問題1 IP アドレスの表現方法であるクラス C に関する記述として、適当なものはどれか。

   (1) マルチキャストに対応したネットワークを構築する場合に使用する。

   (2) ホストアドレス部が 16 ビットのネットワークを構築する場合に使用する。

   (3) ホストが 254 台以下のネットワークを構築する場合に使用する。

   (4) IPv6 に対応したネットワークを構築する場合に使用する。

問題2 IP アドレスの表現方法であるクラス C に関する記述として、適当なものはどれか。

   (1) ホストが 10 000 台以上のネットワークを構築する場合に使用する。

   (2) ホストアドレス部が 8 ビットのネットワークを構築する場合に使用する。

   (3) マルチキャストに対応したネットワークを構築する場合に使用する。

   (4) IP アドレスの先頭の 1 ビットが「0」で始まる。

問題3 次の IPv6 のアドレスを RFC 5952 で規定されている IP アドレス表記法で記述した場合、適当なものはどれか。

「0192：0000：0000：0000：0001：0000：0000：0001」

   (1) 192：：：：1：：：1

   (2) 192：：1：：1

   (3) 192：：1：0：0：1

   (4) 192：0：0：0：1：：1

問題4 LAN に繋がっている端末の IP アドレスが「192.168.3.121」でサブネットマスクが「255.255.255.254」のとき、この端末のホストアドレスとして、適当なものはどれか。

   (1) 9   (2) 25   (3) 121   (4) 249

解答・解説

問題1

(1) マルチキャストアドレスは、**クラス D アドレス**を使用する。

(2) ホストアドレス部が 16 ビットはクラス B である。

(4) クラス C のアドレスは、IPv4 のアドレスである。

答 (3)

問題2

(1) ホストが最大 254 台のネットワークを構築する場合に使用する。

(4) IP アドレスの先頭部は、クラス A は「0」で、クラス B は「10」で、クラス C は「110」で始まる。

答 (2)

問題3

①フィールドの先頭の 0 は省略できる（0192 → 192）

②フィールドのビットがすべて 0 の場合は、省略して 1 つの 0 にできる。（0000 → 0）

③ビットがすべて 0 のフィールドが連続している場合は、その間の 0 を省略し 2 重コロン（：：）にできる。ただし、1 つの IPv6 アドレス内で使用できるのは 1 回だけである。（0000：0000：0000 → ：：）

④よって、192：：1：0：0：1 となる。

答 (3)

問題4

①2 進数に変換すると、

IP アドレス　　　　11000000.10101000.00000011.011|11001|

サブネットマスク　　11111111.11111111.11111111.111|00000|

②ホスト部を抽出すると、2 進数で 11001 → 10 進数で 25

③端末のホストアドレスは 25 となる。

（参考） IPv4 アドレス「192.168.3.105/25」のネットワークで収容できるホストの最大数→2 進数で頭から 25 ビットがネットワークアドレスで、アドレス空間 32 ビットとの差は 7 ビットとなる。7 ビットで 0 ～ 127 の数値が割り当てられるが、最初の 0 はネットワークアドレス、127 はブロードキャストアドレスに使用されるので、収容できるホスト数の最大は 126 となる。

答 (2)

☺ POINT ☺

ネットワーク機器の役割についてマスターしておく。

1. OSI 参照モデルとネットワーク機器

OSI 参照モデルの階層に対応したネットワーク機器は、下図のとおりである。

電気通信設備

OSI 参照モデル　　　　　　　　　　　　　LAN 接続機器

第7層	アプリケーション層	通信サービス	
第6層	プレゼンテーション層	データの表現形式の変換	ゲートウェイ
第5層	セッション層	同期制御	
第4層	トランスポート層	システム間のデータ転送	
第3層	ネットワーク層	データの伝送経路の選択	ルータ
第2層	データリンク層	伝送制御	ブリッジ
第1層	物理層	物理的な伝送媒体	リピータ

機器の名称	対応する階層	役割
ルータ	ネットワーク層	IP アドレスを元に経路制御し LAN 相互を接続する
スイッチングハブ	データリンク層	データを送る必要のあるポートにデータを送る
ブリッジ		LAN セグメントを相互接続する
リピータ	物理層	減衰信号を増幅し、伝送路を延長する
ハブ		ツイストペアケーブルを分岐・中継する

2. リピータとスイッチングハブの違い

リピータハブの場合

スイッチングハブの場合

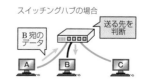

3. ルーティング

　最適な経路を選択しながら宛先IPアドレスまでIPパケットを転送していくことを**ルーティング（経路制御）**という。この機能を担うのは、**ネットワーク層（第3層）の中継機器**で、ルータやL3スイッチである。

①ルーティング方式には、次の2種類がある。

　　☆スタティックルーティング：手動で設定する。

　　☆ダイナミックルーティング：自動更新で経路変更を行う。

②ダイナミックルーティングには、**IGP**（AS内で使用される**内部ゲートウェイプロトコル**）と**EGP**（**外部ゲートウェイプロトコル**）の2種類のプロトコルがある。

（参考）AS：自律システムで企業、学校構内などの集合体

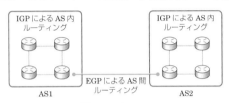

図　IGPとEGP

③ IGPはAS内で使用されるルーティングプロトコルで、**ディスタンスベクタ型**と**リンクステート型**がある。

表　IGPの分類

方　式	ディスタンスベクタ型	リンクステート型
概　要	宛先までの**ルータ数**（ホップ数）が最小の経路を選択	宛先までのコスト値の合計が最小の経路を選択
特　徴	実装が容易で、経路情報が少ない	ルーティングの収束が速く大規模向き
代表的なプロトコル	RIP（Ｒｏｕｔｉｎｇ Information Protcol）：30秒ごとにルータ同士が学習済みの経路情報を交換してルーティングテーブルを自動更新する。	OSPF（Open Shortest Path First）：各ルータが収容しているネットワークのリンク状況をルータ間で相互交換してルーティングテーブルを自動更新する。

問題1 ネットワーク機器であるブリッジに関する機能として、適当でないものはどれか。
- (1) スパニングツリー
- (2) テザリング
- (3) アドレスの学習
- (4) フィルタリング

問題2 コンピュータネットワークにおけるルーティングに関する機能として、適当でないものはどれか。
- (1) ルーティングとは、IPパケットを最適な経路を選択しながら転送していくことである。
- (2) ルーティングは、ルーティングテーブルに記録された経路情報に従って行われる。
- (3) ルーティングプロトコルには、RIPやOSPFがある。
- (4) スタティックルーティングとは、ルータ同士が自動的に経路情報を交換し合うことにより、互いのルーティングテーブルを最新の状態に更新する方式である。

問題3 IPネットワークで用いられるRIPに関する記述として、適当なものはどれか。
- (1) 各リンクにコストと呼ばれる重みをつけ、このコストの合計値が小さくなるようにする。
- (2) ホップ数と呼ばれる通過するルータの数が、できるだけ少ない数を通過して目的のIPアドレスに到達するように経路を選択する。
- (3) 各組織が運用するネットワークである自律システムに対してAS番号が割り当てられ、AS番号を使って経路を選択する。
- (4) IPパケットにラベルと呼ばれる情報を付加し、そのラベルを使ってIPパケットを転送する。

1級 **問題4** IPネットワークで使用されるOSPFに関する記述として、適当なものはどれか。

（1）経路判断に通信帯域等を元にしたコストと呼ばれる重みパラメータを用いる。

（2）ディスタンスベクタ型のルーティングプロトコルである。

（3）30秒ごとに配布される経路制御情報が180秒待っても来ない場合には接続が切れたと判断する。

（4）インターネットサービスプロバイダ間で行われるルーティングプロトコルである。

解答・解説

問題1

テザリングは、スマートフォンを一時的に**Wi-Fi**ルータのように使って、PCなどの端末をインターネットへ接続する機能である。

　　　　　　　　　　　　　　　　　　　　　　答 (2)

問題2

①**スタティックルーティング**は、手動で経路を設定する方式である。

②（4）の内容は**ダイナミックルーティング**である。

　　　　　　　　　　　　　　　　　　　　　　答 (4)

問題3

（1）は**OSPF**、（3）は**EGP**、（4）は**MPLS**（Multi-Protocol Label Switching）についての説明である。

　　　　　　　　　　　　　　　　　　　　　　答 (2)

問題4

（2）**ディスタンスベクタ型**はRIPで、OSPFは**リンクステート型**のプロトコルである。

（3）はRIPである。

（4）はEGPに属するBGP（Border Gateway Protocol）である。

　　　　　　　　　　　　　　　　　　　　　　答 (1)

:smile: POINT :smile:

ネットワークの主な用語とプロトコルをマスターする。

1. 主な用語

① NAT（Network Address Translation）

　組織内部で使用するプライベート IP アドレスをインターネットで利用するグローバル IP アドレスに 1：1 で変換する機能である。

② NAPT（Network Address Port Translation）

　NAT の機能に加え、**ポート番号**も変換する機能である。

③ SNMP（Simple Network Management Protocol）

　ネットワークに接続されたそれぞれの **IP 機器**を管理するプロトコルである。

④ DNS（Domain Name System）

　ドメイン名を IP アドレスに変換する機能である。

　☆正引き：ドメイン名を IP アドレスに変換する。

　☆逆引き：IP アドレスをドメイン名に変換する。

⑤ DHCP（Dynamic Host Configuration Protocol）

　IP アドレスを一元的に管理し、端末の起動時に IP アドレスを自動的に割り当てるプロトコルである。

2. OSI 参照モデルに対応した主なプロトコル

　OSI 参照モデルと TCP/IP の階層に対応づけをした主なプロトコルは、下表のとおりである。

OSI 参照モデル	TCP/IP の階層	プロトコル				
第7層 アプリケーション層	アプリケーション層	HTTP	SMTP	POP3	FTP	…
第6層 プレゼンテーション層						
第5層 セッション層						
第4層 トランスポート層	トランスポート層	TCP			UDP	
第3層 ネットワーク層	インターネット層			IP	ICMP	
第2層 データリンク層	ネットワークインターフェース層	ARP RARP Ethernet			PPP	…
第1層 物理層						

表中のプロトコルの概要は、以下のとおりである。

① HTTP（Hypertext Transfer Protocol）

クライアント PC の Web サーバと Web ブラウザの間で、ハイパーテキストをやりとりするのに使用する。

② SMTP（Simple Mail Transfer Protocol）

送信端末とメールサーバ間および各メールサーバ間でやりとりするのに使用する。

③ POP3（Post Office Protocol3）

メールサーバから自分のメールを取り出す時に使用する。

④ FTP（File Transfer Protocol）

インターネット上で、コンピュータ間のファイルを転送するのに使用する。

⑤ TCP（Transmission Control Protocol）

インターネットで標準的に利用されているコネクション型のプロトコルで、高信頼性や通信効率の最適化機能を提供する。

⑥ UDP（User Datagram Protocol）

コネクションレス型のプロトコルで、TCP に比べて信頼性が低いが高速転送が行える。

⑦ IP（Internet Protocol）

インターネット上で、データを宛先まで届ける。

⑧ ICMP（Internet Control Message Protocol）

TCP/IP でネットワークの疎通がされているノード間で、通信状態の確認をする。

⑨ Ethenet

メタルケーブルや光ファイバケーブルを使用してデータ伝送を行う通信規格である。

⑩ ARP（Address Resolution Protocol）

IP アドレスから Ethernet の MAC アドレスの情報を得る。

⑪ RARP（Reverse Address Resolution Protocol）

Ethernet の MAC アドレスから IP アドレスの情報を得る。
→ ARP とは逆の働きである。

⑫ PPP（Point-to-Point Protocol）

電話回線などの通信回線を利用し、1：1 の通信で利用されるプロトコルである。

1級 問題1 インターネット接続における NAT に関する記述として、適当なものはどれか。

(1) ドメイン名と IP アドレスを対応づける。

(2) プライベート IP アドレスとグローバル IP アドレスを 1 対 1 で相互に変換する。

(3) IP アドレスから MAC アドレスを得る。

(4) 配布する IP アドレスを管理し、クライアントの IP アドレスなどの設定を自動化する。

問題2 IP ネットワークで使われる FTP に関する記述として、適当なものはどれか。

(1) IP ネットワークに接続される機器の時刻を同期させるためのプロトコルである。

(2) IP ネットワークを通じて遠隔地にあるコンピュータの操作をするためのプロトコルである。

(3) クライアント端末がメールサーバから自分宛のメールをダウンロードし、ダウンロードしたメールはクライアント端末側で管理するプロトコルである。

(4) IP ネットワーク上でファイルを転送するためのプロトコルである。

解答・解説

問題1

(1) は DNS、(3) は ARP、(4) は DHCP である。

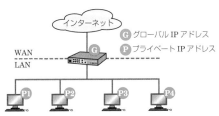

答 (2)

問題2

(1) は **NTP**（Network Time Protcol）、(2) は **TELNET**、(3) は **POP**（Post Office Protcol）である。

答 (4)

ネットワーク設備6 セキュリティ設備

☻ POINT ☻
セキュリティ設備について概要をマスターする。

1. ファイアウォール

ファイアウォールは、インターネットに接続している企業内 LAN の外部からの不正なアクセスを検出・遮断して企業内ネットワークを保護する装置である。**通過するパケットの内容を見て通過の可否を判断するのが一般的で、バリアセグメント** (外部セグメント)、**DMZ**（非武装地帯）、内部ネットワーク（内部セグメント）の**3**つのゾーンに分かれる。

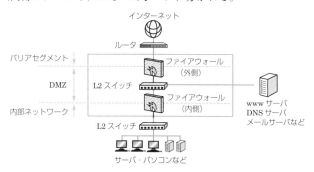

パケットフィルタリング型は通信をパケット単位で解析して通過させるか判断し、アプリケーションゲートウェイ型は **HTTP** や **FTP** などアプリケーションプロトコルごとに解析する。

2. IDS（侵入検知システム）

サーバやネットワークの外部との通信を監視し、攻撃や侵入の試みなど不正なアクセスを検知し、管理者にメールなどで通報するシステムである。

①ネットワーク型 IDS：ネットワーク上のパケットを監視する。（シグネチャベース検知とアノマリ検知がある）

②ホスト型 IDS：公開サーバなどのホストにインストールし、OS の監査機能が生成するログや実行されたコマンドを監視する。

問題1 コンピュータネットワークに関する次の記述に該当する名称として、適当なものはどれか。

「インターネットに公開する Web サーバやメールサーバなどを設置するために、外部ネットワークと内部ネットワークの中間にあるファイアウォールで区切られたネットワーク領域のことである。」

(1) DMZ　(2) IDS　(3) DNS　(4) NTP

1級 **問題2** コンピュータネットワークの情報セキュリティのために使用される IDS に関する記述として、適当でないものはどれか。

(1) アノマリ検知は、パケットの内容やホスト上の動作が既知の攻撃手法について特徴的なパターンを登録したデータベースであるシグネチャと一致した場合に、攻撃と判定する。

(2) ネットワーク型 IDS は、ネットワーク上に配置されて、ネットワークに流れるパケットを検査する。

(3) IDS は、ネットワークやサーバを監視し、侵入や攻撃等の不正なアクセスを検知した場合に管理者へ通報する。

(4) IDS は、攻撃を検知できずに見逃してしまうことや正常な通信を攻撃と誤検知してしまうことがある。

解答・解説

問題1

DMZ（DeMilitarized Zone）で、非武装地帯である。
(2) の **IDS** は侵入検知システム、(3) の **DNS** はドメインネームシステム、(4) の **NTP** はネットワークタイムプロトコルである　　　　　　　　　　　　　　　**答** (1)

問題2

アノマリ検知は、プロトコル仕様に合致しない動作、特定パケットの通信量が多すぎる、アプリケーションの動作が異常などの**異常行動**を検知し、侵入と判定する。　　　　　**答** (1)

😃 POINT 😃

サーバへの攻撃手法について概要をマスターする。

1. DoS 攻撃

　サーバに大量のデータを送って過大な負荷をかけることで
サーバを動作不能な状態にする攻撃方法である。

①SYN フラッド攻撃：TCP での接続の確立の手順は、①
SYN →②SYN＋ACK →③ACK である。このうち、攻撃
者が接続元 IP を偽ってボットから接続要求（SYN）を大量
に送信するのが SYN フラッド攻撃である。

接続元
〈接続完了〉
①接続要求（SYN）
②応答（SYN＋ACK）
③確認応答（ACK）

接続先

②FIN フラッド攻撃：TCP での切断の手順は、①FIN →②
FIN＋ACK →③ACK である。このうち、攻撃者が接続元
IP を偽ってボットから切断要求（FIN）を大量に送信する
のが FIN フラッド攻撃である。

接続元
〈切断完了〉
①切断要求（FIN）
②応答（ACK）
②応答（FIN）
③確認応答（ACK）

接続先

2. サーバに対する不正行為

①標準型攻撃：金銭や知的財産などの重要情報を不正に取得す
ることを目的とし、行われるサイバー攻撃である。

②セッションハイジャック：ネットワーク上で、コンピュータ
間で行われる一連の通信を途中で乗っ取り、片方になりすま
して不正にデータを取得するなどの攻撃である。

③ポートスキャン：攻撃者がスキャン対象の稼働サービスまた
はそのサービスのバージョンや OS などを特定する目的で行
う調査手法である。

問題1 ゼロデイ攻撃に関する記述として、適当なものはどれか。

(1) 大量のパケットを送りつけ、標的のサーバやシステムが提供しているサービスを妨害する。

(2) 他人のセションIDを推測するなどで、同じセッションIDを使用したHTTPリクエストでなりすます。

(3) Webアプリケーションを通じて、Webサーバ上でOSコマンドを不正に実行させる。

(4) ソフトウェアのセキュリティホールの修正プログラムが提供されるソフトウェアのセキュリティホールを突く。

1級 **問題2** サイバー攻撃に関する記述として、適当でないものはどれか。

(1) セッションハイジャックとは、他人のセッションIDを推測したり窃取することで、同じセッションIDを使用したHTTPリクエストで、なりすまし通信を行う。

(2) SQLインジェクションは、ユーザからの入力値を用いてSQL文を組み立てるWebアプリケーションの脆弱性を利用して、データベースの不正操作をする。

(3) バッファオーバフローとは、メモリ上のバッファ領域をあふれさせることによってWebサーバに送り込んだ不正なコードを実行させたり、データを書き換えたりする。

(4) クロスサイトスクリプティングとは、Webアプリケーションを通じて、Webサーバ上でOSコマンドを不正に実行させる。

解答・解説

問題1
ゼロデイ攻撃は、**OS**やソフトウェアの脆弱性に対する修正プログラムが提供される前に、その脆弱性を利用して行われる攻撃である。　　　　　　　　　　**答** (4)

問題2
(4) の説明内容は、**OS**コマンドインジェクションである。
　　　　　　　　　　答 (4)

☻ POINT ☻

マルウェアについて概要をマスターする。

1. マルウェア

　マルウェアは、不正で有害に動作させる意図で作成された悪意のあるソフトウェアや悪質コードの総称である。マルウェアには、コンピュータウイルス、ワーム、トロイの木馬、ボットなどがある。

①コンピュータウイルス：コンピュータに侵入すると、**プログラムやファイルを破壊**するなどの被害をもたらす。

表　コンピュータウイルスの機能

機　能	内　容
自己伝染	他のプログラムに自らの複製をコピーすることで、他のシステムに伝染する。
潜　伏	特定時刻、一定時間、処理回数などの条件を満たすまで潜伏し、条件を満たせば発病する。
発　病	プログラムやデータなどのファイル破壊や設計者の意図しない動作をする。

②ワーム：ウイルスと同様に自身を複製して伝染するが、ウイルスと違って独立して活動できるため宿主は必要とせず、単独のプログラムとして動作し**自己増殖**する。

③トロイの木馬：正体を偽ってコンピュータに侵入・潜伏して単独のプログラムとして動作し、**有益なプログラムのように見せかけて不正な行為**をする。個人情報を窃取したり、コンピュータへの不正アクセスのためのバックドアを作ったりする。しかし、他のファイルに感染するような**自己増殖機能はない**。

④ボット：多数のコンピュータに感染し、遠隔操作で攻撃者から指令を受けると DDoS 攻撃などを一斉に行う不正プログラムである。ボットに感染したコンピュータを放置しておくと、迷惑メール攻撃や DDoS 攻撃の踏み台にされて攻撃に利用される恐れがある。

問題1 マルウェアに該当するものとして、適当でないものはどれか。
- (1) トロイの木馬
- (2) ソーシャルエンジニアリング
- (3) ワーム
- (4) スパイウェア

問題2 マルウェアに関する次の記述に該当する名称として、適当なものはどれか。
「感染したコンピュータ内やネットワーク上の記憶装置内のファイルを暗号化して、ファイルの復号と引換に金銭を要求する不正プログラムである。」
- (1) ランサムウェア
- (2) ワーム
- (3) ボット
- (4) キーロガー

解答・解説

問題1

ソーシャルエンジニアリングは、ネットワークに侵入するのに必要となるパスワードなど重要な情報を、情報通信技術を使用せずに盗み出す方法である。

(参考) (4)のスパイウェアは、PC内でユーザの個人情報や行動を収集し、別の場所に送ってしまうプログラムである。

答 (2)

問題2

(1)のランサムウェアは、感染したコンピュータ内やネットワーク上の記憶装置内のファイルを暗号化して、ファイルの復号と引換に金銭を要求する不正プログラムである。

(4)のキーロガーは、キーボードの入力操作を記録するソフトウェアで、これを利用し情報の不正取得に用いられることがある。

答 (1)

☺ POINT ☺

セキュリティプロトコルと暗号技術をマスターする。

1. セキュリティプロトコル

① VPN プロトコル：VPN（Virtual Private Network）は、インターネットなどで複数のユーザが共同で使用するネットワーク上で、安全に通信を行うために構築される**仮想的な専用網**である。

仮想専用回線＝VPN

図1　VPN

VPN には、IPsec と SSL というプロトコルがある。

☆ IPsec（IPsecurity）：インターネットなどの TCP/IP ネットワークで、**暗号通信を行うための通信プロトコル**である。

☆ SSL（Secure Socket Layer）：**暗号化と認証の機能を利用してクライアントとサーバ間で安全な通信を実現するためのプロトコル**である。SSL の後継のプロトコルに **TLS（Transport Layer Security）** がある。

② 認証プロトコル：ネットワークに接続してくる端末の認証を行うプロトコルである。

2. 暗号技術

① 共通鍵暗号方式

送信者と受信者で共通鍵を使用し、暗号化と復号をする。このため、暗号化通信をする際に、前もって共通鍵を受信者に秘密に送付しておくことが必要である。

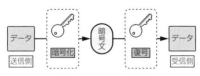

図2　共通鍵暗号方式

②公開鍵暗号方式

　暗号文を作る鍵と暗号文を元に戻す鍵が異なる方式で、暗号通信を行いたい人が独自に2つの鍵のペアを作成する。同時に生成された一対の鍵のうち一方を公開鍵として公開し、他方は秘密鍵として厳重に管理する。送信者は受信者の公開鍵で暗号文を作成して送信し、受信者は自分の秘密鍵で受け取った暗号文を復号する。公開鍵暗号方式には、RSAや楕円曲線暗号などがある。

図3　公開鍵暗号方式

1級 **問題1** IPsec に関する記述として、適当でないものはどれか。

(1) IPv4 では、IPsec の装備はオプションとなっているが、IPv6 では IPsec の装備は標準として位置付けられている。

(2) AH は、IP パケットの送信元の真正性と完全性を確保するためのプロトコルである。

(3) EPS は、IP パケットの機密性を暗号化により確保するプロトコルである。

(4) トランスポートモードは、転送する IP パケット自体をすべてペイロードとして IPsec を適用し、新たに IP ヘッダを付け加える。

問題2 TLS（Transport Layer Security）に関する記述として、適当でないものはどれか。

(1) TLS は、Web サーバと Web ブラウザ間の安全な通信のために用いられている。

(2) SSL（Secure Socket Layer）は、TLS の後継のプロトコルである。

(3) http の通信が TLS で暗号化される Web サイトの URL は、「https」で始まる。

(4) TLS が提供する機能は、認証、暗号化、改ざん検出である。

問題3 公開鍵暗号化方式に関する記述として、適当でない
ものはどれか。

(1) 情報を公開鍵で暗号化して、それと対になっている秘
密鍵で復号するので、秘密鍵を知らない第三者は、暗号文
を復号することができないため情報の機密性を確保でき
る。

(2) 代表的な公開鍵暗号アルゴリズムである RSA 暗号は、
大きな数の素因数分解の困難性を利用した暗号化方式であ
る。

(3) n 人がお互いに暗号文の交換を行うためには、$n/2$ 個の
公開鍵と秘密鍵の対が必要となる。

(4) 秘密鍵で暗号化した暗号文をそれと対になっている公
開鍵で復号することができる。

解答・解説

問題1

① トンネルモードは、転送する IP パケット自体をすべてペイ
ロードとして IPsec を適用し、新たに IP ヘッダを付け加え
る。

② トランスポートモードは、IP パケットのペイロードのみを
暗号化し、ヘッダは変更しない。

答 (4)

問題2

TLS は、SSL の後継のプロトコルで、**トランスポート層のプ
ロトコル**である。 **答** (2)

問題3

n 人がお互いに暗号文の交換を行うためには、**n 個の公開鍵と
秘密鍵の対**が必要となる。 **答** (3)

☺ POINT ☺

デジタル署名とタイムスタンプの概要をマスターする。

1. デジタル署名

　デジタル署名（電子署名）は、受信した情報が、間違いなく本人から送信されたものであることを確認する仕組みであり、次のように実施される。

①送信側（署名側）：ハッシュ関数を用いて電子文書のハッシュ値を計算する。→ハッシュ値を署名者の秘密鍵で暗号化する。→「電子署名」を電子文書に添付する。→署名検証者へ送信する。

②受信側（検証側）：ハッシュ関数を用いて電子文書のハッシュ値を計算する。→「電子署名」を署名者の公開鍵を使用して復号しハッシュ値を求める。→2つのハッシュ値を比較する。→公開鍵は正当か「証明書検証」で確認する。

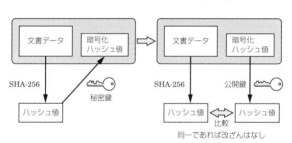

図　デジタル署名

2. タイムスタンプ（時刻認証）

　電子文書がいつ作成・更新されたかを証明するしくみである。ある時刻にその電子文書が存在していたこと、その時刻以降にデータが改ざんされていないことを第三者機関（認証プロバイダ）が証明する。

デジタル署名に関する記述として、適当でないものはどれか。

(1) 送信データの完全性と送信者の真正性を確認する仕組みである。

(2) ハッシュ関数を用い改ざんがないことを確認する。

(3) 共通鍵暗号方式を利用している。

(4) 受信者は、デジタル署名の検証に送信者の公開鍵を用いる。

1級 問題2 ネットワークを介してユーザ認証を行う場合に使用されるチャレンジレスポンス認証の仕組みに関する記述として、適当なものはどれか。

(1) クライアントにおいて、利用者が入力したパスワードとサーバから送られてきたチャレンジコードからハッシュ値を生成し、サーバに送信する。

(2) クライアントにおいて、利用者が入力したユーザIDとサーバから送られてきたチャレンジコードからハッシュ値を生成し、サーバに送信する。

(3) サーバにおいて、利用者が入力したパスワードとクライアントから送られてきたチャレンジコードからハッシュ値を生成し、クライアントに送信する。

(4) サーバにおいて、利用者が入力したユーザIDとクライアントから送られてきたチャレンジコードからハッシュ値を生成し、クライアントに送信する。

解答・解説

問題1

デジタル署名は、**公開鍵暗号方式**を利用している。　　**答** (3)

問題2

下図のような仕組みである。

クライアントプログラム

答 (1)

情報設備1 クライアントサーバシステムなど

☺ POINT ☺

クライアントサーバシステムなどをマスターする。

1. クライアントサーバシステム

コンピュータをサーバとクライアントに分けて、それぞれに役割分担をして運用するしくみである。

共有データを格納するサーバ1台に対し、複数のクライアントが接続されて運用する。クライアントサーバシステムとすることで、ネットワーク全体での記憶領域を最小限にでき、かつ、情報伝達や保守効率を高めることができる。

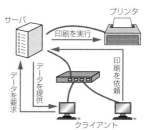

2. クラウドサービス

従来は、ハードウェアを購入し、ソフトウェアをパソコンにインストールし、ソフトウェアのライセンスを購入しなければ、サービスが使用できなかった。クラウドは、ハードウェアの購入、ソフトウェアのインストールなしでもインターネットの環境さえあればサービスが受けられるものである。

3. 仮想化技術

仮想化は、クラウドを支える基盤技術である。従来、Webサーバ、メールサーバ、ファイルサーバなどは物理的に別物であったが、**1つの物理的なサーバ上で、複数のサーバ（ソフトウェア）を稼働させることが可能**になった。

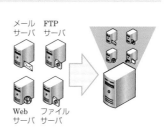

電気通信設備

クラウドコンピューティングの1つであるSaaS（Software as a Service）に関する記述として、適当なものはどれか。

(1) OS、CPU・メモリ・ハードディスク等のハードウェア、およびネットワーク環境を提供するサービスである。

(2) メールやグループウェア等の汎用的なアプリケーションソフトウェアの機能を提供するサービスである。

(3) ネットワーク回線や耐震設備等が整備された施設の一定の区画をサーバ等の設置場所として貸し出すサービスである。

(4) アプリケーションソフトウェアの開発や運用に必要となるミドルウェア、データベース、開発用ソフトウェアおよびサーバ機能を提供するサービスである。

1級 **問題2** サーバの仮想化技術に関する記述として、適当でないものはどれか。

(1) サーバの数を増やして処理を分散することにより、処理能力を上げる方法をスケールアップという。

(2) 仮想サーバで稼働しているOSやソフトウェアを停止することなく、他の物理サーバへ移し替える技術をライブマイグレーションという。

(3) 物理サーバのハードウェア上で、仮想化ソフトウェアを直接稼働させる方式をハイパーバイザ型という。

(4) 物理サーバのOS上で、仮想化ソフトウェアを動作させる方式をホストOS型という。

解答・解説

問題1

SaaS（サース）は、インターネットを経由してアプリケーションソフトウェアの機能を提供するサービスである。

答 (2)

問題2

サーバの数を増やして処理を分散することで、処理能力を上げる方法をスケールアウトという。

答 (1)

☻ POINT ☻

データ伝送や周辺機器とのインタフェースを学習する。

1．データ伝送方式

シリアル通信とパラレル通信がある。

シリアル通信（直列伝送）	パラレル通信（並列伝送）
データを1ビットずつ順番に伝送する。	複数の信号線を使用し複数ビットを一度に伝送する。
送信側　　　　　受信側 1 2　　3 2 1 3　　　→	送信側　　　　　受信側 1　　1 → 2　　2 → 3　　3 →
回線数が少なく低コストであるが、転送速度が遅く、長距離間のデータ伝送に有利	回線数が多く高コストであるが、転送速度が速く、近距離間のデータ伝送に有利
代表規格：**RS-232C**	代表規格：**GP-IB**

2．周辺機器とのインタフェース

① **USB**（Universal Serial Bus）

PC などに周辺機器（マウス・プリンタ等）を接続することを主目的とした**データ転送とコネクタ**の規格である。

② **IEEE 1394**

PC 等とビデオカメラや外部記憶装置等との接続に用いるシリアルインタフェースの規格で、デイジーチェーン接続ができ、ホットプラグやバスパワーに対応している。

③ **HDMI**（High-Definition Multimedia Interface）

デジタル映像と音声入出力のインタフェース規格で、テレビ、Blu-ray レコーダ等の AV 機器に搭載されている。

④ **SCSI**（Small Computer System Interface）

スカジーと呼ばれ、PC にハードディスクやスキャナ等の周辺機器を接続するためのインタフェース規格である。

⑤ **PCI**

PC 内の各パーツ間を結ぶバスの規格である。

問題1 データ伝送に関する次の記述の [ ] に当てはまる語句の組合せとして、適当なものはどれか。

「1本の伝送路でデータを構成するビットを1ビットずつ順番に伝送する方式を [ア] といい、1本の伝送路で時間的に送信と受信を切り換えてデータを伝送する方式を [イ] という。」

	ア	イ
(1)	直列伝送	半二重伝送
(2)	直列伝送	全二重伝送
(3)	並列伝送	半二重伝送
(4)	並列伝送	全二重伝送

問題2 データ伝送等で使われる誤り検出・訂正に関する記述として、適当でないものはどれか。

(1) パリティチェック方式は、ビット列に誤りがあることが検出できるが、誤りビットの訂正まではできない。

(2) CRC方式は、バースト誤りを検出できるが、訂正することはできない。

(3) 水平パリティチェック方式と垂直パリティチェック方式を併用する水平垂直パリティチェック方式は、2ビットの誤り訂正ができる。

(4) ハミング符号方式は、1ビットの誤り訂正ができる。

問題3 標準的な入出インタフェースであるUSB 3.0に関する記述として、適当なものはどれか。

(1) ANSIにより規格化され、デイジーチェーン方式で周辺機器を7台まで接続することが可能なパラレルインタフェースである。

(2) 最大データ転送速度が5Gbpsであり、ホットプラグやバスパワー方式に対応しているシリアルインタフェースである。

(3) インタフェース自体に制御機能が付いているため、パソコン等のホスト機器を必要とせず、機器同士を接続しデータ転送が可能なシリアルインタフェースである。

(4) キーボードやマウス、プリンタなどの周辺機器を接続する、2.4GHz帯を利用した無線インタフェースである。

《問題1》

文章を完成させると、次のようになる。

「1本の伝送路でデータを構成するビットを1ビットずつ順番に伝送する方式を**直列伝送**といい、1本の伝送路で時間的に送信と受信を切り換えてデータを伝送する方式を**半二重伝送**という。」　　　　　　　　　　　　　　　　　　　　　　　　　答 **(1)**

《問題2》

水平垂直パリティチェック方式は、**1ビットの誤り訂正、2ビットの誤り検出**ができる。

垂直パリティ

データブロック

```
← 1 0 1 0 1 0 1 0
← 1 1 1 0 1 0 1 1
← 1 0 1 1 1 1 1 0
← 0 0 0 0 0 0 1 1
                ↑
          パリティビット
```

水平パリティ

データブロック

```
← 1 0 1 0 1 0 1 0
← 1 1 1 0 1 0 1 0
← 1 0 1 1 1 1 1 0
← 0 0 0 0 0 0 1 0
← 1 1 1 1 1 1 0 0
          パリティブロック
```

垂直水平パリティ

データブロック

```
← 1 0 1 0 1 0 1 0
← 1 1 1 0 1 0 1 1
← 1 0 1 1 1 1 1 0
← 0 0 0 0 0 0 1 1
← 1 1 1 1 1 1 0 0
          パリティブロック
```

答 **(3)**

《問題3》

(1) ANSI（米国規格協会）の規格で、デイジーチェーン方式（数珠つなぎ方式）で周辺機器を7台まで接続できるパラレルインタフェースは、SCSIである。

(3) パソコン等のホスト機器を必要とせず、機器同士を接続しデータ転送が可能なシリアルインタフェースはIEEE1394である。

(4) キーボードやマウス、プリンタなどの周辺機器を接続する2.4GHz帯を利用した無線インタフェースは2.4GHzワイヤレス接続である。

答 **(2)**

☺ POINT ☺

回線交換とパケット交換についてマスターする。

1. 回線交換方式

　データを送受信する機器同士が、通信を行うたびに交換機によって通信先相手を識別し、通信開始から終了まで、データ通信を行う伝送路を設定し、通信が終了するまで伝送路を占有する方式である。この方式は、一度に大量のデータを一括転送するのに適しているが、通信速度の異なる端末間の通信はできない。

2. パケット交換方式

　送信するデータをパケット（小包）という単位に分割して通信する方式である。この方式は、通信先相手と回線が接続されたかどうかを確認しないで、いきなり相手に送る形態の通信で、回線交換と異なり、回線を占有せず1本の回線をユーザが共有して有効に使用することができ、通信速度の異なる端末間の通信ができる。

3. 総合デジタル通信網（ISDN）

　電話やデータなどの異なるサービスを統合する通信網で、**基本インタフェース（2B＋D）** と **1次群速度インタフェース（23B＋D）** が提供されている。

☆ **B チャネル**：ユーザ情報の転送に用い、64 kbps である。

☆ **D チャネル**：呼制御用信号情報の転送に用い、16 または 64 kbps である。

問題1 回線交換方式とパケット交換方式の特徴に関する記述として、適当でないものはどれか。

(1) 回線交換方式は、送信側と受信側のデータ端末装置の通信速度が異なっていてもよい。

(2) 回線交換方式は、送信側と受信側のデータ端末装置の伝送制御方式が同じでなければならない。

(3) パケット交換方式は、回線交換方式に比べて回線の利用効率が高い。

(4) パケット交換方式は、各パケットは異なる伝送路をたどる可能性がある。

問題2 パケット交換方式に関する記述として、適当でないものはどれか。

(1) データは、伝送路中にあるパケット交換機のメモリに蓄積されてから転送される。

(2) パケットは、常に同じ伝送路を使用して転送される。

(3) 送信端末と受信端末の通信速度は、同じである必要はない。

(4) 送信端末から送信されたパケットは、送信された順序通りに受信端末に到達するとは限らない。

問題3 下図に示す構内電話配線系統図において、(ア)、(イ) の日本産業規格（JIS）で定められた記号の名称の組合せとして、適当なものはどれか。

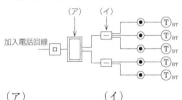

	(ア)	(イ)
(1)	交換機	本配線盤
(2)	交換機	端子盤
(3)	ボタン電話主装置	本配線盤
(4)	ボタン電話主装置	端子盤

問題4 ISDN の特徴に関する記述として、適当でないものはどれか。

  (1) D チャネルは、主にダイヤル信号や呼出信号などの呼制御が行われる。

  (2) B チャネルの速度は、64 kbps である。

  (3) 基本インタフェースでは、電話局から加入者宅まで通信回線に電話用の2線メタルケーブルを利用する。

  (4) 一次群速度インタフェースは、2本の B チャネルと1本の D チャネルで構成されている。

解答・解説

問題1

パケット交換方式は、送信側と受信側のデータ端末装置の通信速度が異なっていてもよいが、回線交換方式は通信速度が同じでなければならない。　**答** (1)

問題2

パケット交換は回線を占用しないため、回線の使用率が高い。

(**参考**) 次の選択肢も出題されている。

○：端末装置からパケットと呼ぶ一定量の単位に区切って交換機内のメモリに蓄積し、パケットに付加された宛先などの情報によりパケットを次の交換機に転送する。

○：パケットは、故障個所を回避する迂回ルートを自動的に選択して転送される。　**答** (2)

問題3

つながりは、左端から順に、加入電話回線→保安器→(ア) ボタン電話主装置→(イ) 端子盤→通信用アウトレット→ボタン電話

(**参考**) 次の記号の名称も覚えておくのがよい。

PBX：交換機、**MDF**：本配線盤、**IDF**：中間配線盤、**ATT**：局線中継台　**答** (4)

問題4

基本インタフェース（2B＋D）、1次群速度インタフェース（23B＋D）であるので、**一次群速度インタフェースは、23本の B チャネルと1本の D チャネルで構成されている。**

答 (4)

☺ POINT ☺

IP 電話と帯域制御などについてマスターする。

1. IP 電話

VoIP (Voice Over Internet Protocol) は、**音声データや呼制御のデータを IP** パケットで伝送する技術で、IP 電話は VoIP 技術を使用した通話システムである。

IP 電話では、音声を送信側の VoIP 装置でデジタル変換（符号化）やパケット化して IP ネットワークを経由して受信側の VoIP 装置に送る。受信側の VoIP 装置ではパケットから音声に戻す。しかし、パケットごとに転送時間が異なるために発生する**遅延やゆらぎ（ジッタ）**、IP ネットワーク中の中継機器の処理能力を超えた場合に起こるパケットの損失・廃棄による**パケットロス**により、**音質劣化**（音飛びや音欠けなど）が起こる。このため、従来の固定電話に比べ音声品質は劣る。

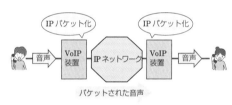

図　VoIP

2. IP 電話関連のプロトコル

① **H.323**：ITU によって定義されたマルチメディア通信プロトコルで、**パケット交換**や **IP ネットワーク**で使用されている。

② **SIP** (Session Initiation Protcol)：IETF によって考案されたマルチメディア通信プロトコルで、IP ネットワークを介した**通話における呼制御**を行う**アプリケーション層制御プロトコル**である。

③ **G.711**：ITU-T によって策定された**音声符号化の規格**で、固定電話網内の音声信号の伝送に用いられている。

3. QoS 制御 (帯域制御)

　QoS (Quality of Service：サービス品質) は、送信する情報の品質のことである。帯域制御の基本的な考え方は、IP ネットワーク上の**IP パケット**ごとに**優先順位**をつけ、回線品質を維持することが困難なときには優先度の低いパケットを廃棄して、優先度の高い通信を維持することである。

4. ネットワーク品質

　ネットワークの通信品質を表す指標には、送信元から宛先にデータが到達するのに**必要な帯域**、データが捨てられる割合を示す**ロス率**、**遅延**、遅延時間のバラツキを示す**ジッタ**がある。

問題1 IP 電話に関する記述として、適当でないものはどれか。
　(1) IP 電話による音声通信とその他のデータ通信は、通信ネットワークを分離して構築する必要がある。
　(2) アナログ電話機は、VoIP ゲートウェイと接続することで IP 電話を使用することができる。
　(3) IP 電話機と接続する構内電話機は、IP-PBX と呼ばれる。
　(4) IP 電話では、デジタル信号に変換した音声データをパケットに分割して送受信する。

1級 **問題2** IP ネットワークで使用される VoIP に関する記述として、適当でないものはどれか。
　(1) アナログ信号である音声をデジタル信号に変換する符号方式に G.711 がある。
　(2) 音声データに付加するヘッダとして、IP ヘッダ、UDP ヘッダ、RTP ヘッダがある。
　(3) IP 電話のシグナルプロトコルで用いられる主制御には、網アクセス制御、呼制御、端末間制御がある。
　(4) フラグメンテーションは、特定パケットにフラグをつけることで音声パケットの遅延を少なくする制御方式である。

1級 問題3 IP ネットワークで使用される VoIP に関する記述として、適当でないものはどれか。

(1) 音声データに負荷するヘッダとして、IP ヘッダ、TCP ヘッダ、RTP ヘッダがある。

(2) アナログ信号である音声をデジタル信号に変換する符号化方式に G.711 がある。

(3) 優先制御は、ルータが受け取った音声データのパケットを他のデータのパケットよりも優先的に送信することである。

(4) 呼制御は、回線の接続、切断、発呼や着呼など、電話をかけるための制御や、かけた相手を呼び出すための制御である。

1級 問題4 IP 電話等で使用される SIP に関する記述として、適当でないものはどれか。

(1) SIP は、音声や動画などのリアルタイムデータを伝送するプロトコルである。

(2) SIP サーバは、プロキシサーバ、リダイレクトサーバ、登録サーバ、ロケーションサーバの機能で構成される。

(3) SIP メッセージは、スタートライン、ヘッダ、空白行、ボディで構成される。

(4) SIP メッセージの伝送には、トランスポート層のプロトコルである UDP を使うことができる。

1級 問題5 IP を使った通信サービスの QoS に関する記述として、適当でないものはどれか。

(1) ポリシングとは、設定されたトラフィックを超過したパケットを破棄するか優先度を下げる制御である。

(2) シェーピングとは、バーストデータへ対応策として超過分のデータを一旦キューイングした後、一定時間待機後に出力することでバーストトラフィックの平準化を図ることである。

(3) ベストエフォート型とは、一定の帯域が確保された通信サービスである。

(4) TOS（Type Of Service）は、IPv4 において、送信しているパケットの優先度、最低限の遅延、最大限のスループットなどの通信品質を指定するものである。

◀問題1▶

IP電話による音声通信とその他のデータ通信は、同じIPネットワーク上で通信が行える。 **答**(1)

◀問題2▶

①フラグメンテーションはファイルがバラバラに保存された状態になることをいう。これを解消するには最適化（デフラグ）を行う。

②音声パケットの遅延解消には、大きなサイズのパケットを分割しそれぞれにヘッダをつける。 **答**(4)

◀問題3▶

①音声データに負荷するヘッダとして、IPヘッダ、**UDPヘッダ**、RTPヘッダがある。

②**TCPはコネクション型のプロトコル**で、**UDPはコネクションレス型のプロトコル**である。UDPは、TCPと比較すると信頼性は劣るが、映像や音声などの高速のデータ転送ができる。 **答**(1)

◀問題4▶

SIPは、IPネットワークを介した**通話における呼制御プロトコル**である。 **答**(1)

◀問題5▶

①**ギャランティー型（帯域保証型）**は、一定の帯域が確保された通信サービスである。

②**ベストエフォート型**は、ユーザが利用できる通信の伝送帯域を、ネットワークが混雑した場合には補償しないタイプのサービスである。なお、ベストエフォートには、「最大限の努力」という意味がある。 **答**(3)

POINT

地上デジタル、BS、CS 放送の概要をマスターする。

1. 地上デジタル放送

① **UHF** 帯の **470～710MHz の周波数**を使用している。（1ch 当たり 6MHz 幅で 40ch 存在する。）

② 変調方式は **64QAM-OFDM**（直交周波数分割多重方式）で、電波の反射などによる妨害に強く移動受信可能である。ワンセグ放送は、QPSK-OFDM である。

③ 伝送レートは約 20 Mbps である。

④ 遅延波（マルチパス）に強く、ゴーストがない。

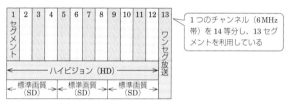

図 1　地上デジタル放送の帯域利用

2. BS/CS 放送

BS は放送衛星、CS は通信衛星を活用している。放送局から衛星に送られた電波を衛星が中継して各家庭に配信する。市販のデジタル放送対応のアンテナは、BS、110°CS（**東経 110°**）に対応しているものがほとんどである。

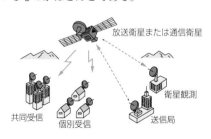

図 2　BS/CS 放送

問題1 我が国の地上デジタルテレビ放送に関する記述として、不適当なものはどれか。

(1) 地上デジタルテレビ放送の伝送には、UHF（極超短波）帯の電波が使用されている。

(2) 地上デジタルテレビ放送では、1つのチャネルで3本のハイビジョン放送（HDTV）が放送できる。

(3) 地上デジタルテレビ放送で使用しているデジタル変調方式は、マルチパス妨害による干渉に強い。

(4) 地上デジタルテレビ放送の信号には、映像や音声のほかにデータ放送などのデータが多重化されている。

問題2 我が国の地上デジタルテレビ放送に関する記述として、適当でないものはどれか。

(1) 地上デジタルテレビ放送では、伝送中の情報の誤りの訂正をするため圧縮符号を付加している。

(2) 地上デジタルテレビ放送のデジタル変調方式には、直交周波数分割多重（OFDM）方式が使用されている。

(3) 地上デジタルテレビ放送の符号化には、MPEG-2と呼ばれる方式が使用されている。

(4) 地上デジタルテレビ放送では、放送信号を暗号化して放送している。

1級 **問題3** 我が国の地上デジタルテレビ放送に関する記述として、適当でないものはどれか。

(1) OFDMは、サブキャリア1本あたりの変調速度が低速であることやガードインターバルの挿入により、降雨減衰の影響を押さえることができる。

(2) 1チャンネルの周波数帯域幅6MHzを14等分したうちの13セグメントを画像、音声、データの情報伝送に使用している。

(3) マルチパス妨害に有効な周波数インタリーブとインパルス雑音や移動受信で生じるフェージング妨害に有効な時間インタリーブが採用されている。

(4) データ放送では、コンテンツを記述する言語としてBML（Broadcast Markup Language）が採用されている。

1級 問題4 BS デジタル放送に関する記述として、適当でないものはどれか。

(1) 赤道上空の静止軌道に打ち上げられた人工衛星から放送するため、1つの人工衛星で離島や山間部までサービスできる。

(2) 高速伝送が可能な変調方式と、低速伝送であるが降雨減衰に強い変調方式を組み合わせた階層変調が可能である。

(3) 超高精細度テレビジョン放送（4K・8K）のための変調方式として、64QAM が採用されている。

(4) 変調方式が、TC8PSK の場合、1つの中継器で最大約 52 Mbps の伝送速度を確保できる。

解答・解説

問題1

地上デジタルテレビ放送では、**1つのチャネルで1本のハイビジョン放送**を放送でき、**標準放送であれば1つのチャネルで3本の放送**を放送できる。　　　　　　　　　　　　**答** (2)

問題2

地上デジタルテレビ放送では、映像データを圧縮符号化することによって、周波数資源を有効に活用している。

(参考) 次の選択肢も出題されている。

○：地上デジタルテレビ放送では、マルチパス妨害による干渉に強い OFDM が使われている。

×：ハイビジョンの映像符号化方式には JPEG が使用されている。→ MPEG-2 である。

　　　　　　　　　　　　　　　　　　　　　　　　　　　答 (1)

問題3

OFDM とガードインターバルでマルチパスの影響を押さえることができる。　　　　　　　　　　　　　　　　　　　**答** (1)

問題4

①超高精細度テレビジョン放送の 8K は変調方式として 16APSK が採用されている。

② 64QAM は地上デジタル放送の変調方式である。

　　　　　　　　　　　　　　　　　　　　　　　　　　答 (3)

✿ POINT ✿
CATV（ケーブルテレビ）について概要をマスターする。

1. CATV システムの構成
　CATV では、TV 以外にもインターネット接続サービス、電話サービスなどを行っており、以下の設備で構成されている。

①受信点設備：地上デジタル（UHF）、BS、CS のアンテナ

②ヘッドエンド設備：受信した放送電波を CATV 用に変換したうえ伝送路に送り出す設備

③伝送路設備：次の 3 種類がある。

　★同軸ケーブル伝送路設備（ツリー状ネットワーク）

　★**HFC による伝送路設備**（CATV 局から光ノードまでを光ファイバ、それ以降をツリー状の同軸ケーブルとし、増幅器の縦続（カスケード）接続段数を減らしたもの）

　★**FTTH による光伝送路**（ファイバ・ツー・ザ・ホームで、ヘッドエンド装置から加入者宅までをすべて光ファイバで構築）

④宅内設備：加入者宅内に設置する設備

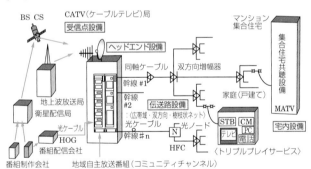

（出典）CATV 技術者テキスト（日本 CATV 技術協会）

図　CATV の基本システム構成

問題1 CATV システムに関する記述として、適当でないものはどれか。

(1) CATV システムは、同軸ケーブルや光ファイバケーブルを使って、視聴者にテレビ信号を分配するシステムである。

(2) CATV システムのうち、ケーブルテレビ事業者と視聴者との間のネットワークは、一般にリング状の構成をとっている。

(3) ケーブルテレビ事業者は、地上デジタルテレビ放送や衛星放送のほか、自主放送番組を加え多チャンネル化したうえで配信している。

(4) CATV システムのネットワーク設備は、双方向通信機能を有する設備へと発展し、CATV システムを活用したインターネット接続サービスも提供されている。

問題2 CATV システムに関する記述として、適当でないものはどれか。

(1) CATV の基本的なシステムは、受信点設備、ヘッドエンド設備、伝送路設備、宅内設備で構成される。

(2) 地上デジタルテレビ放送のほか、衛星放送や自主放送などの信号をヘッドエンド設備から伝送路設備に送出する。

(3) トランスモジュレーション方式の場合、視聴者側ではセットトップボックスと呼ばれる CATV 受信機で放送を受信し、復調する。

(4) HFC 方式は、CATV 局から視聴者宅までのすべての区間に光ファイバを使用する。

問題3 CATV に関する記述として、適当でないものはどれか。

(1) トランスモジュレーション方式では、視聴者宅にセットトップボックス（STB）を設置する。

(2) トランスモジュレーション方式は、FSK 方式で変調して視聴者宅まで伝送する。

(3) パススルー方式には、同一周波数パススルー方式と周波数変換パススルー方式がある。

(4) パススルー方式は、受信した電波の変調方式を変えずに視聴者宅まで伝送する。

問題1

ケーブルテレビ事業者と視聴者との間のネットワークは、一般に同軸ケーブルによる**ツリー状の構成**である。

答 (2)

問題2

① **HFC 方式**は、CATV 局からの幹線部を光ファイバ、光ノード〜視聴者宅までを同軸ケーブルで構築する。

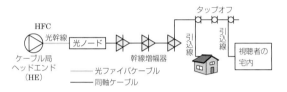

② **FTTH 方式**は、CATV 局から視聴者宅までのすべての区間に光ファイバを使用する。

(参考) STB（セットトップボックス）とは？

加入者宅に置き、放送信号を受信して、TV で視聴可能な信号に変換する装置である。

答 (4)

問題3

① CATV 局による放送の変調方式の変換の違いにより、下表の方式がある。

パススルー方式	同一周波数	周波数や変調方式の変更なし
	周波数変換	伝送可能な周波数帯に変更
トランスモジュレーション方式		CATV 局が受信した電波を、ケーブルテレビに適した変調方式に変換して送信 （加入者宅に STB を設置）

② トランスモジュレーション方式は、64QAM または 256QAMで変調して視聴者宅まで伝送する。

答 (2)

☺ POINT ☺

テレビ共同受信システムについて概要をマスターする。

1. ビル共同受信システム

共同住宅やマンションなどの屋上に設けた受信アンテナから、同軸ケーブルで各戸にテレビ信号を分配するシステムで、末端の出力レベルは **UHF** で **51 dB** 以上、**BS** と **CS** で **57 dB** 以上確保して良好な画像を提供する。

2. 設備の構成と記号

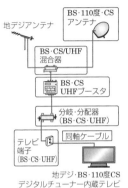

名　称	記　号
テレビアンテナ	⊤
パラボラアンテナ	⊳
混合（分波）器	⊃⊃
増幅器	▷
機器収容箱	□
2 分岐器	⬦
4 分岐器	⬦
2 分配器	⬦
4 分配器	⬦
直列ユニット（中継用）	-⊙-

3. 主要機器の役割

①テレビアンテナ：UHF、BS、CS 信号を受信する。

②混合（分波）器：混合器は UHF、BS、CS の信号を混合するものである。**分波器は、混合器を逆接続**したもので混合した信号を UHF、BS、CS 信号に分波する。

③増幅器：伝送機器や分岐器などの損失を補完し、共同受信システムに必要な信号レベルまで増幅する。

④分岐器：幹線の同軸ケーブルから**信号の一部を取り出す**。

⑤分配器：幹線の同軸ケーブルから各出力端子に**信号を均等に分配する**。

⑥直列ユニット：同軸ケーブルに直列に接続され、テレビに接続するための信号を取り出す分岐器の一種である。

1級 **問題1** 下図に示すテレビ共同受信設備系統図において、（ア）、（イ）の日本産業規格（JIS）で定められた記号の名称の組合せとして、適当なものはどれか。

	（ア）	（イ）
(1)	分配器	増幅器
(2)	混合器	分配器
(3)	混合器	増幅器
(4)	増幅器	分配器

衛星アンテナ　（ア）　UHF アンテナ
（イ）

問題2 テレビ共同受信設備に関する記述として、適当でないものはどれか。

(1) テレビ共同受信設備は、受信アンテナ、増幅器、混合器（分波器）、分岐器、分配器、同軸ケーブルなどで構成される。

(2) 増幅器は、受信した信号の伝送上の損失を補完し信号の強さを必要なレベルまで増幅する。

(3) 混合器は、UHF、BS・CS の信号を混合する。

(4) 分配器は、幹線の同軸ケーブルから信号の一部を取り出す。

解答・解説

問題1

（ア）は衛星アンテナと UHF アンテナからの信号を混合する**混合器**である。（イ）は**増幅器**である。

（参考）テレビアンテナや4分配器の記号も出題されている。

答 (3)

問題2

①**分岐器**は、幹線の同軸ケーブルから信号の一部を取り出すものである。

②**分配器**は、信号を均等に分けるために使用するものである。

答 (4)

☺ POINT ☺

CCTV カメラと表示設備について概要をマスターする。

1. CCTV カメラ

CCTV カメラは、**レンズ部、光電変換部、映像信号処理部**で構成されている。光電変換部は **CCD**（電荷結合素子）センサや **CMOS**（相補型金属酸化膜半導体）センサで受けた光を電気信号に変換してその信号を取り出す。光から電気信号への変換は画素単位に行い、画素数が多いほど高精細な映像を撮ることができる。

電源ユニット

監視カメラ

デジタルレコーダ

監視モニタ

単板式カメラ	3 板式カメラ
カラーフィルタを装備した 1 枚の CCD でカラー撮像する。	RGB（赤緑青）の三原色でそれぞれ 1 枚、計 3 枚の CCD でカラー撮像する。

2. 表示設備

液晶ディスプレイ（LCD）	有機ディスプレイ（OLED）
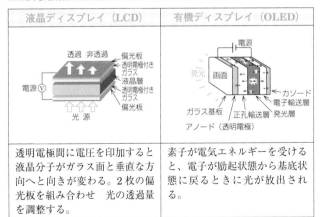 透過　非透過　偏光板／透明電極付きガラス／液晶層／透明電極付きガラス／偏光板　電源Ⓥ　光源	電源　発光　画面　カソード／電子輸送層／発光層　ガラス基板　正孔輸送層　アノード（透明電極）
透明電極間に電圧を印加すると液晶分子がガラス面と垂直な方向へと向きが変わる。2 枚の偏光板を組み合わせ　光の透過量を調整する。	素子が電気エネルギーを受けると、電子が励起状態から基底状態に戻るときに光が放出される。

電気通信設備

施設監視や防犯に使われる監視カメラに関する記述として、適当でないものはどれか。
- (1) カメラの撮像素子には、CMOS イメージセンサや CCD イメージセンサがある。
- (2) 単板式カメラは、光の3原色に応じた3つの撮像素子を持ち、色分解プリズムにより入射光を3原色の成分に分けて撮像する。
- (3) 最低被写体照度の値が小さいほど、暗い中での撮影が可能となる。
- (4) レンズのズーム・フォーカス位置、旋回台の位置などを記憶する機能をプリセット機能という。

1級 ディスプレイに関する記述として、適当でないものはどれか。
- (1) 液晶ディスプレイは、液晶を透明電極で挟み、電圧を加えると分子配列が変わり、光が通過したり遮断されたりする原理を利用している。
- (2) 有機 EL ディスプレイは、キセノンガス等が封入された微小空間で放電によりガスがプラズマ状態となり紫外線が発生し、その紫外線を蛍光体に当て可視光を発生させる。
- (3) 液晶ディスプレイは、液晶自体は発光しないため、LED や蛍光管によるバックライトから放出された光が液晶を通過することで文字や画像を表示させる。
- (4) 有機 EL ディスプレイは、液晶ディスプレイよりも薄型化が可能である。

解答・解説

問題1
三板式カメラは、光の3原色に応じた3つの撮像素子を持ち、色分解プリズムにより入射光を3原色の成分に分けて撮像する。　　　　　　　**答** (2)

問題2
(2) の内容は、有機 EL ディスプレイでなく、**プラズマディスプレイ**の説明である。　　　　　　　**答** (2)

☻ POINT ☻

拡声設備について概要をマスターする。

1. マイクロホン

マイクロホンの代表的なものとして、**ダイナミック形**と**コンデンサ形**がある。

種　類	特　徴
ダイナミック形	①磁石とコイルで作られ、振動板から伝わった振動をコイルによって電気信号に変える。 ②動作が安定し一般的に使用され、**温度や湿度の影響が少なく**、屋外で使用できる。
コンデンサ形	①マイクケーブルを通じて電源供給し、2枚の金属板に電圧をかけて振動を感知させ、電気信号に変える。 ②固有雑音が少なく、**周波数特性が極めてよい**。

2. スピーカ

代表的なものとして、コーン形とホーン形がある。

種　類	特　徴
コーン形	①最も普及し、主に屋内で使用され、音質を重視する場合に適している。 ②丸形や角形がある。 ③円錐状振動板を用いたユニットは高域～低域まで用いられている。
ホーン形 ドライバー　ホーン	①主に体育館や屋外等で使用されている。 ②大出力が必要な場合に適する。 ③スロートで音圧を高め、開口部に向けて一定の比率で広がっていく構造で、高能率である。

マイクロホンに関する次の記述に該当する名称として、適当なものはどれか。

「永久磁石によって作られた磁界中に、振動板に直結した可動コイルを入れたマイクロホンで、音圧によって振動板を振動させると可動コイルに起電力が発生することを利用したものである。」

（1）ダイナミックマイクロホン

（2）コンデンサマイクロホン

（3）リボンマイクロホン

（4）カーボンマイクロホン

スピーカに関する次の記述に該当する名称として、適当なものはどれか。

「導電性を持たせた振動板と固定電極の間に直流バイアス電圧をかけておき、入力信号を加えると、その変化に応じて振動板と固定電極間の間の電荷が変化し、その電荷の吸引力の変化により振動板が振動することで音を発生させる。」

（1）コンデンサスピーカ　　（2）ダイナミックスピーカ

（3）圧電スピーカ　　　　　（4）マグネチックスピーカ

解答・解説

問題1

ダイナミックマイクロホンの動作原理は、下図のとおりである。

① ダイアフラム（振動板）
② コイル
③ 永久磁石
④ 出力

答 (1)

問題2

コンデンサスピーカは、静電力を利用して振動板を駆動するスピーカである。

答 (1)

☺ POINT ☺

センサネットワークと無線技術についてマスターする。

1. センサネットワーク

センサネットワークとは、センサをネットワークで相互に接続することで、多地点に設置された多数のセンサから**各種データを収集して利活用する**ためののものである。

センサネットワークは、**IoT の核となる**技術で、きわめて**大量のデータ（ビッグデータ）を収集**できるようになる。

2. センサネットワーク用無線技術

① **ZigBee**（ジグビー）：**IoT** やセンサネットワーク、家電の遠隔制御などに用いられる**近距離伝送の無線通信規格**である。伝送速度は 20～250 kbps と遅いが、低消費電力で、多数の装置がバケツリレー式にデータを運ぶ。ZigBee 機器には、無線ネットワークを管理する**コーディネータ**、他の装置間の通信の中継を行う**ルータ**、末端に接続された**エンドデバイス**の 3 つがある。

② **Bluetooth**（ブルートゥース）：**近距離伝送の無線通信の規格**で、**数 m～百 m 以下の距離**にある携帯情報機器の接続に使われている。**免許の必要のない 2.4 GHz 帯**での電波を使用しており、最大伝送速度は 24 Mbps である。**ワイヤレスのマウスも Bluetooth 機能に対応している。**

③ **LPWA**：（Low Power Wide Area Network）の略で、**遠距離伝送できる無線通信技術**の総称である。低消費電力で伝送速度は遅い。LPWA は、**IoT 分野において注目**されており、アンライセンス系とライセンス系とがある。**アンライセンス系は通信時に免許は不要**なことから、個人や企業レベルで運用を行える。**ライセンス系は無線局の免許が必要**で、携帯キャリアのように総務省から包括免許を取得し、事業を運用する必要がある。

Bluetooth に関する記述として、適当なものはどれか。

(1) デジタル家電で映像や音声などを伝送する規格であり著作権保護機能を備えている。

(2) 赤外線を使って無線通信を行う規格で、通信距離は 1 m 以内程度で間に障害物があると通信できない。

(3) 2.4 GHz 帯の電波を使って無線通信を行う規格で、Class2 という規格の場合は、通信距離は最大 10 m である。

(4) IEEE（米国電気電子学会）が規定した計測機器などを接続するための規格である。

1級 問題2 LPWA に関する記述として、適当なものはどれか。

(1) 22、26、38 GHz 帯の電波を使用し、オフィスや一般世帯と電気通信事業者の交換局や中継系回線との間を直接接続して利用する無線システムである。

(2) 既存のアナログ回線を利用し、40 Mbps を超えるデータ通信が可能で、上りと下りの伝送速度が異なる。

(3) 2.5 GHz 帯の電波を使用し、地域の公共サービス向上やデジタル・ディバイドの解消等、地域の公共の福祉の増進に寄与することを目的とした無線システムである。

(4) 長距離（数 km〜数十 km）、低消費電力に的を絞った IoT 用の通信方式であり、伝送速度は数十 bps〜数百 kbps である。

解答・解説

問題1

① (1) は HDCP の機能、(2) は IrDA、(4) は UWB（超広帯域無線）についての説明したものである。

② (3) の Class には電波到達距離により、3 種類が規定されている。

答 (3)

問題2

LPWA（Low Power Wide Area Network）の下線部からも低消費電力、長距離が容易にわかる。　　　　**答** (4)

:: POINT ::

気象観測システムを中心にレーダ技術をマスターする。

1. テレメータシステム

遠隔地のある地点で測定した測定データを**送信器により遠隔地点の受信器に送り**、データを収集・記録するシステムである。テレメータの例には、雨量・水位テレメータやアメダスなどがある。

2. 気象レーダ

気象レーダは、直径4mのアンテナを回転させながら電波を発射する。**この電波が、雨や雪の粒子で反射して戻ってくるまでの時間と電波の強さ**から雨雲や雪雲の位置・強さを知ることができる。

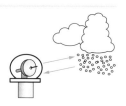

3. 気象・水門計測センサ

気象センサを用いて計測したデータを利用して、**ゲリラ豪雨や雷の接近を高精度で予測**し、作業員などにアラートを送る。また、河川や水門の開閉状態、ポンプの動作状況などを、センサを用いて計測したデータを利用して**水門の遠隔操作**を行う。

4. MPレーダシステム

雲－降水過程を研究するためのもので、**雲を観測するための2波長高感度レーダ**（KaバンドおよびWバンド）と**降水を観測するためのXバンドMPレーダ**から構成されている。

気象用レーダで使用される周波数は、下表のとおりである。

表　気象用レーダで使用される周波数

呼　称	周波数帯	距離分解能	観測範囲
Cバンド	**5GHz**	75～1 000 m	～400 km
Xバンド	**9.4、9.7GHz**	30～150 m	20～80 km

問題1 レーダで降雨観測を行うレーダ雨量計に関する記述として、適当でないものはどれか。

(1) MPレーダ（マルチパラメータレーダ）は、水平偏波と垂直偏波を同時に発射して観測する。

(2) 空中線から電波を発射して、雨滴にあたり散乱（反射）して返ってくる電波を収集するすることで観測を行う。

(3) Xバンドレーダは、Cバンドレーダに比べ低い周波数を使用するため、アンテナ直径は大きくなる。

(4) Cバンドレーダに比べXバンドレーダは観測範囲が狭い。

問題2 レーダの性能に関する次の記述に該当する名称として、適当なものはどれか。

「レーダからの方位が同じで、距離が近接した2つの物標を画面上で識別して表示できる物標間の最小距離をいう。」

(1) 最大探知機能　　　(2) 最小探知機能

(3) 方位分解能　　　　(4) 距離分解能

1級 **問題3** レーダ雨量計で利用されているMPレーダ（マルチパラメータレーダ）に関する記述として、適当でないものはどれか。

(1) MPレーダは、落下中の雨滴がつぶれた形をしている性質を利用し、偏波間位相差から高精度に降雨強度を推定している。

(2) MPレーダは、水平偏波と垂直偏波の電波を交互に送受信して観測する気象レーダである。

(3) 偏波間位相差は、Xバンドの方が弱いから中程度の雨でも敏感に反応するため、XバンドMPレーダは電波が完全に消散して観測不可能とならない限り高精度な降雨強度推定ができる。

(4) XバンドのMPレーダでは、降雨減衰の影響により観測不能となる領域が発生する場合があるが、レーダのネットワークを構築し、観測不能となる領域を別のレーダでカバーすることにより解決している。

解答・解説

【問題1】

Xバンドレーダは、Cバンドレーダの**5GHz**に比べ高い周波数（**9.4、9.7GHz**）を使用するため、**アンテナ直径は小さく**なる。

（参考）次の選択肢も出題されている。

×：二重偏波レーダは、送信波と受信波の周波数のずれを観測することで雨等の移動速度を観測するレーダである。→水平偏波と垂直偏波の反射強度の違いを検出し、雨滴の粒径分布や降水粒子の識別の推定に利用されている。

○：レーダ雨量計で観測する雨などの方位は、パラボラアンテナの方位角から求める。　　　　　　　　　　　　**答**(3)

【問題2】

レーダからの方位が同じで、距離が近接した2つの物標を画面上で識別して表示できる物標間の最小距離を**距離分解能**という。　　　　　　　　　　　　　　　　　　　　　**答**(4)

【問題3】

MPレーダは、水平偏波と垂直偏波の電波を**同時**に**送受信**して観測する気象レーダで、各偏波信号の位相差などから、雨滴の扁平度合を把握することで、降雨の強さを推定する。

答(2)

得点パワーアップ知識

● 電気通信設備 ●

有線電気通信設備

①直接光変調方式は、送信信号で半導体レーザからの光の強度を変化させる。

②光ファイバの光損失のうちマイクロベンディングロスは、光ファイバに側面から不均一な圧力が加わると、光ファイバの軸がわずかに曲がることで生じる。

③光ファイバ内で複数モードが伝搬する際、各モードの信号速度が異なるために生ずる分散をモード分散という。

④光ファイバケーブルの地中管路内配線を行うとき、けん引ロープを光ファイバケーブルに取り付けるときは、より返し金物を介して取り付ける。

⑤一定方向への延線が困難な場合や敷設張力が光ファイバケーブルの許容張力を超えるおそれがある場合には、布設ルートの中間で光ファイバケーブルの8の字取りを行う方法がある。

⑥OTDR法は、光ファイバの片端から光パルスを入射し、その光パルスが光ファイバ中で反射して返ってくる光の強度から光ファイバの損失を測定する方法で、光ファイバの片端から測定できる。

⑦UTPケーブルは、ツイストペアケーブルで曲げに強く集線接続が容易である。

⑧ワイヤマップの試験は、ツイストペアケーブルの各心線について、正しい対組合せ、対反転や対交差等、ケーブル両端の接続状態を確認するものである。

⑨同軸ケーブルは、10BASE5や10BASE2の配線に使用される。

⑩ケーブルラック配線において、通信用メタルケーブルを垂直に敷設する場合は、特定の子げたに重量が集中しないようにする。

⑪ころがし配線において、既設低圧ケーブルの上に通信用メタルケーブルを直接乗せて交差させてはならない。

⑫広域電力線搬送通信設備（PLC）の利用は、屋内の電

力線、広帯域 PLC 設備を使用する屋内電気配線と直接に電気的に接続された屋外の電力線に限定されており、高圧架空配電線路の利用は認められていない。

⑬漏話は回線と回線の間に発生する静電結合と電磁結合が原因であり、送信側に近い所で発生するものを近端漏話といい、受信側に近い所で発生するものを遠端漏話という。

無線電気通信設備

① IEEE 802.1X で用いられる EAP-TTLS では、サーバ証明書によるサーバ認証に加え、個々のユーザの ID およびパスワードによるクライアント認証を行う。

② 150 MHz 帯 4 値 FSK 変調方式の移動無線設備工事の品質管理について、SWR 計により反射電力を測定し、規格値を満足していることを確認する。

③無線機のスプリアス発射の強度の測定に使用する測定器として、スペクトラムアナライザを使用する。

④静止衛星の軌道は、赤道面にあることから、高緯度地域においては仰角（衛星を見上げる角度）が低くなり、建造物などにより衛星と地球局との間の見通しを確保することが難しくなる。

⑤通信衛星のトランスポンダは、地球局からの電波を受け、周波数を変換して増幅し、再び地球局に送り返す中継器である。

⑥複数の地球局が同一周波数で同一帯域幅の信号を使用し、回線ごとに異なる時間を割り当てて送受信する方式は TDMA である。

⑦通話中の携帯電話が隣のセルに移動する際に、通話を継続させる機能をハンドオーバといい、提携している他社事業者の設備を利用して接続サービスを受けることをローミングという。

⑧マイクロ波多重無線回線の中継方式のうち、中継所でマイクロ波をそのまま増幅して送り出す方式は、直接中継方式である。

⑨オフセットパラボラアンテナは、伝送路となるパラボラ反射鏡の前面に一次放射器を置かないことで、サイドローブ特性を改善している。

⑩マイクロ波多重無線設備で使用される導波管のフランジには、無線機から気密窓導波管までは非気密形を使い、気密窓導波管から空中線までは気密形またはチョーク気密形を使用する。

⑪干渉性フェージングは、送信点から放射された電波が2つ以上の異なった経路を通り、その距離に応じて位相差を持って受信点に到達することにより生じる。

⑫K形フェージングは、大気屈折率の分布の変化によって生じた地球の等価半径係数の変化により、直接波と大地反射波の通路差の変化や大地回折波などの回折状態の変化により発生する。

⑬フェージングによる影響を軽減するため、複数の受信アンテナを数波長以上離して設置し、信号を合成または切り替えることで受信レベルの変動を小さくする方式を空間ダイバーシティ方式という。

⑭RFIDで使用されるタグ用アンテナの形状として、コイル型は、135kHz以下の長波帯等で使用される。

⑮半波長ダイポールアンテナのアンテナ素子を水平に設置した場合の水平面内指向性は、8の字の特性となる。

ネットワーク設備

①ゾーンには、プライマリDNSサーバとセカンダリDNSサーバが存在し、DNSサービスの信頼性の向上を図っている。

②pingは、IPネットワークに接続されたコンピュータにIPパケットが正しく届いて返答が行われるかを確認するコマンドである。

③2台のイーサネットスイッチ間を接続する複数のリンクを束ねて1本のリンクとすることで、データの高速化や、一部のリンクに障害が発生しても他のリンクで通信を継続する。

④ LAN 工事の施工品質の確認のため、IP 系ネットワーク機器設置後に ping コマンドにより端末機器間の疎通確認を行う。

⑤情報セキュリティで、盗み見、盗み聞き、廃棄ゴミなどを調べる等の手段によってセキュリティに関する情報を入手することをソーシャルエンジニアリングという。

⑥プロキシサーバとは、クライアントに代わってインターネットにアクセスする機能をもつサーバである。

⑦リバースプロキシは、クライアントと Web サーバ間に入り、クライアントからの要求や、サーバからの応答を中継する装置であり、インターネットからの不正アクセスの防止や負荷分散等を行う。

⑧ CGI とは、Web ブラウザからの要求に応じて Web サーバがプログラムを起動するための仕組みである。

⑨ VLAN は、物理的に1台のスイッチングハブを、論理的に複数のスイッチングハブとして利用するものである。

⑩電子証明書は、公開鍵暗号方式を使って安全な通信を行うために、電子認証局が発行するもので、その申請者の正当性を証明する。

⑪電子証明書には、公開鍵情報、証明書の有効期間、電子認証局の電子署名などが含まれている。

⑫インターネット利用におけるバッファリングでは、映像を途切れることなく視聴するための工夫として、受信端末ではパケットをある程度ためてから再生を開始する。

⑬ MPLS のトラフィックエンジニアリングは、特定経路が輻輳するような場合、該当するトラフィックを強制的に迂回路に経由させ輻輳を回避する分散技術である。

⑭ルータは、OSI 参照モデルのネットワーク層のプロトコルに基づいてパケットを中継する機器である。

情報設備

①対話型処理は、人とコンピュータが、ディスプレイなどを通じて、やり取りをしながら処理を進める。

電気通信設備

②ホステッド・デスクトップ仮想化方式について、ユーザが利用するアプリケーションはサーバで実行されるが、サーバで処理されたデータはクライアントには保存されない。

③輻輳制御機能は、災害時やチケット予約など、呼が一時的に集中して発生し、交換機の呼処理に悪影響を及ぼす状態を回避させるための機能であり、その機能には発信規制、入呼規制、出接続規制がある。

④ MOS（Mean Opinion Score）は、通話の総合的な満足度を表す指標であり、複数人の評価者が音声や通話の品質を 5 段階で評価した評点の平均値である。

放送機械設備

①地上デジタル放送では、直接波と反射波による遅延のあるパケットを同時に受信しても、許容範囲内にあれば受信機による復号時にパケットの順番を調整するので、TV 画像にゴーストは発生しない。

②地上デジタル放送の放送区域は、地上高 10 m において電界強度が 1 mV/m（60 dBμ/m）以上である区域と定められている。

③地上デジタル放送の放送方式の ISDB-T では、フェージングやマルチパス妨害による特定の周波数の落ち込みに対し受信特性を改善するため、周波数インタリーブを採用している。

④ CATV の受信機であるセットトップボックス（STB）での受信信号は、チューナで選択された後、変調信号の復調、スクランブルの解除、希望番組の選択、映像復号処理および音声復号処理を行い、テレビに出力する。

⑤ STB は、スクランブルの解除に使用される CAS カードを装着するための CAS カードインタフェースを装備している。

⑥ STB の映像信号と音声信号をテレビにデジタルで出力するためのインタフェースには、HDMI 端子がある。

⑦ CATV において、リマックス方式は、番組供給者から配信された信号を復調して番組を取り出し、番組の再編成などの再多重や限定受信のためのスクランブルなどの処理を施してケーブルテレビ伝送路に適した変調方式で伝送するものである。

⑧ 映像信号の圧縮化について、データの出現頻度を考慮し、頻繁に現れるデータには短い符号、あまり現れないデータには長い符号を割り当てる。

⑨ MPEG-2Systems の多重化の形態である TS は、ビットエラーレートなどの誤りの発生する可能性が高い状況下での使用を想定している。

⑩ MPEG-2 は、MPEG-4AVC（H.264）より動画像情報の圧縮率が低い。

⑪ BS デジタル放送や 110°CS デジタル放送は、円偏波を使用しているため、受信アンテナの偏波角の調整は不要である。

⑫ 3 板式カメラは、光の 3 原色に応じた 3 つの撮像センサを持ち、色分解プリズムにより入射光を 3 原色の成分に分けて撮像する。

⑬ 液晶ディスプレイは、液体と固体の中間の状態をとる有機物分子である液晶の性質を利用したものである。

⑭ 液晶ディスプレイは、カラー表示を行うために、画素ごとにカラーフィルタが用いられる。

⑮ 液晶ディスプレイのうち TN 方式は、電圧をかけない状態では液晶分子はねじれているが電圧をかけると液晶分子のねじれがなくなることを利用するものであるが、視野が狭い。

⑯ 有機 EL ディスプレイは、有機 EL 素子が電気的なエネルギーを受けると、電子の状態が変化し、電子が励起状態から基底状態に戻るときに、エネルギーの差分が光として放出される現象を利用している。

⑰ 有機 EL ディスプレイは、陽極と陰極との間に、正孔輸送層、有機物の発光層及び電子輸送層などを積層した構成から成り立っている。

⑱ 有機 EL ディスプレイは、基板をフィルム上で曲げるこ

とができ、視野角が広く、応答速度も速い。

①近距離無線通信である Bluetooth2.0＋EDR は、2.4 GHz 帯の電波を使用し、変調方式が周波数ホイッピングスペクトル拡散で、伝送速度が最大 3 Mbps であり、コンピュータと周辺機器とのワイヤレス接続等に使用される。

② BEMS（Building and Energy Management System）の目的の１つは、ビルにおける快適な居住環境を前提に省エネルギーを実現することであり、BEMS で計量するエネルギーの種類は、ビルで消費される電力、ガス、石油燃料等が対象となる。

③ダムなどの放流警報操作で使用する無線周波数帯は、警報局装置までの伝送経路として渓谷や山間部など地形的に見とおせない場所も多いため、一般的に VHF（超短波帯）が使用される。

④ダムの放流設備の操作処理は、放水設備からの状態信号および機側操作盤への操作信号の伝送系統を監視し、放流設備の操作方法に従った放流設備の操作を行う。遠方手動操作は遠方手動操作装置、機側操作盤 PLC、機側操作は機側操作盤 PLC で行う。

⑤観測局呼出方式のテレメータの一括呼出方式は、監視局から複数の観測局を呼び出し、観測局からタイマで逐次データを返送させる。

⑥超音波式水位計は、超音波送受波器を河川表面の鉛直上方に取り付け、超音波パルスを発し、その超音波が水面から反射して戻ってくるまでの時間を測定することで水位を計測する。

関連分野

POINT

高圧受電設備や自家発電設備をマスターする。

1. キュービクル式高圧受電設備

　キュービクルは、変圧器、電力用コンデンサ、開閉装置、保護継電器、計測装置などを金属箱内に収容したもので、CB 形と PF・S 形とがある。

CB 形	PF・S 形
真空遮断器	PF 付 LBS
過電流継電器（OCR）・地絡継電器（GR）と遮断器（CB）を組み合わせたもので、短絡・地絡事故を遮断器で遮断する。	限流ヒューズ（PF）と交流負荷開閉器（PAS）を組み合わせ、短絡は PF で、地絡は PAS で保護する。
変圧器容量 4 000 kV・A 以下のものに適用する。	変圧器容量 300 kV・A 以下のものに適用する。

2. 負荷特性を表す率

　負荷特性を表す率のうち、需要率、負荷率、不等率の 3 つは特に大切である。

$$需要率 = \frac{最大需要電力〔kW〕}{設備容量〔kW〕} \times 100 〔\%〕$$

$$負荷率 = \frac{平均需要電力〔kW〕}{最大需要電力〔kW〕} \times 100 〔\%〕$$

$$不等率 = \frac{最大需要電力の和〔kW〕}{合成最大需要電力〔kW〕} \geqq 1$$

3. 非常用予備発電装置

　非常用予備発電装置は、建築物の防災や保安電源などに使用され、代表的なものは下表のとおりである。

区　分	特　徴
ディーゼル発電	①燃料が自然着火する温度・圧力まで空気を圧縮し、シリンダー内に燃料を噴射して自然着火させ、ピストン運動でクランク軸を回転させる。 ②燃料は、A重油、軽油、灯油である。 ③**部品点数が多く、質量が大きい。** ④**振動・騒音**対策が必要である。 ⑤**冷却水が必要**である。
ガスタービン発電	①ガスを燃焼させた熱エネルギーでタービンを回転させ、発電機の回転エネルギーとする。 ②燃料は、A重油、軽油、灯油、天然ガスである。 ③**部品点数が少なく、質量が小さい。** ④空冷式で冷却水は不要である。 ⑤**燃料消費率がディーゼル発電より高い。**

4. 非常用予備発電装置の運用

①建設工事現場の仮設電源として使用される移動用発電設備は、電気事業法上、発電所として取り扱われる。

②非常用予備発電装置の負荷容量は、一般的に商用電源の負荷容量と比較して、必要最小限にするため、必要な負荷を選択遮断して投入する。

③法令や条例によって騒音値が規制される場合は、敷地境界における騒音規制値を満足させなければならない。

④非常用予備発電装置が運転される場合には、構外に電気が流出しないようにする必要がある。

問題1 キュービクル式高圧受電設備の主遮断装置に関する次の記述の ☐ に当てはまる語句の組合せとして、適当なものはどれか。

「PF・S形は、 ア と イ とを組み合わせたもの、または一体としたものである。」

	ア	イ
(1)	遮断器	限流ヒューズ
(2)	遮断器	過電流継電器
(3)	高圧交流負荷開閉器	限流ヒューズ
(4)	高圧交流負荷開閉器	過電流継電器

問題2 予備電源の原動機に関する記述として、適当でないものはどれか。

(1) ガスタービンは、燃料として、軽油、灯油、A重油および都市ガスが使用できる。

(2) ディーゼルエンジンは、燃焼ガスのエネルギーをいったんピストンの往復運動に変換し、それをクランク軸で回転運動に変換する。

(3) ガスタービンは、ディーゼルエンジンと比べ、構成部品が少なく、寸法、重量とも小さく軽い。

(4) ディーゼルエンジンはガスタービンと比べ燃料消費率が高い。

問題3 電力設備に用いる変圧器に関する記述として、適当なものはどれか。

(1) 単相変圧器を複数台用いて三相結線を行う方法である△-△結線は、送電線の送電端などのように電圧を高くする場合に用いられる。

(2) 変圧器の損失は、無負荷損と負荷損に分類され、このうち無負荷損の大部分は銅損である。

(3) 変圧器の巻線に誘導される起電力の相対的な方向を極性と呼び、日本産業規格（JIS）では加極性が標準とされている。

(4) 油入式変圧器の変圧器油は、巻線間および巻線と鉄心間の絶縁をよくすることや変圧器本体の温度上昇を抑えるために使用される。

問題1

文章を完成させると、以下のようになる。

「PF・S形は、**高圧交流負荷開閉器**と**限流ヒューズ**とを組み合わせたもの、または一体としたものである。」

ちなみに、PF・S形の表現は、PF が限流ヒューズ（Power Fuse）の略、S が高圧交流負荷開閉器（Switch）の略である。

答 (3)

問題2

ガスタービンはディーゼルエンジンと比べ**燃料消費率**〔**kg/kW・h**〕が高い。

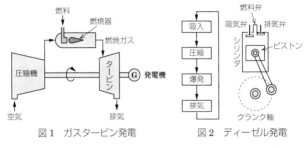

図1　ガスタービン発電　　図2　ディーゼル発電

答 (4)

問題3

(1) △-丫結線は、送電線の送電端などのように電圧を高くする場合に用いられる。
(2) 変圧器の損失のうち、無負荷損の大部分は鉄心で発生する鉄損である。また、負荷損の大部分は巻線で発生する銅損である。
(3) 日本産業規格（JIS）では減極性が標準とされている。

答 (4)

関連分野

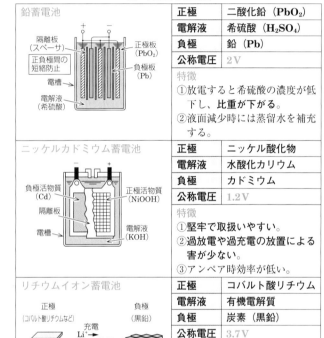

☺ POINT ☺

蓄電池の種類と充電方式についてマスターする。

1. 代表的な蓄電池

　一次電池は放電のみの電池で、二次電池（蓄電池）は充放電の反復使用ができる。

表　代表的な蓄電池

鉛蓄電池		正極	二酸化鉛（PbO$_2$）
		電解液	希硫酸（H$_2$SO$_4$）
		負極	鉛（Pb）
		公称電圧	2 V
		特徴 ①放電すると希硫酸の濃度が低下し、**比重が下がる**。 ②液面減少時には蒸留水を補充する。	
ニッケルカドミウム蓄電池		正極	ニッケル酸化物
		電解液	水酸化カリウム
		負極	カドミウム
		公称電圧	1.2 V
		特徴 ①堅牢で取扱いやすい。 ②過放電や過充電の放置による害が少ない。 ③アンペア時効率が低い。	
リチウムイオン蓄電池		正極	コバルト酸リチウム
		電解液	有機電解質
		負極	炭素（黒鉛）
		公称電圧	3.7 V
		特徴 ①エネルギー密度が大きい。 ②メモリ効果がない。 ③急速充電できる。	

2. 充電方式

代表的な充電方式には、次の4つがある。

充電方式	特　徴
①浮動充電	充電装置の直流出力に蓄電池と負荷を並列に接続した構成で、蓄電池の自己放電を補完するように常に微小電流で充電を行う。停電時や負荷変動時には無瞬断で蓄電池から負荷に電力を供給する。 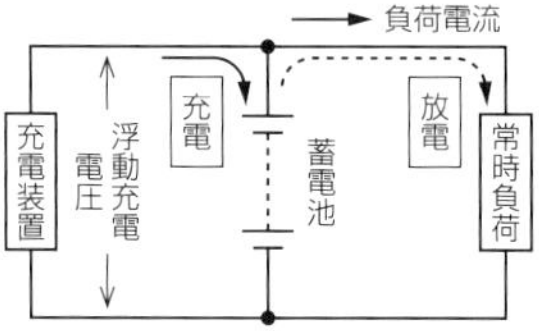 負荷電流 充電装置／浮動充電電圧／充電／蓄電池／放電／常時負荷
②均等充電	多数個の蓄電池を1組にして長期間浮動充電で使用すると、各セル間の電圧や電解液の比重のバラツキが生じる。このバラツキをなくすため、浮動充電電圧よりやや高い電圧で充電する。
③回復充電	停電によって蓄電池が放電すると、蓄電池の容量が減少するため、次回の放電に備えて、速やかに容量が回復するまで充電を行う。
④トリクル充電	蓄電池の自己放電量を補うため、小電流によって充電しておく方式である。この方式では、図のように開閉器は常時開いておく。 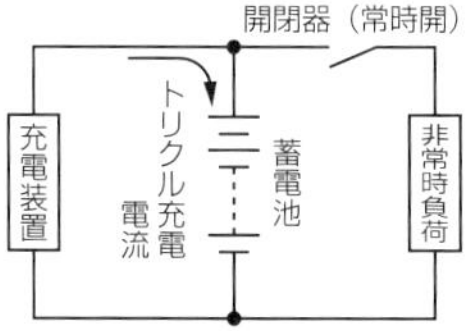 開閉器（常時開） 充電装置／トリクル充電電流／蓄電池／非常時負荷

問題1 鉛蓄電池に関する記述として、適当でないものはどれか。

(1) 放電すると水ができ、電解液の濃度が下がり電圧が低下する。

(2) 完全に放電しきらない状態で再充電を行ってもメモリ効果はない。

(3) 正極に二酸化鉛、負極に鉛、電解液には水酸化カリウムを用いる。

(4) ニッケル水素電池に比べ、質量エネルギー密度が低い。

問題2 リチウムイオン電池に関する記述として、適当でないものはどれか。

(1) セル当たりの起電力が 3.7 V と高く、高エネルギー密度の蓄電池である。

(2) 自己放電や、メモリ効果が少ない。

(3) 電解液に水酸化カリウム水溶液、正極にコバルト酸リチウム、負極に炭素を用いている。

(4) リチウムポリマー電池は、液漏れしにくく、小型・軽量で長時間の使用が可能である。

1級 **問題3** 二次電池の充電方式に関する次の記述に該当する用語として、適当なものはどれか。

「自己放電で失った容量を補うために、継続的に微小電流を流すことで、満充電状態を維持する。」

(1) 定電圧定電流充電　　(2) トリクル充電

(3) 浮動充電　　　　　　(4) パルス充電

解答・解説

問題1

鉛蓄電池の電解液は**希硫酸**で、水酸化カリウムはアルカリ蓄電池（ニッケルカドミウム蓄電池）の電解液である。　**答** (3)

問題2

リチウムイオン蓄電池の電解液は、リチウム塩の有機電解質である。水酸化カリウムはアルカリ蓄電池（ニッケルカドミウム蓄電池）の電解液である。　**答** (3)

問題3

トリクル充電では、開閉器は常時開いておく。　**答** (2)

☺ POINT ☺

無停電電源装置（UPS：Uninterruptible Power Supply）について マスターしておく。

1級 1. 無停電電源装置

通常、**UPS** と呼ばれ、コンピュータや情報通信機器の停電を回避するため、**機器と電源との間に設置する。** UPS は、整流器、インバータ、蓄電池などから構成されている。

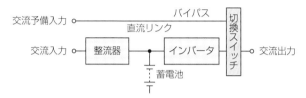

①常時インバータ給電方式：通常運転状態では、負荷電力は整流器とインバータとの組合せによって給電され、蓄電池は充電される。停電時には、蓄電池の直流をインバータで交流に変換し、負荷に供給する。バイパスは、保守期間中、負荷電力の連続性を維持するために設けられる電力経路である。

②常時商用給電方式：**通常の運転時は商用電源を直接負荷に給電し、停電時には**インバータ側に切り換わり（瞬断あり）、蓄電池の直流をインバータで交流に変換して供給する。

UPS では、停電発生と同時に、自動的に蓄電池からの電源供給を開始し、システムの異常終了によるデータ消失などを防ぐことができる。

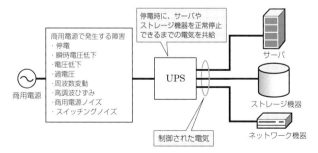

問題1 下図に示す無停電電源装置（UPS）の基本構成において、□に当てはまる語句の組合せとして、適当なものはどれか。

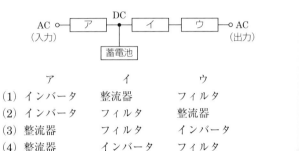

	ア	イ	ウ
(1)	インバータ	整流器	フィルタ
(2)	インバータ	フィルタ	整流器
(3)	整流器	フィルタ	インバータ
(4)	整流器	インバータ	フィルタ

1級 **問題2** 無停電電源装置の給電方式であるパラレルプロセッシング給電方式に関する記述として、適当なものはどれか。

(1) 通常運転時は、負荷に商用電源をそのまま供給するが、停電時にはバッテリからインバータを介して交流電源を供給する方式であり、バッテリ給電への切替時に瞬断が発生する。

(2) 通常運転時は、商用電源を整流器でいったん直流に変換した後、インバータを介して再び交流に変換して負荷に供給する方式であり、停電時は無瞬断でバッテリ給電を行う。

(3) 通常運転時は、負荷に商用電源をそのまま供給し、並列運転する双方向インバータによりバッテリを充電するが、停電時にはインバータがバッテリ充電モードからバッテリ放電モードに移行し、負荷へ給電を行う。

(4) 通常運転時は、電圧安定化機能を介して商用電源を負荷に供給するが、停電時にはバッテリからインバータを介して交流電源を供給への切替時に瞬断が発生する。

【問題1】

アはAC（交流）をDC（直流）に変換する**整流器**、イはDCをACに変換する**インバータ**、ウはインバータで発生した高調波の外部への流出を抑制する**フィルタ**である。　**答**(4)

【問題2】

パラレルプロセッシング給電方式は、通常運転時は、負荷に商用電源をそのまま供給し、並列運転する双方向インバータによりバッテリを充電するが、停電時には、インバータがバッテリ充電モードからバッテリ放電モードに移行し、負荷へ給電を行う。

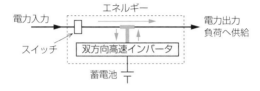

（1）は常時商用給電方式、（2）は常時インバータ給電方式、（4）は常時商用給電方式（電圧補償機能）である。　**答**(3)

😸 POINT 😸

各種光源の発光原理と特徴についてマスターしておく。

1. 光源の種類と特徴

種類		発光原理	特徴
白熱電球		温度放射：フィラメントの加熱による発光	演色性は良いが、寿命が短く効率も低い。
ハロゲン電球		温度放射：微量のよう素を封入	ハロゲンサイクルによって長寿命である。
蛍光灯		放射ルミネセンス：低圧水銀中のアーク放電を利用	効率が高く長寿命で、Hfランプは、インバータ蛍光灯である。
HIDランプ	高圧水銀ランプ	電気ルミネセンス：高圧水銀中のアーク放電を利用	効率が高く長寿命であるが、始動時間が長く、演色性が悪い。
	メタルハライドランプ	電気ルミネセンス：水銀ランプ中に金属ヨウ化物を添加したもの	水銀ランプより演色性が改善されている。
	ナトリウムランプ	電気ルミネセンス：ナトリウム蒸気中のアーク放電を利用	低圧ナトリウムランプは、効率が非常に高い。オレンジ色の単色光で演色性が悪い。
LED		エレクトロルミネセンス：発光ダイオードを用いる	発光効率が高く、長寿命（約40 000時間：電球型）である。

（参考）**HID ランプ**は、**高輝度放電ランプ**で、大規模空間の照明に使用される。

2. 発光ダイオード（LED）

順方向に電流を流したときに発光する発光ダイオードを用いている。白色LEDランプは、青色LEDと黄色蛍光体による発光を利用している。

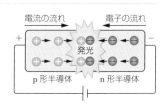

問題1 照明光源に関する記述として、適当でないものはどれか。

(1) 白熱電球の発光原理は、ルミネセンスである。
(2) 蛍光ランプは、点灯時間の経過とともに光束が低下する。
(3) LED ランプは、電流を流すと発光する半導体素子を用いたものである。
(4) 有機 EL は、面光源である。

問題2 照明設備の光源に関する記述として、適当でないものはどれか。

(1) LED ランプは、蛍光ランプよりも長寿命である。
(2) 低圧ナトリウムランプは、昼光色の光を発する。
(3) 蛍光ランプは、放電ランプに分類される。
(4) 白熱電球の発光原理は温度放射（熱放射）である。

解答・解説

問題1

①白熱電球の発光原理は**温度放射**であり、フィラメントに電流を流して加熱する。
②放電灯や LED、有機 EL の発光原理はルミネセンスである。

答 (1)

問題2

低圧ナトリウムランプは、橙黄色（オレンジ色）の光を発し、発光効率は非常に高いが、演色性が非常に悪い。橙黄色であるため、霧や煙の中での光の透過性が高いことから非常用照明やトンネル照明等に用いられる。

答 (2)

☻ POINT ☻
誘導電動機の概要についてマスターする。

1. 誘導電動機の概要
電源に三相交流を用いた電動機で、固定子巻線で**回転磁界**を作り、回転子導体で**トルク**を発生する。三相誘導電動機には、かご形と巻線形とがあり、構造が簡単なかご形が主流である。

2. 誘導電動機の回転速度
極数を p、周波数を f〔Hz〕とすると、回転速度は、ほぼ同期速度である。

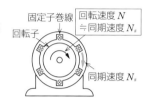

同期速度 $N_s = \dfrac{120f}{p}$ 〔min^{-1}〕

3. 誘導電動機の始動方式
誘導電動機の始動時には、定格電流の 4〜8 倍の電流が流れる。このため、始動電流を抑制するような始動法が必要となる。小容量機では全電圧始動方式でよいが、中容量機では固定子巻線を**Ｙ結線にして始動**し、運転時に**△結線とするＹ-△始動方式**が採用されている。Ｙ-△始動方式は、始動電流と始動トルクが全電圧始動方式の 1/3 となる。大容量機では、始動補償器による方法などが採用されている。

4. 誘導電動機の速度制御
誘導電動機の速度制御は、**極数 p、周波数 f、滑り s** の 3 つのうち、どれかを変えれば実施できる。このうち、かご形誘導電動機では、周波数を変えるインバータ制御が多く用いられている。

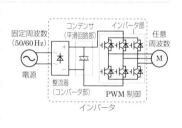

問題1 三相誘導電動機に関する記述として、適当なものはどれか。

(1) 同期速度は、固定子巻線に加える電源電圧により決まる。

(2) 三相かご形誘導電動機の回転子は、積層鉄心に絶縁電線を巻いて三相巻線が施されている。

(3) スリップリングを通して二次側に始動抵抗器を接続して始動する方式は、三相かご形誘導電動機の始動に使われる。

(4) 回転子の回転速度は、同期速度より小さい。

1級 **問題2** 三相誘導電動機の速度制御に関する記述として、適当でないものはどれか。

(1) かご形誘導電動機は、スリップリングを通して接続した二次抵抗を加減することにより速度制御ができる。

(2) 固定子巻線の接続を変更することで極数を切り換えて速度制御する方法は、回転速度は段階的に変化する。

(3) 滑り s、極数 p、または電源周波数 f を変えれば、回転速度を変えることができる。

(4) 電源周波数により回転速度を制御する方法として、電源周波数 f を可変したとき、常に発生するトルクが一定になるように入力電圧 V も制御する V/f 一定制御がある。

解答・解説

問題1

(1) 同期速度は、極数 p、周波数 f、滑り s で決まる。

(2) 三相かご形誘導電動機の回転子は、裸導体の端部を端絡環で接続している。

(3) スリップリングを通して二次側に始動抵抗器を接続して始動する方式は、三相巻線形誘導電動機である。

答 (4)

問題2

スリップリングを通して接続した二次抵抗を加減するのは巻線形誘導電動機である。

答 (1)

電気設備6 雷保護設備

☺ POINT ☺

建築基準法のうち、避雷設備の概要についてマスターする。

1. 避雷設備

①避雷針は、直撃雷による雷撃電流を安全に大地に逃がす設備で、高さ **20 m** を超える建築物などには、避雷設備の施設が義務づけられている。

②避雷針の保護角は、保護する構造物が高くなるほど狭くなる。

③保護範囲の考え方には、保護角法、回転球体法、メッシュ法がある。

避雷設備の構成

①受雷部：突針部、むね上げ導体、手すり、フェンスなどがある。

②避雷導線：断面積 **30 mm²** 以上の銅、**50 mm²** 以上のアルミニウムの導体によって受雷部と接地極を接続する。

③接地極：接地極は、**厚さ 1.4 mm 以上、片面 0.35 m² の銅板**または同等以上の効果のある金属体を用い、次のように接続しなければならない。

・避雷設備の総合接地抵抗値は **10 Ω 以下**とし、各引下げ導線の単独接地抵抗値は **50 Ω 以下**とする。

・接地極は、地下 **0.5 m 以上**の深さに埋設する。

・接地極は、ガス管から **1.5 m 以上**離す。

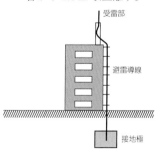

問題1 避雷設備（外部雷保護システム）に関する記述として、適当でないものはどれか。

(1) 直撃雷を受け止める受雷部は、突針、水平導体、メッシュ導体の各要素またはその組み合わせで構成される。

(2) 保護角法は、受雷部の上端から鉛直線に対して保護角を見込む接線の内側を保護範囲とする方法で、保護角は雷保護システム（LPS）のクラスと受雷部の地上高に準じて規定されている。

(3) 回転球体法は、2つ以上の受雷部に同時に接するように、または1つ以上の受雷部と大地面と同時に接するように球体を回転させた時に、球体表面の包絡面から被保護物側を保護範囲とする方法で、球体の半径は雷保護システム（LPS）のクラスにより規定されている。

(4) メッシュ法は、メッシュ導体で覆われた内側を保護範囲とする方法で、メッシュの幅は保護する建築物の高さにより規定されている。

解答・解説

問題1

① **保護角法の保護角**は、雷保護システム（LPS）のクラスと受雷部の地上高に準じて規定されている。

② **回転球体法の球体の半径 R** は、雷保護システム（LPS）の保護レベルのクラスにより規定されている。

③ **メッシュ法のメッシュの幅（W）** は、雷保護システム（LPS）の保護レベルのクラスにより規定されている。

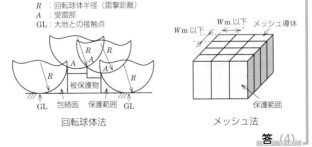

R ：回転球体半径（雷撃距離）
A ：受雷部
GL：大地との接触点

回転球体法　　　メッシュ法

答 (4)

😺 POINT 😺

機械換気の種類について特徴と適用場所についてマスターする。

1. 換気の目的

　換気の目的は、室内空気の清浄化、熱や水蒸気の除去および酸素の供給のために、室内外の空気を入れ換えて清浄な空気と交換することにある。

2. 換気の種類

①換気には、自然換気と機械換気がある。

②自然換気は、室内外の温度差による浮力や外界の自然風によって生じる圧力を利用した換気である。

③機械換気は、換気扇や送風機などにより強制的に換気するもので、自然換気に比べて必要な時に安定した換気量を得ることができる。機械換気は、室内圧の正負を決める給気機や排気機の配置によって、以下の3種類がある。

第1種換気	第2種換気	第3種換気
給排気とも機械で行う。	給気は機械で、排気は自然換気で行う。	給気は自然換気で、排気は機械で行う。
ビル・屋内駐車場・自家発電機室・受変電室・倉庫・業務用厨房などに適用される。	正圧 ボイラ室・クリーンルーム・機器の冷却などに適用される。	負圧 受変電室・蓄電池室・便所・湯沸室・更衣室・コピー室・浴室・台所などに適用される。

問題1 換気方式に関する次の記述に該当する名称として、適当なものはどれか。

「給気用送風機、排気用送風機ともに設置され、室内空気圧を自由に制御できる換気方式である。」

  (1) 第1種　(2) 第2種　(3) 第3種　(4) 自然換気

問題2 第2種換気に関する記述として、適当なものはどれか。

  (1) 風力または温度差による浮力によって室内の空気を屋外に排出するものである。

  (2) 給気側と排気側にそれぞれ専用の送風機を設けるもので、室内圧を自由に制御できる。

  (3) 給気側だけに送風機を設けて室内を正圧に保ち、排気口などから自然に室内空気を排出する。

  (4) 排気側だけ送風機を設けて排気し、室内を負圧にして給気口などから外気を自然に給気する。

1級 **問題3** 換気方式に関する記述として、適当でないものはどれか。

  (1) 第1種換気は、給気用送風機のみ設置し、室内を正圧とするので、室内への汚染物質侵入を防げる。

  (2) 自然換気では、屋内外の圧力差が0となる中性帯位置に換気口を設けてもほとんど空気の出入りはない。

  (3) 換気回数は、1時間あたりの空気の入れ替わりの回数と定義され、換気回数が多いほど室内の空気の入れ替わりが多い。

  (4) 自然換気は、動力がいらない反面、自然環境に左右されるので、換気量が一定でないという欠点がある。

解答・解説

問題1
第1種換気についての説明である。　　　　　　　　**答** (1)

問題2
(1) は自然換気、(2) は第1種換気、(3) は第2種換気、(4) は第3種換気である。　　　　　　　　　　　　　　**答** (3)

問題3
(1) は第2種換気についての説明である。　　　　　**答** (1)

:dog: POINT :dog:

空気調和設備について概要をマスターする。

1. 空気調和の方式

使用される熱搬送媒体により下表のように分類される。

分類	空調方式	システムの概要
全空気方式	定風量単一ダクト方式 (CAV)	①送風量一定で、負荷に応じて温度を変化させる。 ②高度な空気処理ができる。
	変風量単一ダクト方式 (VAV)	①温度一定で、負荷変動により送風量を変化させる。 ②送風機の回転速度制御を行うため、低負荷時の搬送動力を削減できる。
	二重ダクト方式	冷風と温風を混合して供給するため混合損失が生じ、省エネ性が損なわれる。
全水方式	ファンコイルユニット方式	①冷温水の変流量供給による個別制御が可能である。 ②単独では外気取入れや室内湿度の制御を十分に行えない。

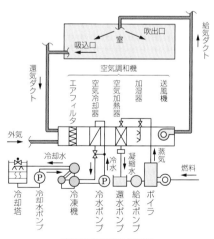

空気調和設備の構成例

問題1 空気調和設備の搬送する熱媒体による分類である「水−空気方式」に関する記述として、適当なものはどれか。

(1) 熱媒である空気を機械室の空調機からダクトを通して室内まで送る方式である。

(2) 室内に冷水や温水を供給し、ファンコイルユニットなどで冷暖房を行う方式である。

(3) 機械室の空調機で処理をした空気をダクトで各室まで送り、さらに冷水や温水を各室に送ってファンコイルユニットなどで室温の調整を行う方式である。

(4) 冷凍サイクルを利用して、冷媒で外気と室内空気との間の熱搬送を行い空調する方式である。

問題2 空気調和設備の空気調和方式に関する記述として、適当でないものはどれか。

(1) 定風量単一ダクト方式は、空調機からの調和空気を、ダクトを通して各室へ一定風量で送風する。

(2) 各階ユニット方式は、外気処理用の一次空調機と各階や各ゾーンに分散設置した二次空調機が併設される。

(3) ファンコイルユニット方式は、室内用小型空調機を各室に設置し、それに冷水または温水を供給する。

(4) 放射冷房方式は、ケーシングに収納した工場生産のパッケージ型空調機を単独または多数設置する方式である。

解答・解説

問題1

① 空気調和設備の搬送する熱媒体による分類には、空気方式、(空気＋水) 方式、(空気＋冷媒) 方式がある。

② (1) は空気方式、(2) はファンコイルユニット、(3) は (空気＋水) 方式、(4) はヒートポンプの説明である。

答 (3)

問題2

パッケージユニット方式の説明である。　　　　　**答** (4)

☺ POINT ☺

ヒートポンプと空気調和設備の省エネルギー対策について概要
をマスターする。

1. ヒートポンプ

ヒートポンプは、冷凍サイクルを利用して、冷媒で外気と室
内空気との間の熱搬送を行い空調する方式である。

冷媒を用いて低温部から高温部に熱を汲み上げることができ、圧縮→凝縮→膨張→蒸発の4つの過程を繰り返す。

外部から仕事 W〔J〕を加えて圧縮機を駆動し、低温部から
の吸収熱量 Q_1〔J〕を高温部へ放出熱量 Q_2〔J〕を吐き出す。
冷房時は蒸発熱量 Q_1 を利用し、暖房時は凝縮熱量 Q_2 を利用
する。なお、$Q_2 = Q_1 + W$ の関係がある。

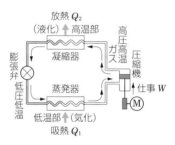

ヒートポンプの原理

冷房時や暖房時の性能は、**成績係数（COP）** で表し、成績
係数が大きいものほど効率がよい。

【冷房時】 $(COP)_C = \dfrac{冷房能力}{冷房消費電力量} = \dfrac{Q_1}{W}$

【暖房時】 $(COP)_H = \dfrac{暖房能力}{暖房消費電力量} = \dfrac{Q_2}{W} = 1 + COP_C$

成績係数は、**暖房時のほうが冷房時より1大きい**。

2. 空気調和設備の省エネルギー対策

①外気導入量の削減、②中間期の外気導入、③全熱交換器の
採用、④設定温度の調整、⑤空調フィルタ・熱交換器の清掃、
⑥変風量（VAV）単一ダクト方式の採用

問題1 空気調和設備に関する記述として、適当でないものはどれか。

(1) ヒートポンプの空気調和設備では、冷房と暖房を切り替えるために、四方弁が用いられる。

(2) ヒートポンプによる熱の移動は、特定の物質を介して行われており、その物質を冷媒という。

(3) ヒートポンプで使う電力は、冷媒の圧縮および電熱に利用されている。

(4) 通年エネルギー消費効率（APF）は、1年間を通して、日本産業規格（JIS）に定められた一定条件のもとに機器を運転したときの消費電力量 1kW·h 当たりの冷房・暖房能力を表す。

問題2 空気調和設備に関する記述として、適当でないものはどれか。

(1) ヒートポンプは、冷媒が液体から気体、気体から液体に変化するときに生じる顕熱を利用している。

(2) ヒートポンプで使う電力は、圧縮機を働かせることだけに使われるので、エネルギー効率のよい熱交換システムである。

(3) 通年エネルギー消費効率（APF）は、数値が大きいほどエネルギー効率がよく、省エネルギー効果が大きいことを示している。

(4) 空気調和設備の除湿運転で用いられる再熱方式は、冷却器が湿った空気を除湿し、冷えた空気を再熱器で暖めることで室内の温度を下げずに除湿するものである。

解答・解説

問題1

ヒートポンプで使う電力は、**冷媒の圧縮に利用**されており、電熱には利用されていない。　　　　　　　　　　　**答** (3)

問題2

冷媒が液体から気体に、気体から液体にそれぞれ変化するときに生じる**潜熱**を利用している。**顕熱**は温度変化に使われる熱、**潜熱**は状態変化に使われる熱である。　　　　　　　　**答** (1)

☻ POINT ☻

消火設備の種類と消火原理について概要をマスターする。

1. 消火の3要素

2. 消火設備

①屋内消火栓設備：建物の火災の初期消火のため、人が操作して使用する設備である。屋内消火栓には、ホース接続口までの距離が25m以下の1号消火栓や15m以下の2号消火栓がある。

②スプリンクラー設備：火災での室温上昇によって散水ヘッドの可溶片が溶融し、自動的に開孔して水を噴霧させる。空気の遮断による**窒息作用**と熱の吸収による**冷却作用**を利用している。

③不活性ガス・ハロゲン化物消火設備：火災時にノズルより噴出した不活性ガスにより消火する。

・**不活性ガス**は、**窒息作用**を利用して消火する。

・**ハロゲン化物**は、**窒息作用と化学反応**を利用して消火する。

④泡消火設備：ヘッドから水分を含んだ軽く微細な泡の集合体である消火泡を噴出させ、消火泡で燃焼物を覆う。空気の遮断による**窒息作用**と熱の吸収による**冷却作用**を利用している。

⑤粉末消火設備：ヘッドから噴出した**粉末消火剤**（炭酸水素ナトリウムやリン酸塩類）が火災の熱によって分解したときに発生する**二酸化炭素**による**窒息作用**を利用ている。

3. 通信機械室の消火設備

　通信機器室の設備は、一般に、水をかけると再使用できなくなる。このため、水以外の消火設備（不活性ガス・ハロゲン化物消火設備や粉末消火設備など）としなばならない。

問題1 消火設備に関する記述として、適当でないものはどれか。

(1) 屋内消火栓設備は、人が操作し、ホースから放水することにより消火する設備である。

(2) 粉末消火設備は、ハロン 1301 の放射により消火する設備である。

(3) 不活性ガス消火設備は、二酸化炭素、窒素、あるいはこれらのガスとアルゴンとの混合ガスの放射により消火する設備である。

(4) スプリンクラー設備は、スプリンクラーヘッドから散水することにより消火する設備である。

1級

問題2 消火設備に関する記述として、適当でないものはどれか。

(1) 不活性ガス消火設備は、二酸化炭素、窒素、あるいはこれらのガスとアルゴンとの混合ガスを放射することで、不活性ガスによる窒息効果により消火する。

(2) スプリンクラー設備は、建築物の天井面などに設けたスプリンクラーヘッドが火災時の熱を感知して感熱分解部を破壊することで、自動的に散水を開始して消火する。

(3) 屋内消火栓設備は、人が操作することによって消火を行う固定式の消火設備であり、泡の放出により消火する。

(4) 粉末消火設備は、噴射ヘッドまたはノズルから粉末消火剤を放出し、火災の熱により、粉末消火剤が分解して発生する二酸化炭素による窒息効果により消火する。

解答・解説

問題1

①粉末消火設備は、炭酸水素ナトリウム、リン酸塩類などの放射によって消火する設備である。

②ハロン 1301 はオゾン層を破壊するフロンガスの一種であり、現在は使用されていない。　　　　　　　　　　**答 (2)**

問題2

屋内消火栓設備は、人が操作することで消火を行う固定式の消火設備で、**放水により消火**する。　　　　　　　**答 (3)**

☻ POINT ☻
地盤の材料と代表的な土の現象をマスターする。

1. 地盤の材料
　地盤の材料を土の粒径の大きさで分類すると、下図のようになる。大まかには、細粒分、粗粒分、石分に分類され、粒径によって呼び名が異なる。

粒径〔mm〕

		細砂	中砂	粗砂	細礫	中礫	粗礫	粗石	巨石
粘土	シルト		砂			礫		石	
細粒分		粗粒分						石分	

0.005　0.075　0.25　0.85　2　4.75　19　75　300

2. 土留め
　土留めは、根切り周囲の地盤の崩壊や土砂の流出を防ぐための仮設構造物のことで、山留めともいう。土留めに使用する矢板には、親杭横矢板、鋼矢板、鋼管矢板、地中連続壁などがある。

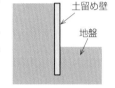

土留め壁

地盤

3. 土の現象

区　分	ヒービング	ボイリング
現　象	軟弱粘性土地盤の掘削時に、矢板背面の土の質量で掘削底面内部にすべり破裂が生じ、底面を押し上げる。(盤膨れ)	砂質地盤の掘削時に、地下水位が高いと、水圧によって砂と水が吹き上がる。
説明図	土砂の流動（回り込み）　土砂流出　移動した土　軟弱粘性土	土の沈下　地下水　吹き上げられた土　砂地盤

問題1 土質材料を粒径の小さいものから粒径の大きなものへ順に並べたものとして、適当なものはどれか。

　　　（小）　　　　　　　　　　（大）
- (1) 砂…………粘土…………シルト
- (2) 粘土………砂……………シルト
- (3) シルト……粘土…………砂
- (4) 粘土………シルト………砂

1級 **問題2** 土留め壁に関する次の記述に該当する土留め壁の名称として、適当なものはどれか。

「連続して地中に構築し、継ぎ手部のかみ合わせにより止水性が確保されるが、たわみ性の壁体であるため壁体の変形が大きくなる。」

- (1) 親杭横矢板壁
- (2) 鋼矢板壁
- (3) 鋼管矢板壁
- (4) 地中連続壁

解答・解説

問題1

土質材料を粒径の小さいものから粒径の大きなものへと順に並べると、粘土→シルト→砂→礫→石となる。　　**答** (4)

問題2

(1) 親杭横矢板はH形鋼の親杭の間に差し込む板のことであり、親杭横矢板壁は、遮水性がよくない。

(参考) 土留め支保工の各部の名称は、右図のとおりである。

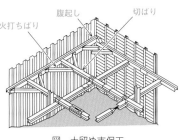

図　土留め支保工

答 (2)

😺 POINT 😺
コンクリートについて基礎知識をマスターする。

1. コンクリートの組成

コンクリートは、セメントに水と砂利などの骨材を加え練り合わせたものである。

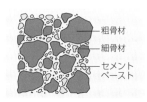

コンクリート
＝セメント＋水＋骨材
　　　セメントペースト

2. コンクリートと鉄筋

①コンクリートは圧縮力に対しては強いが、**引張力には弱い**。鉄筋コンクリートは圧縮応力を負担し、鉄筋は引張応力を負担する。

②コンクリートの強さは水・セメント（W/C）比で決まりこの値が小さい方が強い。

③コンクリートと鉄筋の熱膨張率はほぼ同じである。

④ひび割れの防止のためには湿潤養生が必要である。

⑤コンクリートはアルカリ性のため鉄筋は錆びにくい。

3. コンクリートの不具合事象

①コールドジョイント：コンクリートの打ち継部で、次の打設までに時間をかけ過ぎてしまうと、ひび割れが発生する。

②ブリージング：コンクリートの打設方法が適切でなかったり、コンクリートに水分が多いと材料分離によって水が上に浸み出すなど、ひび割れや強度不足を招く。

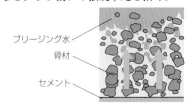

ブリージング水

骨材

セメント

③アルカリ骨材反応：ある種の骨材が、コンクリート中のアルカリ成分と反応して膨張し、コンクリートを内部から崩落させる。

問題1 コンクリートの劣化現象に関する次の記述のうち、適当なものはどれか。

「コンクリートに大気中の二酸化炭素が侵入し、セメント水和物と炭酸化反応を起こすことによってコンクリートのアルカリ性が失われていく現象のことである。」

  (1) アルカリシリカ反応   (2) 中性化

  (3) 凍害   (4) 塩害

1級 問題2 フレッシュコンクリートの性質に関する記述として、適当なものはどれか。

  (1) コンシステンシーは、フレッシュコンクリートの変形あるいは流動に対する抵抗性のことである。

  (2) ボンバビリティーは、仕上げのしやすさを表す性質である。

  (3) ワーカビリティーは、型に詰めやすく、粘りがあり、くずれたり、材料が分離したりすることがないような性質である。

  (4) フィニッシャビリティーは、練混ぜ、運搬、打込み、締固め、仕上げなどの作業のしやすさのことである。

解答・解説

問題1

コンクリートはアルカリ性であるが、「コンクリートのアルカリ性が失われていく現象」とあるので、**中性化**であることが容易にわかる。

答 (2)

問題2

(2) のボンバビリティーは、圧送作業の容易さの程度を、(3) のワーカビリティーは、作業のしやすさを、(4) のフィニッシャビリティーは、要求された平滑さに仕上げる場合の作業の難易度を表す。   **答 (1)**

☺ POINT ☺
道路舗装と建設機械について概要をマスターする。

1. 道路舗装
舗装は、**道路の耐久力を増す**ためのもので、コンクリート舗装やアスファルト舗装がある。アスファルト舗装は、路床上に、路盤・基層・表層を構成したものである。

	表層	交通荷重を分散して、交通の安全性、快適性を確保する。
表層(アスファルト混合物) 基層(アスファルト混合物) 上層路盤 下層路盤 構築路床 路床(原地盤) 路体	基層	路盤の不陸を整正し、表層に加わる荷重を均一に路盤に伝達させる。
	路盤	均一な支持基盤とし、上層からの交通荷重を分散して路床に伝える。
	路床	舗装の路盤面下の厚さ約1mの層で、路盤を介して伝達される分散荷重を支持する。

2. 締固め機械
土やアスファルト舗装などの材料に力を作用させ、材料の密度を高め（締固め）るために用いられる建設機械である。

①ロードローラ：地表面を**鉄輪で転圧・締固め**を行う。

②タイヤローラ：空気タイヤの接地圧とタイヤ質量配分を変化させ、**土やアスファルト混合物などの締固め**を行う。

③振動ローラ：自重の他にドラムまたは車体に取り付けた起振体により鉄輪を振動させ、**砂質土の締固め**を行う。

④タンピングローラ：ローラの表面に突起をつけたもので、突起を利用して**土塊や岩塊の破砕や締固め**を行う。

⑤振動コンパクタ：**平板に振動機を取り付けて**、その振動によって締固めを行う。

問題1 アスファルト舗装に関する次の記述に該当する名称として、適当なものはどれか。

「新たに施工する舗装とその下層のれき青材料であるアスファルトとの付着のため散布するアスファルト乳剤である。」

(1) タックコート　(2) アスファルトフィニッシャー
(3) シールコート　(4) プライムコート

問題2 締固め機械であるランマーに関する記述として、適当なものはどれか。

(1) 鉄輪を用いた締固め機械でマカダム形とタンデム形があり、道路工事のアスファルト混合物や路盤の締固めおよび路床の仕上げ転圧に多く用いられる。

(2) 約 2～4kW 程度の小型エンジンのクランク軸の回転を上下動に変え、スプリングを介して振動板に連続的に振動を与え、上の土の表面をたたいて締め固めるもので、ハンドガイド式のものが多い。

(3) 車輪内の起振機により転圧輪を強制振動させ、自重の 1 から 5 倍の起振力により土粒子を揺すぶって、土粒子間の変形抵抗を小さくし、粒子自身の移動を容易にしながら自重によって締め固める。

(4) 大型タイヤで締め固める機械であり、水や鉄などのバラストによって自重を加減したり、タイヤの空気圧を調整して接地圧を変化させることができ、比較的広範囲の材料の締固めに使用できる。

解答・解説

問題1

タックコートは、基層の上に散布してアスファルト舗装間の接着を強化する乳剤である。　　　　　　　　　　　　　　**答** (1)

問題2

(1) はロードローラ、(3) は振動ローラ、(4) はタイヤローラを説明したものである。　　　　　　　　　　　　　**答** (2)

☺ POINT ☺

鉄筋コンクリート構造、鉄骨構造、鉄骨鉄筋コンクリート構造
についてマスターする。

1. 鉄筋コンクリート構造（RC 造）

引張力に強い鉄筋と、圧縮力に強いコンクリートの長所を生
かしている。鉄筋は耐火性に乏しく錆びやすいが、コンクリー
トで鉄筋を覆うことでこれをカバーしている。

鉄筋コンクリート構造の鉄筋のうち、**主筋**は引張力に耐え、
柱の**帯筋**や梁の**あばら筋**は、せん断力に対する補強のために使
用されている。

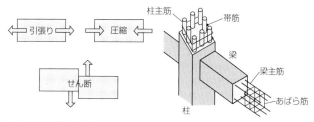

2. 鉄骨構造（S 造）

鉄骨構造のうちラーメン構造とトラス構造は、下表のとおり
である。

区　分	ラーメン構造	トラス構造
構　造	（梁・柱・床スラブ）	節点：ボルトやピンで結合
説　明	柱と梁を組み合わせて構成した門形の軸組みで、部材と部材を剛接合した構造である。	部材の節点をピン接合とし、三角形の鋼材で構成した構造で、体育館や鉄橋などに用いられている。

問題1 建築構造に関する記述として、適当なものはどれか。
「柱を鉛直方向、梁を水平方向に配置し、接合部を強く固めた構造である。」

(1) ブレース構造　　　(2) シェル構造
(3) ラーメン構造　　　(4) 壁式構造

問題2 建物内での電気通信機器等の耐震施工に関する記述として、適当でないものはどれか。

(1) 機器の配置は、可能な限り床置きとし、天井つりおよび壁掛けは極力避ける。
(2) 卓上装置は、地震時に水平移動または卓上から落下しないように、耐震用品で固定する。
(3) 機器を建物の床に固定するためのアンカーボルトは、一般的に地震の揺れが下層階より上層階のほうが小さいため、上層階ほど強度の弱いものを使う。
(4) 据付面の大きさと比べて高さの高い機器は、壁、柱等から頂部揺れ止めが容易な場所に設置する。

解答・解説

問題1

ラーメン構造は、柱を鉛直方向、梁を水平方向に配置し、接合部を強く固めた構造である。**ラーメン構造**は、断面の大きな重量部材を使用するので、トラス構造と比べて**鋼材の量は多くなる**。

(参考) 次の選択肢も出題されている。

○：壁式構造は、板状の壁と床を箱形に組み、建築物とした構造である。

答 (3)

問題2

機器を建造物の床に固定するためのアンカーボルトは、一般的に地震の揺れが**上層階より下層階のほうが小さい**ため、上層階ほど強度の強いものを使う。　　　**答** (3)

通信土木工事 1 　通信土木設備

☘ POINT ☘

通信土木設備のうち、管路、通信ケーブルや中継装置などを収容するマンホール・ハンドホール、電線共同溝についての概要をマスターする。

1. 通信土木設備

通信土木設備の一般的な構成は、下図のとおりである。

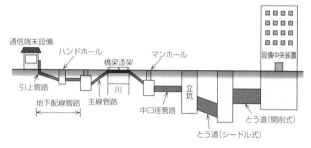

2. 代表的な通信土木設備

①管路：通信ケーブルを管内に引き込んで収容し、保護する設備である。

②マンホール・ハンドホール：**マンホール**（人孔）は、内部で通信ケーブルの引込み、引抜き、接続などが行える構造物である。**ハンドホール**は、マンホールに比べ、少ない心数の通信ケーブルの引込み、引抜き、接続などが行える構造物である。

③電線共同溝：2以上の電線管理者の電線類を地下空間に収容するために設ける施設である。電力ケーブルや通信ケーブルを地中化し、都市景観の向上を図る場合などに採用され、C.C.Box（シー・シー・ボックス：Communication（or Compact）Cable Box）はこれに該当する。

問題1 地中埋設管路の施工に関する記述として、適当でないものはどれか。

(1) 掘削した底部は、掘削した状態のままで管を敷設した。

(2) 小石、砕石などを含まない土砂で埋め戻した。

(3) 管路周辺部の埋め戻し土砂は、すき間がないように十分に突き固めた。

(4) ケーブルの布設に支障が生じる曲げ、蛇行などがないように管を敷設した。

問題2 ハンドホールの工事に関する記述として、適当でないものはどれか。

関連分野

(1) 掘削幅は、ハンドホールの施工が可能な最小幅とする。

(2) 舗装の切り取りは、コンクリートカッタにより、周囲に損傷を与えないようにする。

(3) 所定の深さまで掘削した後、石や突起物を取り除き、底を突き固める。

(4) ハンドホールに通信管を接続した後、掘削土をすべて埋め戻してから、締め固める。

問題3 FEP の地中埋設管路に関する記述として、次の①〜④のうち適当なもののみをすべて挙げているものはどれか。

①管路には、管頂と地表面(舗装がある場合は舗装下面)のほぼ中間に防食テープを連続して施設する。

②地中配管終了後、管路径に合ったマンドリルにより通過試験を行い、管路の状態を確認する。

③FEP の接続部では、FEP 間に挿入されている双方のパイロットワイヤを接続する。

④ハンドホールの壁面に FEP を取り付ける場合は、壁面の孔と FEP とのすき間に砂を充填する。

(1) ①② (2) ①④ (3) ②③ (4) ③④

解答・解説

問題1

掘削した底部は、砂や良質土で埋め戻して十分に突き固めて平滑にしてから管を敷設するようにしなければならない。

答 (1)

問題2

掘削した底部は、砂や良質土を、**1 層の仕上げ厚さが 0.3 m 以下**になるように均一に締め固めて、順次行うようにする。

（参考）NTT インフラネット（ホームページ）

答 (4)

問題3

①FEP は波付硬質ポリエチレン管であるため、防食テープは不要である。

④ハンドホールの壁面に FEP を取り付ける場合は、壁面の孔と FEP とのすき間のないことを確認する。

答 (3)

通信土木工事2 通信鉄塔および反射板

☻ POINT ☻

通信鉄塔と反射板についてマスターする。

1. 通信鉄塔の種類

　通信鉄塔は、固定・移動無線通信回線を構成するために必要な空中線（アンテナ）を支持するものである。通信鉄塔の骨組みの代表的なものには、下図のようなものがある。

Kトラス形　　逆トラス形　　ダブルワーレン形　プラット形　　プライヒ形

2. 鉄塔の基礎

　鉄塔の基礎は、構造・用途によってコンクリート基礎と鋼材基礎がある。コンクリート基礎は、主脚材といかり材をコンクリートまたは鉄筋コンクリートで包んだもので、荷重の規模や地質によって、逆T字型基礎、ロックアンカー基礎、べた基礎、アースアンカー基礎、井筒基礎、くい基礎などがある。深礎基礎は、勾配の急な山岳地に適用されている。

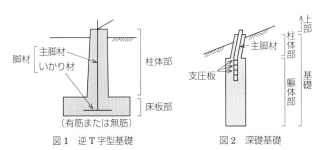

図1　逆T字型基礎　　　　　図2　深礎基礎

3. 反射板

　固定無線通信回線を構成するために設けた電波を反射させるための鏡面状の板である。

関連分野

問題1 下図に示す通信鉄塔の構造および形状の名称の組合せとして、適当なものはどれか。

	構造	形状
(1)	ラーメン	三角鉄塔
(2)	トラス	四角鉄塔
(3)	ラーメン	四角鉄塔
(4)	シリンダー	多角形鉄塔

平面図

立面図

1級 **問題2** 通信鉄塔に関する記述として、適当でないものはどれか。

(1) 設計荷重は、過去の台風や地震、積雪などの経験による適切な荷重と将来計画を考慮した積載物などの荷重により設計する。

(2) 鉛直荷重は、固定荷重や積載荷重、雪荷重など通信鉄塔に対して鉛直方向に作用する荷重である。

(3) 水平荷重は、風荷重や地震荷重など通信鉄塔に対して水平方向に作用する荷重である。

(4) 長期荷重は、暴風時、地震時の外力を想定して算定される荷重である。

解答・解説

《問題1》

構造は立面図から三角形を組み合せたトラスであることが、形状は平面図から四角鉄塔であることがわかる。　　**答**　(2)

《問題2》

長期荷重は常時の荷重を想定して算定される荷重であり、**短期荷重**は暴風時、地震時の外力を想定して算定される荷重である。

(**参考**) パラボナアンテナ取付架台は、主に風荷重、地震荷重を考慮して設計する。

答　(4)

😎 POINT 😎
公共工事標準請負契約約款について要約をマスターする。

1. 総則
①発注者と受注者は、約款に基づき、設計図書に従い、法令を遵守し、契約を履行すること。

[1級] 設計図書＝別冊の図面＋仕様書＋現場説明書
　　　　　　＋現場説明に対する質問回答書

②受注者は、工事を工期内に完成して工事目的物を発注者に引き渡し、発注者は、請負代金を支払うこと。

③仮設、施工方法などは、約款や設計図書に特別の定めがある場合を除き、請負者の責任において定める。

④受注者は、契約履行に関し知り得た秘密を漏らさない。

⑤約款に定める請求、通知、報告、申出、承諾、解除は、書面により行うこと。

2. 権利義務の譲渡など
受注者は、契約により生ずる権利や義務を第三者に譲渡、承継させない。ただし、あらかじめ、発注者の承諾を得た場合は、この限りでない。

3. 一括委託または一括下請負の禁止
受注者は、工事の全部、主たる部分、他の部分から独立してその機能を発揮する工作物の工事を一括して第三者に委任し、または請け負わせないこと。

4. 下請負人の通知
発注者は、受注者に下請負人の商号または名称その他必要な事項の通知を請求できる。

5. 監督員
発注者は、監督員を置いたとき、氏名を受注者に通知すること。監督員を変更したときも同様とする。

6. 現場代理人および主任技術者など
①受注者は、**現場代理人、主任技術者、監理技術者、専門技術者**を定め、**氏名**などを発注者に**通知**すること。変更時も同様とする。

[1級] 下線部は兼任が可能である！

[1級] 主任電気工事士は通知内容でない！

関連分野

②現場代理人は、工事現場に常駐し、運営、取締りを行うなどの一切の権限を行使できる。

7. 工事関係者に関する措置請求

①発注者は、現場代理人、主任技術者、監理技術者、下請負人が不適当なとき、受注者に理由を明示した書面で必要な措置をとるよう請求ができる。

②受注者は、監督員が不適当なとき、発注者に理由を明示した書面で必要な措置をとるよう請求ができる。

8. 工事材料の品質および検査など

①工事材料は、設計図書に品質が明示されていない場合は、中等の品質を有するものとする。

②受注者は、設計図書で監督員の検査を受け使用すべきと指定された工事材料については、検査に合格したものを使用し、検査に直接要する費用は、受注者負担とする。

③工事現場内に搬入した工事材料を監督員の承諾を受けないで工事現場外に搬出しないこと。

④検査不合格の工事材料は、工事現場外に搬出すること。

9. 支給材料および貸与品

①支給材料・貸与品の品名・数量等は、設計図書に定めるところによる。

②監督員は、支給材料・貸与品の引渡しに当たっては、請負者の立会いの上、発注者負担で検査すること。

10. 条件変更など

①受注者が施工で、次の事実を発見したときは、直ちに監督員に通知し、その確認を請求すること。
　＊図面、仕様書、現場説明書、現場説明に対する質問回答書が一致しない
　＊設計図書に誤謬や脱漏がある
　＊設計図書の表示が明確でない
　＊工事現場の状況が、設計図書と一致しない
　＊予期できない特別な状態が生じた

②監督員は、確認請求があったとき、受注者立会いの上、直ちに調査を行うこと。調査の結果、必要があると認められるときは、設計図書の訂正または変更を行うこと。

11. 工期の延長

受注者は、天候不良などで工期内に工事を完成できないとき、理由を明示した書面で発注者に工期の延長変更を請求できる。

12. 工期の短縮

発注者は、特別の理由で工期を短縮する必要があるとき、工期の短縮変更を請負者に請求できる。

13. 請負代金額の変更など

請負代金額の変更は、**発注者と受注者が協議して定める**。協議が整わない場合、発注者が定めて受注者に通知する。

14. 臨機の措置

受注者は、災害防止等のため必要があると認めるとき、臨機の措置をとること。この場合、必要があるときは、あらかじめ監督員の意見を聴くこと。ただし、緊急やむを得ない事情があるときは、この限りでない。

15. 第三者に及ぼした損害

①工事の施工について第三者に損害を及ぼしたときは、**受注者が損害賠償**する。

②工事の施工に伴い**通常避けられない**騒音、振動、地盤沈下、地下水の断絶等の**理由で**第三者に損害を及ぼしたときは、**発注者が損害を負担**する。ただし、受注者が注意義務を怠った理由によるものは、受注者が負担する。

16. 検査および引渡し

①受注者は、工事の完成を発注者に通知すること。

②発注者は、**通知を受けた日から 14 日以内**に受注者の立会いの上、**検査を完了**し検査結果を受注者に通知しなければならない。

③検査で工事完成を確認した後、受注者が工事目的物の引渡しを申し出たとき、**直ちに引渡し**をすること。

17. 請負代金の支払

①受注者は、工事完成検査に合格したときは、請負代金の支払を請求できる。

②発注者は、**請求を受けた日から 40 日以内に請負代金を支払**わなければならない。

18. 前払金

①受注者は、保証契約を締結し、その保証証書を発注者に寄託して、前払金の支払を発注者に請求できる。

②発注者は、**請求を受けた日から** 14 日以内 **に前払金を支払う**こと。

19. 前金払

受注者は、前払金をこの工事の材料費、労務費、機械器具の賃借料、機械購入費、動力費、支払運賃、修繕費、仮設費、労働者災害補償保険料、保証料に相当する額として必要な経費以外の支払に充当してはならない。

20. 部分払

発注者は、部分払の請求があったときは、**請求を受けた日から** 14 日以内 **に支払う**こと。

21. かし担保

①発注者は、工事目的物にかしがあるとき、受注者に対しかしの修補、修補に代わる損害賠償を請求できる。

②この請求は、引渡しを受けた日から 1 年以内 に行うこと。

22. 発注者の解除権

発注者は、受注者が次の場合には、契約を解除できる。

＊正当な理由なく、**工事に着手すべき期日を過ぎても工事に着手しない**

＊**工期内に完成しない**

＊**主任技術者・監理技術者を設置しない**

＊**契約に違反し契約の目的を達することができない**

問題1 「公共工事標準請負契約約款」に関する記述として、適当でないものはどれか。

（1）入札公告は、設計図書に含まれる。

（2）発注者と受注者との間で用いる言語は、日本語である。

（3）請求は、書面により行わなければならない。

（4）金銭の支払に用いる通貨は、日本円である。

問題2 現場代理人に関する記述として、「公共工事標準請負契約約款」上、適当でないものはどれか。

(1) 工事現場の運営を行う。

(2) 請け負った工事の契約の解除に関する権限を有する。

(3) 発注者が常駐を要しないこととした場合を除き、工事現場に常駐する。

(4) 現場代理人と主任技術者は兼ねることができる。

問題3 「公共工事標準請負契約約款」に関する記述として、適当でないものはどれか。

(1) 発注者は、設計図書において監督員の検査を受けて使用すべきものと指定された工事材料については、当該検査に合格したものを使用しなければならない。

(2) 工事材料の品質は、設計図書にその品質が明示されていない場合にあっては、下等の品質を有するものとする。

(3) 受注者は、工事現場内に搬入した工事材料を監督員の承諾を受けないで工事現場外に搬出してはならない。

(4) 監督員は、災害防止その他工事の施工上特に必要があると認めるときは、受注者に対して臨機の措置をとることを請求することができる。

解答・解説

問題1

設計図書には、入札公告は含まれない。

設計図書 = ①別冊の図面 + ②仕様書 + ③現場説明書 + ④現場説明に対する質問回答書

答 (1)

問題2

請負代金額の変更、請負代金の請求・受領、契約の解除に係るものは、事業者の権限である。 **答 (2)**

問題3

設計図書にその品質が明示されていない場合にあっては、**中等の品質**を有するものとする。 **答 (2)**

得点パワーアップ知識

• 関連分野 •

電気設備

①負荷率＝（平均需要電力／最大需要電力）×100〔％〕である。

②並列冗長UPSは、複数のUPSユニットが負荷を分担しつつ並列運転を行い、1台以上のUPSユニットが故障したとき、残りのUPSユニットで全負荷を負うことができるように構成したシステムである。

③単相誘導電動機の始動方法には、分相始動形、コンデンサ始動形、くま取りコイル形、反発始動形がある。

④SPD（サージプロテクティブデバイス）は、雷サージが電源ラインや通信ラインに侵入したときに、雷サージをアースにバイパスし機器や設備を保護する避雷器である。

⑤内部雷保護システムのうち、等電位ボンディングは、雷電流によって離れた導電性部分間に発生する電位差を低減させるため、その部分間を直接導体によって、またはサージ保護装置によって行う接続である。

機械設備

①予作動式スプリンクラー設備は、末端のスプリンクラーヘッドまでの配管内は常時加圧空気で充塡されている。

②不活性ガス消火設備は、不活性ガス（二酸化炭素や窒素ガスなど）を吹き付けて窒息効果で消火する。

③泡消火設備は、油火災の消火を目的として、泡が燃焼物を覆うことによる窒息効果と冷却効果により消火する。

④粉末消火設備は、粉末消火剤が熱分解により二酸化炭素と水蒸気を発生し、窒息効果と冷却効果とで消火する。

⑤粉末消火設備の第1種、第2種、第3種粉末は油火災や電気火災に対応できる。

土木・建築

①原地盤を切り崩すことを切土といい、原地盤上に土砂などを盛ることを盛土という。また、切土や盛土によってできる傾斜面を法面といい、その最上部を法肩という。

②アースオーガは、地面を鉛直方向に掘削する機械で、地中管路埋設工事にも使用される。

③打込み式金属拡張アンカーは、施工終了後に目視または打音でアンカーが固定されていることを確認する。

④締付け方式の金属拡張アンカーは、アンカーに付属しているナットまたは六角ボルトを回転させながら拡張部を拡張し固着する。

⑤打込み方式の金属拡張アンカーは、ハンマーまたはハンマーと専用打込み工具を用いて拡張部を拡張し固着する。

⑥カプセル方式の接着系アンカーの打込み型は、カプセルを孔内に挿入し、その上からアンカー筋をハンマーなどで打ち込んで埋め込み、接着剤が降下するまで、アンカー筋が動かないように養生する。

⑦バックホウは、バケットを車体側に引き寄せて掘削する機械で、機械の位置よりも低い場所の掘削に適しており、固い地盤の掘削ができ、掘削位置も正確に把握できるため、基礎の掘削や溝堀りなどに広く採用される。

通信土木工事

①パラボナアンテナ取付架台と鉄塔本体の接合部は、風荷重や地震荷重を受けた際に、パラボナアンテナ取付架台が移動しない構造としなければならない。

設計・契約

①現場説明書、現場説明に対する質問回答書は、契約締結前の書類であり、契約上は設計図書に含まれる。

②設計図書でいう図面は、設計者の意思を一定の規約に基づいて図示した書面をいい、通常、設計図と呼ばれてい

るものであり、基本設計書、概略設計書などもここにいう図面に含まれる。

③仕様書は、工事の施工に際して要求される技術的要件を示すもので、工事を施工するために必要な工事の規準を詳細に説明した文書であり、通常は共通仕様書と特記仕様書からなる。

④「公共工事標準請負契約約款」では、請求は書面により行うこととされている。

⑤発注者は工事の施工にあたり、設計図書中の文書間に内容の不一致を発見したとき、設計図書に優先順位の記載がない場合には監督員に通知し、その確認を請求しなければならない。

施工管理

☺ POINT ☺
施工計画の基本についてマスターしておく。

1. 施工計画の意味合い

　施工計画とは、契約条件に基づいて、設計図書に示された品質の工事を工期内に完成させるために、種々の制約の中で、**経済的かつ安全かつ的確に施工する条件と方法を策定すること**である。

　施工計画＝良いものを、安く、早く、安全にがモットー
　　　　　　（品質 Q：Quality）（コスト C：Cost）
　　　　　　（工期 D：Delivery）（安全 S：Safety）
　これらの実現には施工管理が必須である！

↓

施工管理

　施工管理は、安全の確保、環境保全への配慮といった社会的要件の制約の中で施工計画に基づき工事の円滑な実施を図ることであり、品質管理、工程管理、原価管理の3つの柱によって支えられている。

　施工管理＝品質管理＋工程管理＋原価管理＋**安全管理**

2. 施工計画の作成手順
①発注者との契約条件を理解し、現場条件を確認するため、**現地調査**を行う。
②技術的検討および経済性などを考慮して施工方法の**基本方針**を定める。
③**工程計画を立て、工程表を作成**する。
④労務、材料などの調達および使用計画を立てる。

3. 施工計画の方針決定に際しての留意事項
①全体工期や工費への影響の大きいものを優先検討する。
②新しい工法の採用や改良を試みる。
③理論や新工法に気をとられ過ぎ、過大な計画にならないように注意する。
④重要事項に対しては、全社的な取組みをする。
⑤労務・工事機械の円滑な回転を図り、コストの低減に努める。

⑥経済的な工程に走ることなく、**安全、品質にも十分配慮する**ようにする。

⑦繰返し作業による作業効率の向上を図る。

⑧複数案から最適案を導くようにする。

⑨発注者との協議を密に行い、発注者のニーズを的確に把握する。

問題1 施工計画に関する記述として、適当でないものはどれか。

(1) 機械計画は、工事を実施するために最も適した機械の使用計画を立てることが主な内容である。

(2) 工程計画は、工事が予定した期間内に完成するために工事全体がむだなく円滑に進むように計画することが主な内容である。

(3) 仮設備計画は、仮設備の設計や仮設備の配置計画が主な内容である。

(4) 品質管理計画は、工事に伴って発生する公害問題や近隣環境への影響を最小限に抑えるための計画が主な内容である。

問題2 施工計画の作成に関する記述として、適当でないものはどれか。

(1) 発注者から示された工程が、最適であるとは限らないので、経済性や安全性、品質の確保を考慮して検討する。

(2) 全社的な水準ではなく、個人の考えや経験による技術水準で計画を検討する

(3) 施工計画は、1つの計画のみでなく、いくつかの代替案を作り比較検討のうえ最適案を採用する。

(4) 発注者の要求品質を確保するとともに、安全を最優先にした施工を基本とした計画とする。

解答・解説

問題1

(4) の内容は環境保全計画である。　　　　　　　**答** (4)

問題2

個人の考えや経験による技術水準でなく、全社的な水準で計画を検討する。　　　　　　　　　　　　　　　　　　**答** (2)

😺 POINT 😺

施工計画の基本についてマスターしておく。

1. 施工計画立案時の留意事項

施工計画立案時には、以下の項目に留意しなければならない。

①設計書の内容の詳細な検討、新工法や新材料などの検討

②建築および他設備との工程の調整

③現場状況、電力・電話などの引込みなどの事前調査

④仮設設備*について、建築業者との打合せ

⑤適用法規の検討と必要な申請・届などの時期

⑥工期および原価に応じた資材・労務の手配

⑦安全管理体制を含めた現場組織

*仮設設備：工事施工に必要な仮設備で、資材機器置場、作業員詰所、仮宿舎、仮設水道、電力、照明、足場、安全保安装置などが該当する。

2. 施工計画書の内容

施工計画書は発注者側の監督員に提出するもので、内容は下表のとおりである。

①建築・電気設備の概要	⑨搬入・揚重計画
②仮設計画	⑩安全衛生管理計画
③現場組織表	
④総合工程表	
⑤主要メーカリスト	
⑥主要下請工事業者リスト	
⑦施工図作成予定表	
⑧官公庁申請・届提出予定表	

（注意） 施工計画書作成時に工事実施予算書も作成する。予算計画は、請負者が原価管理の資料として自主的に作成するものである。

◎**施工計画書**は、工事全般について記載し、**請負者の責任において作成**するもので、**設計図書に特記された事項については監督員の承諾**を受けなければならない。

問題1 公共工事における施工計画作成時の留意事項等に関する記述として、適当でないものはどれか。

(1) 工事着手前に工事目的物を完成させるために必要な手順や工法等について、施工計画書に記載しなければならない。

(2) 施工計画書を提出した際、監督職員から指示された事項については、さらに詳細な施工計画書を提出しなければならない。

(3) 共通仕様書は、特記仕様書より優先するので両仕様書を対比検討して、施工方法等を決定しなければならない。

(4) 工事の内容に応じた安全教育および安全訓練等の具体的な計画を作成し、施工計画書に記載しなければならない。

問題2 施工計画作成のために行う事前調査に関する次の記述の □ に当てはまる語句の組合せとして、適当なものはどれか。

・事前調査では、 ア の確認および イ の調査を行う。

・ ア の確認は、工事内容を十分に把握するため、契約書、設計図面、仕様書の内容を検討し、工事数量の確認を行う。

・ イ の調査は、地勢、地質や気象等の ウ および現場周辺状況や近隣構造物等の近隣環境等について エ を行う。

	ア	イ	ウ	エ
(1)	契約条件	労働条件	工事公害	机上検討
(2)	契約条件	現場条件	自然条件	現地調査
(3)	見積書	労働条件	工事公害	現地調査
(4)	見積書	現場条件	自然条件	机上検討

問題3 工事目的物を完成させるために必要な手順や工法を示した施工計画書に記載するものとして、最も関係ないものはどれか。

(1) 計画工程表

(2) 主要資材

(3) 施工管理計画

(4) 機器製作設計図

解答・解説

問題1

特記仕様書は、共通仕様書より優先する。

(参考) 次の選択肢も出題されている。

×：施工計画書の内容に重要な変更が生じた場合には、**施工後速やかに変更**に関する事項について、変更施工計画書を提出しなければならない。→施工後速やかにではなく、「**その都度当該工事に着手する前に**」である。

×：発注者の要求品質や施工上の安全よりも、請負者の利益を最優先に計画を策定する。

答 (3)

問題2

文章を完成させると、次のようになる。

・事前調査では、**契約条件**の確認および**現場条件**の調査を行う。

・**契約条件**の確認は、工事内容を十分に把握するため、契約書、設計図面、仕様書の内容を検討し、工事数量の確認を行う。

・**現場条件**の調査は、地勢、地質や気象等の**自然条件**および現場周辺状況や近隣構造物等の近隣環境等について**現地調査**を行う。

答 (2)

問題3

機器製作設計図は、施工計画書の記載事項ではない。

(参考) 次の選択肢も出題されている。

○：施工方法

×：請負者の予算計画→施工計画書の記載項目でない。

答 (4)

😊 POINT 😊

仮設計画の概要と施工図・施工要領書についてマスターしておく。

1. 仮設計画

　仮設計画は、工事の施工に必要な、「現場事務所、倉庫、作業所、水道、電力、電話、揚重施設、予想される災害や公害の対策、出入口の管理、緊急時の連絡、火災や盗難予防対策など」をどのように設定し、工事期間中にどのように管理していくかを計画することである。

2. 仮設計画の留意点

①仮設計画の良否は、工程その他の計画に影響を与え、工事の工程品質に影響するので、工事規模に合った適正な計画とする。

②仮設計画は安全の基本となるので、労働災害の発生の防止に努め、労働安全衛生法、電気事業法、消防法、その他関係法令を遵守し立案する。

1級 3. 施工図・施工要領書

施工図の作成

①設計図書を確認し、設計意図を表現できるようにする。

②建築施工図、他設備の施工図を調べ問題点の調整をする。

③工事工程に合わせ、材料手配が十分に間に合うよう早期に作成する。

④作業者が見てわかりやすい表現とする。

施工要領書の作成

　工事施工前に、次の点に留意して作成する。

①品質の向上を図り、安全かつ経済的施工方法を考慮する。

②施工技術に関わる標準化、簡略化、省力化のため、**個々の現場に応じたもの**とする。

③**施工図を補完するための資料**で、個々の現場ごとの特別な条件や設計図書に明記されていない施工上必要な事項など、部分詳細図、図表を主体にわかりやすく記載する（施工ミスの防止に役立ち**作業員への教育にも使える**）。

④施工要領書は、監督員の承諾が必要である。

施工管理

問題1 工場立会検査に関する記述として、適当でないものはどれか。

(1) 発注者が、設計図書で要求される機器の品質・性能を満足していることを確認するために行う。

(2) 検査対象機器および検査方法については、検査要領書にて発注者の承諾を得る。

(3) 工場立会検査の結果、設計図書で要求される品質・性能を満たさない場合は、受注者に手直しをさせる。

(4) 工場立会検査の結果、手直しが必要となった場合、その手直しについては、工事全体工程を考慮しなくてもよい。

解答・解説

問題1

工場立会検査の結果、手直しが必要となった場合、工事全体の工程表を見直さないと工期に間に合わなくなる可能性がある。

答 (4)

☺ POINT ☺

工事の着手に先立ち、法令に定められた届出・申請などについて太字部分を中心にマスターしておく。

1. 主な届出・申請・報告

工事の着手に先立ち必要な届出・申請と、工事中に発生したトラブルなどに対する報告について、名称と届出先などを整理すると下表のようになる。とくに、太字は確実に覚えておかなければならない。

区分	届出・申請・報告名称	届出・申請・報告先
道路	道路占用許可申請	道路管理者
	道路使用許可申請	警察署長
建築	建築確認申請	建築主事または指定確認検査機関
	高層建築物等予定工事届	総務大臣
消防	消防用設備等設置届	消防長または消防署長
電気	電気工作物の保安規程の届出	経済産業大臣または産業保安監督部長
公害	ばい煙発生設備の設置届出	都道府県知事または市町村長
	騒音・振動特定施設の設置届出	市町村長
航空	航空障害灯および昼間障害標識設置届	地方航空局長
労働	適用事業報告	所轄労働基準監督署長
	労働者死傷病報告	所轄労働基準監督署長

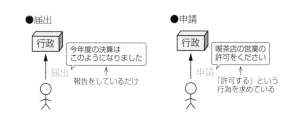

●届出
行政　今年度の決算はこのようになりました
届出　報告をしているだけ

●申請
行政　喫茶店の営業の許可をください
申請　「許可する」という行為を求めている

1級 「問題1」 法令に基づく申請書等とその提出先に関する記述として、適当でないものはどれか。

(1) 道路において工事を行うため、道路使用許可申請書を所轄警察署長に提出する。

(2) 騒音規制法の指定地域内で、特定建設作業を伴う建設工事を施工するため、特定建設作業実施届出書を都道府県知事に届け出る。

(3) 国定公園内に、木を伐採して工事用の資材置場を確保するため、特別地域内木竹の伐採許可申請書を都道府県知事に提出する。

(4) 一定期間以上つり足場を設置するため、機械等設置届出を所轄労働基準監督署長に届け出る。

1級 「問題2」 建設工事における法令に基づく申請書等とその提出先に関する記述として、次の①～④のうち適当なもののみをすべて挙げているものはどれか。

①つり足場を90日間設置するため、機械等設置届出を所轄労働基準監督署長に届け出る。

②騒音規制法の指定地域内で、特定建設作業を伴う建設工事を施工するため、特定建設作業実施届出書を市町村長に届け出る。

③道路において工事を行うため、道路使用許可申請書を道路管理者に提出して許可を受ける。

④限度超過車両（特殊車両）による建設機械の運搬のため、特殊車両通行許可申請書を所轄警察署長に提出して許可を受ける。

(1) ①②　　(2) ①③　　(3) ②④　　(4) ③④

解答・解説

「問題1」
騒音規制法の指定地域内での特定建設作業実施届出書の届け出先は、市町村長である。　　**答** (2)

「問題2」
③道路使用許可申請書を所轄警察署長に提出する。
④通行許可申請書を道路管理者に提出して許可を受ける。
答 (1)

☺ POINT ☺

工程管理の意義と工程計画立案についてマスターしておく。

1. 工程管理の意義

工程管理は、単なる**工事の時間的な管理**だけではない。このため、検討段階では、施工方法、資材の発注や搬入、労務手配、安全の確保など、**施工全般についての判断と経済性の面も考慮した管理**としなければならない。

2. 工程計画立案の手順

現場調査結果に基づいて着工から完成引渡しに至るまでの範囲を対象とした全体工程表・総合工程表をもとに、月間工程表や週間工程表を作成する。作成手順は、次のとおりである。

①工事を**単位作業に分割**する。

②**施工順序を組み立てる**。

③単位作業の**所要時間を見積る**。

④工期内に納まるように修正して**工程表を作成**する。

3. 工程計画立案時の留意事項

工程計画立案時には、以下の点に留意しておかなければならない。

①建築工程や他設備工程との調整

②受電日など節目となる日の決定

③外注する主要機器の納期

④1日平均作業量の算定と作業可能日数の把握

⑤毎日の作業員の人数の平均化

⑥品質やコストの考慮

事前調査	施工技術計画	仮設備計画	調達計画	管理計画
契約条件の確認 現地調査	基本施工方針策定 工程計画 直接工事計画		労務調達 資材調達 工事機械調達	工事管理体制 安全管理体制 品質管理体制

図 工程計画の位置づけ

問題1 建設工事の工程管理に関する記述として、適当でないものはどれか。

(1) 工程管理は、工事が工程計画どおりに進行するように調整をはかることである。

(2) 工程表は、工事の施工順序と所要の日数をわかりやすく図表化したものである。

(3) 工程管理は、ハインリッヒの法則の手順で行われる。

(4) 工程計画と実施工程の間に生じた差は、労務・機械・資材・作業日数など、あらゆる方面から検討する必要がある。

問題2 建設工事の工程管理に関する記述として、適当でないものはどれか。

(1) 工程の進捗状況を全作業員に周知徹底するため、KY活動が実施される。

(2) 工程計画は、全体工事がむだなく順序どおり円滑に進むように計画することである。

(3) 工程管理は、工事が工程計画どおりに進行するように調整をはかることである。

(4) 一般的に、全体工程計画をもとに月間工程が最初に計画され、その月の週間工程が順次計画される。

解答・解説

問題1

ハインリッヒの法則は、安全管理にまつわる法則である。1つの重大事故が起こる背景には29の軽微な事故があり、さらにその背景には300の異常が存在しているというものである。

答 (3)

問題2

KY活動【危険予知訓練（KYK）】は、安全管理に関する活動である。

答 (1)

☺ POINT ☺

施工速度と原価・品質の関係をマスターしておく。

1級 1. 採算速度

施工の原価には固定原価と変動原価がある。

☆固定原価：現場事務所の経費など施工量に関わらず固定的にかかるもの。

☆変動原価：材料費や労務費など施工量に比例するもの。

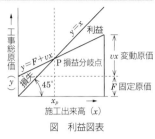

図　利益図表

図のPは損益分岐点で、損益分岐点の施工出来高以上の施工出来高をあげるときの施工速度を採算速度という。

工事総原価をできる限り小さくし利益を大きくするためには、固定原価を最小限にするとともに、変動比率 v を極力小さくする必要がある。

1級 2. 経済速度

施工でかかる工事費用には直接費と間接費がある。

☆直接費：材料費や労務費などで、工期を短縮すると残業や応援の費用がかさむ**突貫工事**となり、**高くなる**。

☆間接費：現場職員の給料などの経費で、工期を短縮すると低くなる。

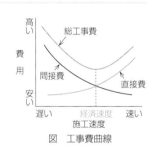

図　工事費曲線

総工事費は、**直接費と間接費の合計**で、最も安くなる施工速度を経済速度という。

施工速度が早まり経済速度を超えると、品質や安全性の低下につながりやすくなる。

突貫工事をすると、無理を生じるため原価が急増するが、これは次のような理由によるものである。

①残業割増や深夜手当てなど、賃金が通常以上に高くつく。

②消耗材料の使用量が施工量に対して急増する。

③材料手配が間に合わないと、手待ちの発生や高価な材料の購入を招く。

1級 **問題1** 下図に示す利益図表に関する記述として、適当なものはどれか。

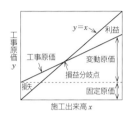

(1) 減価償却される自社所有の建設用機械のコストは、固定費であるため固定原価に該当する。

(2) 工事原価は、固定原価、変動原価、利益に区分される。

(3) 労務費は、固定費であるため固定原価に該当する。

(4) 施工出来高が増え損益分岐点を超えると利益が出なくなる。

解答・解説

問題1

(2) は、工事原価＝①固定原価＋②変動原価である。

(3) の労務費は、変動原価に該当する。

(4) 施工出来高が増え損益分岐点を超えると利益が出る。

答 **(1)**

工程管理 3　工程・原価・品質と予定進度曲線 [1級]

☺ POINT ☺

工程・原価・品質の三者の相互関係と予定進度曲線をマスターしておく。

[1級] 1. 工程・原価・品質の相互関係

工程・原価・品質の関係は、図のようになる。

① 原価と工程は凹形の曲線関係となり、工事の施工の速さ（施工速度）を上手く選ぶと原価は最小になる。

経済速度
＝原価が最小になる施工速度

② 品質を良くするには、時間をかけることになり、逆に原価は高くなる。

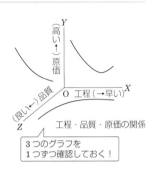

工程・品質・原価の関係

> 3つのグラフを
> 1つずつ確認しておく！

[1級] 2. 予定進度曲線

工期と出来高の関係を表すもので、**最初と最後は準備と後始末で、出来高が上がらないため、S字形となることからSカーブ**とも呼ばれている。**出来高は、工程の中間期で直線的に上がる。**

実際の工程管理では、これに管理幅を持たせ上方許容限界曲線と下方許容限界曲線を描いたバナナ曲線を用いる。

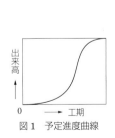

図1　予定進度曲線

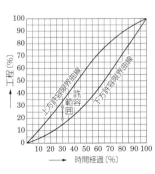

図2　バナナ曲線

施工管理

1級　問題1 建設工事の工程管理に関する記述として、適当でないものはどれか。

(1) 工程管理とは、実際に進行している工事が工程計画のとおりに進行するように調整することである。

(2) 工程管理は、PDCA サイクルの手順で実施される。

(3) 工程管理、品質管理、原価管理はお互いに関連性がないため、品質や原価を考慮せずに工程管理が行われる。

(4) 工程管理に際しては、工程の進捗状況を全作業員に周知徹底させ、作業能率を高めるように努力する。

1級　問題2 下図に示すバナナカーブによる工程管理に関する次の記述の　　　　に当てはまる語句の組合せとして、適当なものはどれか。

「時間経過率に応じた当該工事の出来高比率をプロットし、その出来高比率が、上方許容限界と下方許容限界曲線の　ア　にあれば良く、下方許容限界曲線の　イ　にある場合は工程の進捗が遅れており、上方許容限界曲線の　ウ　にある場合は人員や機械の配置が多過ぎるなど計画に誤りがあることが考えられる。」

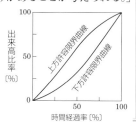

	ア	イ	ウ
(1)	上	上	上
(2)	上	下	下
(3)	間	下	上
(4)	間	上	下

1級 問題3 工程管理曲線の代表的なものであるバナナ曲線に関する記述として、適当でないものはどれか。

(1) バナナ曲線の上方は、過去の工事実績データから作成される。

(2) 予定工程曲線がバナナ曲線の許容限界範囲内に入らない場合は、一般に不合理な工程計画と考えられ、工程計画の調整を行う必要がある。

(3) バナナ曲線によって管理する予定工程曲線や実施工程曲線は、出来高累計曲線で描かれる。

(4) 実施工程曲線が上方許容限界曲線より上にくる場合は、工程遅延により突貫工事を必要とする場合が多く、最適手法を考えなければならない。

解答・解説

問題1

工程管理、品質管理、原価管理は施工計画における三大管理である。工程管理、品質管理、原価管理はお互いに関連性があるので、品質や原価を考慮して工程管理が行われる。

(参考) 次の選択肢も出題されている。

×：管理図や散布図は、工事の工程管理において一般的に使われている工程表である。→管理図や散布図は、工事の品質管理において一般的に使われている。

○：工程計画と実施工程の間に生じた差は、労務・機械・資材および作業日数など、あらゆる方面から検討する必要がある。　　　**答** (3)

問題2

文章を完成させると、次のようになる。

「時間経過率に応じた当該工事の出来高比率をプロットし、その出来高比率が、上方許容限界と下方許容限界曲線の**間**にあれば良く、下方許容限界曲線の**下**にある場合は工程の進捗が遅れており、上方許容限界曲線の**上**にある場合は人員や機械の配置が多過ぎるなど計画に誤りがあることが考えられる。」**答** (3)

問題3

実施工程曲線が上方許容限界曲線より上にくる場合は、**工程が進み過ぎている**ので、必要以上に大型機械を入れるなど不経済になっていないか検討する必要がある。　　　**答** (4)

❀ POINT ❀

工程管理には工程表が必須である。ここでは、とくに3つの工程表の特徴をマスターしておく。

1. 工程表の種類

代表的な工程表は、下記の3種類である。

①ガントチャート
・横線式工程表で、縦軸に**作業名**、横軸に**達成度**〔％〕を示したものである。
・個別作業の進捗度は判明するが、**工期や作業日数、作業の相互関係は不明**である。

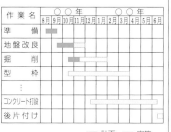

②バーチャート
・横線式工程表で、縦軸に**作業名**、横軸に**暦日**（年月日）を示したものである。
・計画と実績の比較が容易である。
・作表が容易で作業日数は明確であるが、**作業の相互関係や進度は漠然としかわからない**。
・**Sカーブ**を付加したタイプのものは、これらがある程度改善される。

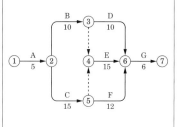

□ 計画　■ 実施

③ネットワーク工程表
・作業名（A～G）や日数（作業名の下の数字）を記入し、作業順序に組み立てたものである。
・作業の相互関係がよくわかり、進度管理も確実に行えることから、大規模工事や輻輳（ふくそう）した工程の管理に使用される。

2. 工程表の比較

工程表を比較すると、下表のようになる。ネットワーク工程表は、作成に知識と熟練を要するものの、進度管理の優秀さから大規模工事や工程の輻輳した管理に使用される。

比 較 項 目	ガントチャート	バーチャート	ネットワーク工程表
作成の容易性	容易	ガントチャートよりは複雑	作成の知識が必要
作業の手順	不明	漠然	○判明
作業の日程・日数	不明	○判明	○判明
各作業の進行度合	判明	漠然	漠然
全体の進行度	不明	漠然（Sカーブを記入した場合には○判明）	○判明
工期上の問題点	不明	漠然	○判明

問題1 建設工事で使用される各種工程表に関する記述として、適当なものはどれか。
- (1) バーチャートは、各工事の工期がわかりやすく総合工程表で使用される。
- (2) ガントチャートは、各部分の工期がわかりやすい。
- (3) グラフ式工程表は、工事全体の出来高比率の累計がわかりやすい。
- (4) 出来高累計曲線は、全体工事と部分工事の関係を明確に表現できる。

問題2 建設工事で使用される各種工程表に関する記述として、適当なものはどれか。
- (1) バーチャートは、作業項目別に工程を矢線で表したものである。
- (2) ガントチャートは、作業項目別に出来高を折れ線グラフで表したものである。
- (3) 出来高累計曲線は、工事全体の工事原価率の累計を曲線で表したものである。
- (4) グラフ式工程表は、工種ごとの工程を斜線で表したものである。

問題3 工程管理で使われる工程表に関する記述として、適当なものはどれか。

(1) グラフ式工程表は、縦軸に出来高比率をとり、横軸に日数をとって、工種ごとの工程を斜線で表した図表である。

(2) ガントチャートは、縦軸に出来高比率をとり、横軸に工期をとって、工事全体の出来高比率の累計を表した表である。

(3) ネットワーク工程表は、縦軸に部分工事をとり、横軸に各部分工事の出来高比率を棒線で記入した図表である。

(4) 出来高累計曲線は、作業内容や順序を矢線で表した図表である。

問題4 ガントチャートに関する記述として、次の①～④のうち適当なもののみをすべて挙げているものはどれか。

①高層ビルの基準階などの繰り返し行われる作業の工程管理に適している。

②縦軸に部分工事をとり、横軸に各部分工事の出来高比率を棒線で表した図表である。

③クリティカルパスを求めることができる。

④各部分工事の進捗状況がわかりやすい。

(1) ①③　(2) ①④　(3) ②③　(4) ②④

問題5 建設工事で使用されているバーチャートに関する記述として、次の①～④のうち適当なもののみをすべて挙げているものはどれか。

①S型の曲線となる。

②縦軸に部分工事をとり、横軸に各部分工事に必要な日数を棒線で記入した図表である。

③工期に大きく影響を与える重点管理を必要とする工程が明確化される。

④各部分工事の工期がわかりやすい。

(1) ①③　(2) ①④　(3) ②③　(4) ②④

1級 問題6 タクト工程表に関する記述として、次の①〜④のうち適当なもののみをすべて挙げているものはどれか。

① 縦軸にその建物の階層をとり、横軸に出来高比率をとった工程表である。

② 高層ビルの基準階などの繰り返し行われる作業の工程管理に適している。

③ 全体の稼働人数の把握が容易で、工期の遅れなどによる変化への対応が容易である。

④ バーチャート工程表に比べ、他の作業との関連性が理解しづらい。

(1) ①② (2) ①④ (3) ②③ (4) ③④

解答・解説

《問題1》

(1) バーチャートは、表の作成が容易で、所要日数も明確であるため総合工程表で使用される。

(2) ガントチャートは、各作業の進捗状況はわかるが工期はわからない。

(3) グラフ式（斜線式）工程表は、図のようなもので、横線式に分類され、各部分の工事の出来高比率の累計がわかりやすい。

(4) 出来高累計曲線は、全体工事の出来高比率はわかるが、全体工事と部分工事の関係はわからない。

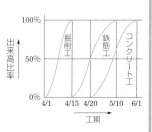

答 (1)

《問題2》

グラフ式工程表（斜線式工程表）は、横軸に工期を、縦軸に工事の出来高比率を示したもので、工種ごとの工程を斜線で表したものである。

答 (4)

(2) のガントチャートは、縦軸に作業名、横軸に進捗率を記入した横線式工程表である。
(3) ネットワーク工程表は、○（結合点）と→（矢線）で表された工程表である。
(4) 出来高累計曲線は、縦軸に出来高比率を、横軸に工期を表した図表である。

答 (1)

《問題4》
①はタクト工程表、③はネットワーク工程表の説明で、ガントチャートに関するものではない。

答 (4)

《問題5》
①のS字形の曲線になるのは出来高累計曲線、③重点管理工程が明確なのはネットワーク工程表である。

答 (4)

《問題6》
タクト工程表の例は下図に示すとおり、縦軸に建物の階層、横軸に工程をとった工程表である。中高層建物の工事のように、**同じ作業を各階で繰り返す場合**に適しており、バーチャート工程表に比べ、他の作業との関連性が理解しやすい。

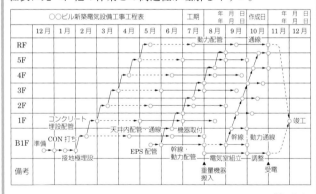

答 (3)

工程管理 5 ネットワーク工程表

☺ POINT ☺
ネットワーク工程表の作成の基本ルールをマスターする。

1. 基本用語

①イベント（結合点） 作業の開始点と完了点を表し、○で表して中に若番から老番の順に番号をつける。	
②アクティビティ（作業） 作業の流れを矢線（→）で表し、上に作業名、下に作業日数を記入する。	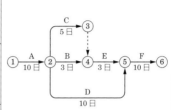
③ダミー 作業の前後関係のみを示す架空の作業で、┈┈▶ で表し、作業・時間要素は含まない。	*左から右の方向に時間経過を示す！

2. ネットワーク工程表の作成ルール

①先行作業と後続作業の関係	
先行作業AとBが完了しないと、後続作業Cは開始できない。	作業Cは作業Aが完了すれば開始できるが、作業Dは作業Aと作業Bが完了しなければ開始できない。

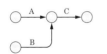

②ダミー

作業の前後関係のみを示す架空の作業で、┈┈▶ で表し、作業・時間要素は含まない。

施工管理

3. ネットワークを用いた日程計算

ネットワーク工程表の作成の中で、計算を伴うものに日程計算があり、右図をモデルとして、日程計算を行う。

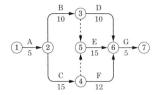

(1) **左から右に向かって足し算し、イベントの傍の○内にその結果を記入する。**

［例］イベント②の部分：

⓪ + 5 = ⑤

（5 は作業 A の所要日数）

るときは、計算結果の大きい方の㉟を記入する。

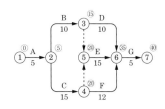

(2) 所要工期を求める。

［例］計算結果㊵は、**所要工期 40 日**を表している。

(1) **右から左に向かって引き算し、イベントの傍の□内にその結果を記入する。**

一番右は、最早開始時刻の計算値と同じ値で㊵と記す。

［例］イベント⑥の部分：

㊵ − 5 = ㉟

（5 は作業 G の所要日数）

㉟ − 15 = ⑳

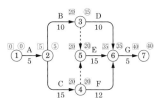

(2) イベント①の計算結果は必ず⓪となる。

(1) 最早開始時刻と最遅終了時刻が等しい経路は、各作業に

全く余裕がなく、最長経路（クリティカルパス）という。
(2) クリティカルパスは**色太線**で表す。

①→②→④┄┄┄┄→⑤→⑥→⑦

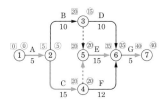

1級 **問題1** ネットワーク工程表のクリティカルパスに関する記述として、適当なものはどれか。
　(1) クリティカルパスは、開始時点から終了時点までのすべての経路のうち、最も日数の短い経路である。
　(2) 工程短縮の手順として、クリティカルパスに着目する。
　(3) クリティカルパスは、必ず1本になる。
　(4) クリティカルパス以外の作業では、フロートを使ってしまってもクリティカルパスにはならない。

1級 **問題2** ネットワーク工程表に関する記述として、適当でないものはどれか。
　(1) アクティビティは、トータルフロートが0の結合点を結んだ一連の経路である。
　(2) フロートは、作業を最早開始時刻から始めてから完了した後、後続作業を最早開始時刻で始めるまでの余裕日数である。
　(3) ダミーは、実際に遂行しなければならない作業を表すものでなく、作業の相互関係を示すために使用される所要時間が0の矢線である。
　(4) 先行作業でトータルフロートを消費すると、後続作業のトータルフロートは、その消費した日数分少なくなる。

問題3 下図のネットワーク工程表のクリティカルパスにおける所要日数として、適当なものはどれか。

(1) 19 日
(2) 20 日
(3) 21 日
(4) 22 日

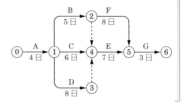

解答・解説

問題1

(1) クリティカルパスは、**最長経路で、フロート（余裕時間）は 0** である。

(3) クリティカルパスは、**必ずしも 1 本でない。**

(4) クリティカルパス以外の作業でも、フロート（余裕時間）を使うとクリティカルパスになることがある。

答(2)

問題2

クリティカルパスは、トータルフロート（最大余裕）が 0 の結合点を結んだ一連の経路である。 **答**(1)

問題3

クリティカルパス（最長経路）を求めるには、最早開始時刻の計算をすればよい。

右図は、各イベント部分に計算した最早開始時刻を左上の○内に記載したものである。

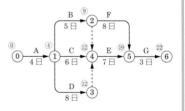

この結果より、所要日数は 22 日であることがわかる。クリティカルパスは、⓪→①→③┄►④→⑤→⑥である。 **答**(4)

☺ POINT ☺

品質管理の定義とデミングサイクルおよび品質管理の効果についてマスターしておく。

1. 品質管理とは？

日本産業規格（JIS）では、品質管理とは、「買い手の要求に合った品質の品物またはサービスを経済的に作り出すための手段の体系」で、略称は QC（Quality Control）である。

2. 品質管理の効果的な実施

品質管理を効果的に実施するには、**市場調査→研究・開発→製品企画→設計→生産準備→購買・外注→製造→検査→販売→アフターサービス**の全段階にわたって企業全員の参加と協力が必要である。

3. デミングサイクルは PDCA

デミングサイクルは、次の PDCA の 4 つの段階を経て、さらに新たな計画に至るプロセスにつなげる繰返しサイクルである。

計画（Plan）→実施（Do）→検討（Check）→処置（Action）

図　デミングサイクル

4. 品質管理の効果

工事の全段階にわたって品質管理を取り入れると、次の効果がある。

①品質向上により、不良品の発生やクレームが減少する。

②品質が均一化され、信頼性が向上する。

③無駄な作業や手直しがなくなり、コストが下がる。

④新しい問題点や改善方法が発見できる。

⑤検査の手数を大幅に減少できる。

施工管理

5. 品質検査の方式

① 全数検査：対象となる品物をすべて検査するので、合格・不合格が確実に判明する。しかし、数量に応じた時間とコストが必要となり、数量が多いと適用は難しくなる。

② 抜取検査：ロットからサンプルを抜き取って試験をした結果を、ロット判定基準と比較してロットの合格・不合格を判定する。抜取検査は、**サンプリングがランダムにでき、ある程度不良品の混入が許されることが必要**である。

抜取検査が必要となる代表的なものには、**破壊検査、連続体（電線・ワイヤロープ）、量もの（セメント、砂利など）、検査項目の多い場合**がある。

1級 **問題1** 製品の全数を検査し良品と不良品に分け、良品だけを合格とする方法である全数検査が有効な場合として、適当なものはどれか。

(1) 製品の破壊検査が必要な場合
(2) 製品の数量が非常に多い場合
(3) 不良品の混入も許されない場合
(4) 製品が連続体の場合

解答・解説

問題1

(1)、(2)、(4) は抜取検査を適用する必要がある。

（参考）統計的フロー

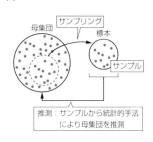

答 (3)

品質管理2 QC 7つ道具

☺ POINT ☺

品質管理（Quality Control）において、主に統計データを元に分析に利用される QC 7つ道具をマスターする。

1. QC 7つ道具

QC 7つ道具は、下表のとおりである。

名　称	表現方法	特　徴
ヒスト グラム	規格の下限　規格の上限　度数／品質特性	柱状図とも呼ばれ、データのバラツキの分布状態から工程の問題点を推察できる。
パレー ト図	件数／不良内容	不良件数の多いものから順に並べ棒グラフにすると同時に累積％を表示することで、品質不良の重点対策方針を設定できる。
特性要因図	要因　要因　特性　要因	形から魚の骨とも呼ばれ、特性（結果）と要因（原因）の関係を体系的に図解することで、原因追及が容易になる。
管理図	特性値／上方管理限界線／中心線／下方管理限界線／試料 No	連続した観測値や群の統計量を時間順やサンプル順に打点したもので、工程の異常発生を未然に防ぐことができる。工程が管理状態にあれば、点の並び方や周期にクセがない。
散布図	特性値 Y／特性値 X	2つの変数の観測値をプロットしたもので、相互関係が存在するかどうかがわかる。
チェックシート	品名　検査日　品番　検査員　検査項目　計　キズ ●●● 3　汚れ ●● 2　印刷不良 ●●●●● 5　計 10　検査数 1,000　不良率 1.0%	チェックするだけの作業で、必要なデータが集められ、重大なミスを防止できる。
層　別	データ群を層別にすることで、特徴が現れてくる。	

施工管理

「データの存在する範囲をいくつかの区間に分け、それぞれの区間に入るデータの数を度数として高さに表した図」

(1) パレート図 　　(2) ヒストグラム
(3) 特性要因図 　　(4) 散布図

問題2 下図に示すヒストグラムの形状に関する記述として、適当でないものはどれか。

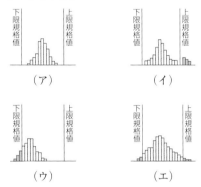

(1) （ア）は、規格値に対するバラツキがよくゆとりもあり、平均値が規格値の中央にあり理想的である。

(2) （イ）は、工程に時折異常がある場合や測定に誤りがある場合に現れる。

(3) （ウ）は、平均値を大きい方にずらすよう処置する必要がある。

(4) （エ）は、他の母集団のデータが入っていることが考えられるので、全データを再確認する必要がある。

問題3 品質管理で使用される「ヒストグラム」に関する記述として、適当なものはどれか。

(1) データの存在する範囲をいくつかの区間にわけ、それぞれの区間に入るデータの数を度数として高さに表した図である。

(2) 不良、クレーム、故障、事故などの問題の解決にあたり、原因別、結果別に分類し、大きい順に並べ、棒グラフと累計曲線で表した図である。

(3) 問題とする特性と、それに影響を及ぼしていると思われる要因との関連を整理して、魚の骨のような図に体系的にまとめたものである。

(4) 2つの対になったデータをグラフ用紙の上に点で表した図であり、対になったデータの関係がわかる。

問題4 品質管理に用いる図表のうち、問題となっている結果とそれに与える原因との関係を一目でわかるように体系的に整理する目的で作成される下図の名称として、適当なものはどれか。

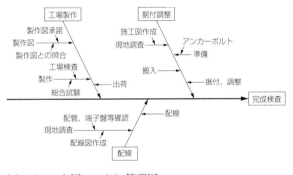

(1) パレート図　　(2) 管理図

(3) 散布図　　(4) 特性要因図

解答・解説

問題1

ヒストグラムで、柱状図とも呼ばれる。　　　　　　　**答** (2)

問題2

①他の母集団のデータが入っている場合のヒストグラムの形状は山が2つある形をしている。

②（エ）は下限規格値、上限規格値から外れているものが多く、何らかの処置が必要である。

(参考) ヒストグラムの見方

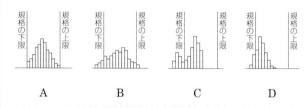

　　　A　　　　　　　B　　　　　　　C　　　　　　　D

- ●グラフA：規格に対してゆとりがなく注意を要する。
- ●グラフB：ばらつきを小さくする処置が必要である。
- ●グラフC：何かの原因で分布の山が2つある形をしており、原因を取除く必要がある。
- ●グラフD：規格の下限を下回る不良が多いので、平均値を規格に近づけるようにする。

答 (4)

問題3

(2) はパレート図、(3) は特性要因図、(4) は散布図について説明したものである。　　　　　　**答** (1)

問題4

特性要因図は、特性（結果）と要因（原因）を魚の骨のような図にまとめたものである。　　　　　　**答** (4)

☺ POINT ☺

ISO（国際標準化機構）の概要をマスターする。

1. ISO 9000 ファミリー

ISO（International Organization for Standardiza-tion）は、国際標準化機構の略であり、ISO 9000（品質マネジメントシステム―基本及び用語）や ISO 9001（品質マネジメントシステム―要求事項）などを ISO 9000 ファミリーと呼んでいる。

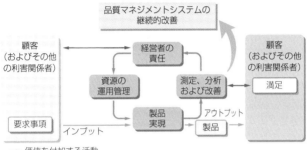

→ 価値を付加する活動
→ 情報の流れ

備考：括弧内の記述は JIS Q 9001 には適用しない事項

ISO は、製品自体の規格でなく、製品を作る企業の品質保証体制について定めたもので、あらゆる業務および組織に適用できる。従来の日本的な品質管理と大きく異なる点は、経営者の責任と権限の明確化、ルールや記録の徹底した文書化、独立的な内部監査制度の導入にある。

ISO 9001	（品質マネジメントシステム） 顧客に安定した品質の**製品やサービスを提供**するために必要な管理ポイントをまとめている。→目的は顧客満足
ISO 14001	（環境マネジメントシステム） 会社を取り巻く地域の方々のために環境に悪影響を与えないようにする管理ポイントをまとめている。→目的は環境保全

ISO 9001 に関する記述として、適当なものはどれか。

(1) 環境マネジメントシステムに関する国際規格である。

(2) 品質マネジメントシステムに関する国際規格である。

(3) 情報セキュリティマネジメントシステムに関する国際規格である。

(4) 労働安全衛生マネジメントシステムに関する国際規格である

問題2 ISO 9001：2015 の品質マネジメントシステムの原則として定義されている事項のうち、適当でないものはどれか。

(1) 顧客重視　　　(2) リーダーシップ

(3) 発注者の参画　(4) プロセスアプローチ

解答・解説

問題1

(1) の国際規格は ISO 14001、(3) の国際規格は ISO/IEC 27001、(4) の国際規格は ISO 45001 である。

(参考) JIS Q 9000：2015 の品質マネジメントシステム（基本及び用語における**品質特性**）の定義は、**要求事項に関連する、対象に本来備わっている特性**である。

答 (2)

問題2

品質マネジメントの原則には、以下の 7 項目がある。

①顧客重視、②リーダーシップ、③**人々の積極的参画**、④プロセスアプローチ、⑤**改善**、⑥客観的事実に基づく意志決定、⑦関係性管理

答 (3)

☺ POINT ☺

TBM、KYK など現場で行う安全管理活動についてマスターしておく。

1．TBM（ツールボックスミーティング）

作業開始前の短時間で、安全作業について話し合う小集団安全活動である。TBM では、その日の作業内容や方法、段取り、問題点などをテーマとする。確実な指示伝達が行え、安全に関する意識の高揚を図ることができる。

2．KYK（危険予知活動）

KYT（危険予知トレーニング）ともいい、職場や作業の中に潜む危険要因を取り除くための小集団安全活動である。通常、5～6名のメンバーで、イラストシーンや実際に作業をして見せたりし、危険要因を抽出する。みんなで本音を話し合い、考え合って、作業安全についての重点実施項目を理解する。

月　日	危険予知活動表
作業内容	
危険のポイント	
私達はこうする	
グループ名	リーダー氏名　　　　作業員　名

3．ヒヤリハット運動

災害防止のための安全先取り活動の1つである。ヒヤッとしたりハッとしたりしたが、負傷に至らなかった事例を取り上げ、体験した内容を作業者に知らせることによって、同一災害の防止を図る。

4．4S 運動

安全で健康な職場作り、生産性向上を目指す活動である。整理、整頓、清掃、清潔のそれぞれの S のイニシャルをとったものであり、4S 運動の実施で、通路での機材によるつまずき事故などを防止できる。

5. 安全パトロール

　労働災害につながる現象や要因を作業場点検の中で発見し、これを取り除く。現場で、作業員と直接対話を心がけることで作業員の安全意識が高められる。安全衛生委員会では、安全パトロール結果も審議し、対策・改善を検討する。

6. 安全施工サイクル

　建設業の現場における安全管理は、全工程を通じて、毎日・毎週・毎月ごとに計画を立てて行う必要がある。

　毎日・毎週・毎月単位での基本的な実施事項を定型化して、その実施内容の改善、充実を図り継続的に行う活動を安全施工サイクル活動という。

1級 **問題1** 安全管理活動に関する次の記述に該当する名称として、適当なものはどれか。
「職長を中心に、いっしょに作業する仲間だけで、作業内容や手順・問題点などを短時間で要領よく話し合い、全員に周知、納得させるために作業開始前に行われるものである。」
(1) TBM　　　　　(2) 4S 運動
(3) OJT　　　　　(4) オアシス運動

解答・解説

《問題1》
(1) **TBM**（ツールボックスミーティング）である。
(2) **4S 運動**は、整理、整頓、清掃、清潔のことをいい、安全で健康な職場づくりと生産性の向上を目指す活動である。
(3) **OJT**（オン・ザ・ジョブ・トレーニング）は、日常業務を通じた従業員教育である。
(4) **オアシス運動**は、（オ：おはよう、ア：ありがとう、シ：失礼します、ス：すみません）を繋げたもので、挨拶の実践を促しコミュニケーションを図る活動である。

答 (1)

得点パワーアップ知識

・施工管理・

施工計画

① 発注者の要求品質を確保するとともに、安全を最優先にした施工を基本とする施工計画を作成する。

② 不可抗力による損害に対する取扱い方法は、施工計画策定段階で事前に行う現地調査に関するものではない。

③ 航空障害灯の設置後に遅滞なく、航空障害灯の設置について（届出）を地方航空局長に届け出る。

④ 電気事業法に基づく事業用電気工作物に係る保安規程届出書は、経済産業大臣または産業保安監督部長に届け出る。

⑤ 組立から解体までの期間が 60 日以上で、つり足場を設置する場合は、工事開始前に労働基準監督署長に計画を届け出る。

工程管理

① 工程管理とは、工事が工程計画どおりに進行するように調整することである。

② 工程管理にあたっては、実施工程の進捗が工程計画よりも、やや上まわる程度に管理することが望ましい。

③ 工程管理は、計画→実施→検討→処置の手順で行われるが、この手順において、工程計画は計画に該当し、工事の指示・承諾・協議は実施に該当する。

④ 工程と原価の関係は、施工速度を上げると原価は安くなり、さらに施工速度を上げようとすると突貫工事により原価はさらに高くなる。

⑤ ガントチャートは、縦軸に部分工事をとり、横軸に各部分工事の出来高比率を棒線で記入した図表である。

⑥ ガントチャートは、各部分工事に必要な日数はわからないが、各部分工事の進捗度合はわかる。

⑦ バーチャートは、縦軸に部分工事をとり、横軸に部分工事に必要な日数を棒線で表した図表である。

⑧バーチャートは、図表の作成が容易であり、各部分工事の工期がわかりやすいので、総合工程表として一般的に使用される。

品質管理

①散布図は、対になった2組のデータ x と y をとり、グラフ用紙の横軸に x の値を縦軸に y の値を目盛り、データをプロットしたものである。

②管理図は、中心線と上下2本の管理限界線が書かれたグラフの中に、統計処理をしたデータを点として書き入れたもので、その点が管理限界線より外に出れば、工程に異常があると判断して、原因究明や処置を行う。

③トップマネジメントは、品質マネジメントシステム（QMS）に関するリーダーシップおよびコミットメントを実証しなければならないとされており、品質マネジメントシステムの有効性に説明責任を負う。

安全管理

災害の発生の頻度を表す度数率は次式で表される。

$$度数率 = \left(\frac{労働災害による死傷者数}{延べ労働時間} \right) \times 1\,000\,000$$

法　規

☺ POINT ☺
建設業法の目的・用語・許可の種類をマスターする。

1. 建設業法の目的
この法律は、「建設業を営む者の資質の向上、建設工事の請負契約の適正化等を図ることによって、建設工事の適正な施工を確保し、発注者を保護するとともに、建設業の健全な発達を促進し、もって公共の福祉の増進に寄与することを目的とする。」としている。

2. 建設業の用語の定義
①発注者：建設工事（他の者から請け負ったものを除く）の**注文者**

②元請負人：**下請契約における注文者**で建設業者であるもの

③下請負人：**下請契約における請負人**

3. 建設業の許可の種類
29 業種あり、業種・一般建設業と特定建設業の区分ごとに許可を受けなければならない。

①一般建設業：**特定建設業以外**のもの。

②特定建設業：発注者からの**直接請負工事**（元請工事）の下請代金の総額が、**4 000 万円以上**（建築一式工事は 6 000 万円以上）となる工事を施工するもの。

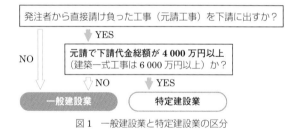

図 1　一般建設業と特定建設業の区分

（**注意 1**）建築一式工事以外で、500 万円未満の工事（軽微な工事）は、建設業の許可は不要である。

（**注意 2**）一般建設業の許可を受けた者が、**同じ業種の特定建設業**の許可を受けたときは、**一般建設業の許可**は、その効力を失う。

(注意3) 指定建設業とは、土木工事業、建築工事業、電気工事業、管工事業、鋼構造物工事業、舗装工事業、造園工事業の7業種をいう。

4. 建設業の許可を与える者

・建設業を営もうとする者は、許可が必要である。

① **2以上の都道府県の区域内に営業所あり**
⇒国土交通大臣の許可

② **1の都道府県の区域内にのみ営業所あり**
⇒都道府県知事の許可

・許可を受ければ、全国どこでも工事の施工ができる。

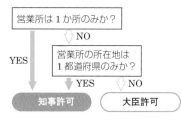

図2　許可の区分

・許可は5年ごとに更新が必要である。

・電気通信工事業の許可を受けた後、引き続いて1年以上営業を休止した場合は、**許可取消し**となる。

問題1 建設業の許可に関する記述として、「建設業法」上、誤っているものはどれか。

(1) 建設業を営もうとする者は、軽微な建設工事のみを請け負うことを営業とする者を除き、建設業の許可を受けなければならない。

(2) 1の都道府県の区域内のみ営業所を設けて営業する場合は、当該営業所の所在地を管轄する都道府県知事の許可を受けなければならない。

(3) 建設業の許可は、10年ごとに更新を受けなければ、その期間の経過によって、その効力を失う。

(4) 2以上の都道府県の区域内に営業所を設けて営業する場合は、国土交通大臣の許可を受けなければならない。

問題2 建設業の許可に関する記述として、「建設業法」上、誤っているものはどれか。

(1) 建設業を営もうとする者は、軽微な建設工事のみを請け負うことを営業とする者を除き、建設業の許可を受けなければならない。

(2) 建設業の許可は、建設工事の種類に対応する建設業ごとに与えられる。

(3) 都道府県知事から建設業の許可を受けた建設業者は、異なる都道府県での建設工事の施工を行うことができる。

(4) 建設業の許可は、発注者から直接請け負う1件の建設工事の請負代金の額により特定建設業と一般建設業に区分される。

解答・解説

問題1

建設業の許可は、**5年ごとに更新**を受けなければ、その期間の経過によって、その効力を失う。　　　　　　　　　　**答** (3)

問題2

特定建設業となるか一般建設業となるかは、元請で行う場合の代金の額で区分されている。発注者から直接請負工事(元請工事)の下請代金の総額が、4 000万円以上となる工事を施工するものが特定建設業である。　　　　　　　　　**答** (4)

POINT 😁

建設業の許可の基準と届出についてマスターする。

1. 建設業の許可の基準

①法人である場合は、常勤役員または個人の1人が、許可を受けようとする建設業に関し**5年以上経営業務の管理責任者**としての経験を有する者であること。

②営業所ごとに、一定資格または実務経験を有する**専任の技術者**を置く。

（専任の技術者の要件）
- 高校卒業後5年、大学・高専卒業後3年以上の実務経験のある者
- **10年以上の実務経験のある者**
- 上記の者と同等以上の能力を有する者
- **電気通信工事施工管理技士**の場合、特定建設業は1級、一般建設業は1級または2級が対象
- **第一種電気工事士**など

専任技術者　事業所の技術的責任者
主任技術者　工事現場の技術者
両者の兼任はできない！

---

③法人、役員、個人などが請負契約に関して不正または不誠実な行為をするおそれがない。

④請負契約（特定建設業の場合8 000万円以上）を履行するに足りる財産的基礎があり、金銭的信用のある者であること。

2. 建設業の変更・廃業時の届出

許可を受けた建設業者は、建設業の変更や廃業時には、30日以内に、国土交通大臣または都道府県知事にその旨を届け出なければならない。

3. 附帯工事

建設業者は、**許可を受けた建設業に係る建設工事を請け負う場合**においては、当該建設工事に附帯する他の建設業に係る建設工事を請け負うことができる。

法
規

問題1 建設業の許可に関する記述として、「建設業法」上、誤っているものはどれか。

(1) 法人が建設業の許可を受けようとする場合、当該法人またはその役員等若しくは政令で定める使用人が、請負契約に関して不正または不誠実な行為をするおそれが明らかな者でないこと。

(2) 建設業の許可は5年ごとに更新を受けなければ、その期間の経過によって効力を失う。

(3) 特定建設業の許可を受けようとする者は、8 000万円以上の財産的基礎を有する必要がある。

(4) 2以上の都道府県の区域に営業所を設けて建設業の営業する場合、都道府県知事の許可が必要である。

問題2 建設業の許可に関する記述として、「建設業法」上、誤っているものはどれか。

(1) 電気通信業のみの許可を受けている者は、附帯工事として機械器具設置工事を請け負うことができる。

(2) 注文者は、建設工事の施工に著しく不適当な下請負人について、請負人に、下請負人の変更を請求することができる。

(3) 「建設業」とは、元請、下請その他いかなる名義をもってするかを問わず、建設工事の完成を請け負う営業をいう。

(4) 都道府県知事から建設業の許可を受けた者は、当該都道府県内での建設工事に限り施工することができる。

解答・解説

問題1

2以上の都道府県の区域内に営業所を設けて営業する場合は、国土交通大臣の許可が必要である。　　　　**答** (4)

問題2

都道府県知事から建設業の許可を受けた者は、全国どこでも建設工事の施工をすることができる。　　　　**答** (4)

😊 POINT 😊

施工技術の確保のため、主任技術者や監理技術者の設置が規定されており、これらについてマスターする。

1. 主任技術者および監理技術者の設置

①主任技術者の設置：建設業者は、その請け負った建設工事を施工するときは、**主任技術者**を置かなければならない。

②監理技術者の設置：発注者から直接建設工事を請け負った特定建設業者は、下請契約の請負代金の額（下請契約が 2 以上あるときは、それらの請負代金の額の総額）が 4 000 万円以上（建築一式工事は 6 000 万円以上）の場合には、**監理技術者**を置かなければならない。

（注意）監理技術者：当該工事現場における建設工事の施工の技術上の管理をつかさどる者をいう。**1 級電気通信工事施工管理技士**を取得した者は、電気通信工事の監理技術者になることができる。**監理技術者**は、5 年以内ごとに更新講習を受講しなければならない。

建設業の許可を受けている者

・請負金額の大小に関係なく

主任技術者 主任技術者を配置

4 000 万円（建築一式工事は 6 000 万円）以上の下請契約を締結した工事

・元請のみ

監理技術者 監理技術者を配置

③専任の主任技術者または監理技術者の設置

・公共性のある工作物（**国**や**地方公共団体**の発注する工作物や鉄道、学校等）に関する重要な建設工事で下請代金の総額が 3 500 万円以上（建築一式工事では 7 000 万円以上）の工事については、主任技術者または監理技術者は、工事現場ごとに、専任の者でなければならない。ただし、当該監理技術者の職務を補佐する者を専任で置く場合には、当該監理技術者の専任を要しない。

・この監理技術者は、**監理技術者資格者証の交付を受けている者**であって、**国土交通大臣の登録を受けた講習を受講した者**のうちから、選任しなければならない。

・この監理技術者は、発注者から請求があったときは、**監理技**

術者資格者証を提示しなければならない。

（注意）専任の主任技術者または監理技術者は、建設工事を請け負った企業と直接的かつ恒常的な雇用関係にある者でなければならない。

主任技術者および監理技術者の職務など

①主任技術者および監理技術者は、工事現場における建設工事を適正に実施するため、建設工事の**施工計画の作成、工程管理、品質管理その他の技術上の管理**および建設工事の**施工に従事する者の技術上の指導監督の職務を誠実**に行わなければならない。

②工事現場における建設工事の施工に従事する者は、**主任技術者または監理技術者**がその職務として行う**指導**に従わなければならない。

問題1 建設工事の現場に配置する技術者に関する記述として、「建設業法」上、誤っているものはどれか。

(1) 発注者から直接建設工事を請け負った特定建設業者は、その下請契約の請負代金の総額が政令で定める金額以上になる場合は、当該工事現場に主任技術者を配置しなければならない。

(2) 2級電気通信工事施工管理技士の資格を有する者は、電気通信工事の主任技術者になることができる。

(3) 工事現場における建設工事の施工に従事する者は、主任技術者または監理技術者がその職務として行う指導に従わなければならない。

(4) 主任技術者および監理技術者は、当該建設工事の施工計画の作成、工程管理、品質管理その他の技術上の管理を行わなければならない。

電気通信工事の現場に置く主任技術者に関する記述として、「建設業法」上、誤っているものはどれか。
- (1) 発注者から直接請け負った建設工事を下請契約を行わずに自ら施工する場合は、当該工事現場における建設工事の施工の技術上の管理をつかさどる者は、主任技術者でよい。
- (2) 第3級陸上特殊無線技士の資格を有する者は、電気通信工事の主任技術者になるための要件を満たしている。
- (3) 工事現場における建設工事の施工に従事する者は、主任技術者がその職務として行う指導に従わなければならない。
- (4) 主任技術者は、当該建設工事の施工計画の作成、工程管理、品質管理その他の技術上の管理を行わなければならない。

1級 問題3 国土交通大臣が交付する監理技術者資格者証に関する記述として、「建設業法」上、誤っているものはどれか。
- (1) 申請者が2以上の監理技術者資格を有する者であるときは、これらの監理技術者資格を合わせて記載した監理技術者資格者証が交付される。
- (2) 監理技術者資格者証を有する者の申請により更新される更新後の監理技術者資格者証の有効期間は、3年である。
- (3) 監理技術者資格者証には、交付を受ける者の氏名、生年月日、本籍および住所が記載されている。
- (4) 監理技術者資格を有する者の申請により監理技術者資格者証が交付されるが、その有効期間は、5年である。

解答・解説

問題1

発注者から直接建設工事を請け負った特定建設業者は、**下請契約の請負代金の総額が4 000万円以上**の場合には、**監理技術者**を置かなければならない。　　　　　　　　　　　　答　(1)

問題2

第3級陸上特殊無線技士の資格を有する者は、主任技術者になるための要件を満たしていない。　　　　　　　答　(2)

問題3

更新後の監理技術者資格者証の有効期間は**5年**である。
　　　　　　　　　　　　　　　　　　　　　　　　答　(2)

☻ POINT ☻

請負契約の原則および契約の内容をマスターする。

1. 請負契約の原則

建設工事の請負契約の当事者（注文者および請負人）は、各々の対等な立場における合意に基づいて公正な契約を締結し、信義に従って誠実に履行しなければならない。

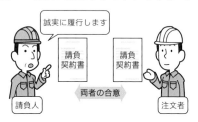

2. 請負契約の内容

請負契約の当事者は、契約の締結に際して、次の事項を書面に記載して、署名、捺印、または記名押印をして相互に交付しなければならない。

①工事内容

②請負代金の額

③工事着手の時期および工事完成の時期

④請負代金の全部または一部の前払金または出来高部分に対する支払いの定めをするときは、その支払いの時期および方法

⑤当事者の一方から設計変更・工事着手の延期・工事の中止の申し出があった場合における工期の変更、請負代金の額の変更または損害の負担およびその額の算出方法に関する定め

⑥天災その他の不可抗力による工期の変更または損害の負担およびその額の算出方法に関する定め

⑦価格等の変動もしくは変更に基づく請負代金の額または工事内容の変更

⑧工事の施工により第三者が損害を受けた場合における賠償金の負担に関する定め

⑨注文者が工事に使用する資材を提供し、または建設機械その他の機械を貸与する時は、その内容および方法に関する定め

⑩注文者が工事の全部または一部の完成を確認するための検査

の時期および方法ならびに引渡の時期

⑪工事完成後における請負代金の支払いの時期および方法

⑫工事の目的物のかしを担保すべき責任または当該責任の履行に関して講ずべき保証保険契約の締結その他の措置に関する定めをするときは、その内容

⑬各当事者の履行の遅滞その他債務の不履行の場合における遅延利息、違約金その他の損害金

⑭契約に関する紛争の解決方法

問題1 請負工事の請負契約書に記載しなければならない事項として、「建設業法」上、定められていないものはどれか。
  (1) 各当事者の債務の不履行の場合における遅延利息、違約金その他の損害金
  (2) 契約に関する紛争の解決方法
  (3) 工事完成後における請負代金の支払の時期および方法
  (4) 現場代理人の氏名および経歴

問題2 建設工事の請負契約書に記載しなければならない事項として、「建設業法」上、定められていないものはどれか。
  (1) 下請負人の選定条件
  (2) 請負代金の額
  (3) 天災その他不可抗力による工期の変更に関する定め
  (4) 工事の施工により第三者が損害を受けた場合における賠償金の負担に関する定め

解答・解説

問題1
現場代理人および監督員の権限、現場代理人の氏名および経歴は、請負契約書の記載事項ではない。　　　**答** (4)

問題2
下請負人の選定条件は、請負契約書に記載しなければならない事項として定められていない。　　　**答** (1)

POINT

現場代理人の選任などについてマスターする。

1. 現場代理人の選任等に関する通知

①請負人は、請負契約の履行に関し工事現場に現場代理人を置く場合は、現場代理人の権限に関する事項および現場代理人の行為についての注文者の請負人に対する意見の申出の方法を、書面により注文者に通知しなければならない。

よろしく！　まかせて！

②注文者は、請負契約の履行に関し工事現場に監督員を置く場合は、監督員の権限に関する事項および監督員の行為についての請負人の注文者に対する意見の申出の方法を、書面により請負人に通知しなければならない。

2. 不当に低い請負代金の禁止

注文者は、自己の取引上の地位を不当に利用して、その注文した建設工事を施工するために、通常必要と認められる原価に満たない金額を請負代金の額とする請負契約を締結してはならない。

3. 不当な使用資材等の購入強制の禁止

注文者は、請負契約の締結後、自己の取引上の地位を不当に利用して、その注文した建設工事に使用する資材もしくは機械器具またはこれらの購入先を指定し、これらを請負人に購入させて、その利益を害してはならない。

4. 一括下請負の禁止

①建設業者は、その請け負った建設工事を、いかなる方法をもってするかを問わず、一括して他人に請け負わせてはならない。

②建設業を営む者は、建設業者から当該建設業者の請け負った建設工事を一括して請け負ってはならない。

③建設工事が公共工事や民間の共同住宅以外である場合、元請負人があらかじめ発注者の書面による承諾を得たときは、これらの規定は適用しない。

5. 下請負人の変更請求

注文者は、請負人に対して、建設工事の施工につき著しく不適当と認められる下請負人があるときは、その変更を請求することができる。ただし、あらかじめ注文者の書面による承諾を得て選定した下請負人については、この限りでない。

> **建設業者は、建設工事の注文者から請求があったときは、請負契約が成立するまでの間に、建設工事の見積書を提出しなければならない。**

問題1 建設工事における元請負人と下請負人の関係に関する記述として、「建設業法」上、誤っているものはどれか。
(1) 下請工事の予定価格が300万円に満たないため、元請負人が下請負人に対して、当該工事の見積期間を1日とした。
(2) 追加工事等の発生により当初の請負契約の内容に変更が生じたので、追加工事等の着工前にその変更契約を締結した。
(3) 下請契約締結後に元請負人が下請負人に対し、資材購入先を一方的に指定し、下請負人に予定より高い価格で資材を購入させた。
(4) 元請負人は、見積条件を提示のうえ見積を依頼した建設業者から示された見積金額で当該建設業者と下請契約を締結した。

問題2 建設工事の請負契約に関する記述として、「建設業法」上、誤っているものはどれか。
(1) 下請負人が特定建設業の許可を受けている者であれば、元請負人は、請け負った多数の者が利用する施設に関する重要な建設工事を、その下請負人に、一括して請け負わせることができる。
(2) 報酬を得て建設工事の完成を目的として締結する契約は、建設工事の請負契約とみなして、建設業法の規定が適用される。
(3) 建設工事の請負契約の当事者は、署名または記名押印をした請負契約書を相互に交付しなければならない。

法
規

 （4）電気通信工事業の一般建設業の許可を受けた者は、発注者から直接請け負う電気通信工事を施工する場合、下請契約の総額が4 000万円未満であれば、下請契約を締結することができる。

問題3 建設工事の請負契約に関する記述として、「建設業法」上、誤っているものはどれか。

 （1）建設業者は、その請け負った建設工事を、いかなる方法をもってするかを問わず、一括して他人に請け負わせてはならない。

 （2）建築業者は、建設工事の注文者から請求があったときは、請負契約の締結後速やかに、建設工事の見積書を交付しなければならない。

 （3）注文者は、自己の取引上の地位を不当に利用して、その注文した建設工事を施工するために通常必要と認められる原価に満たない金額を請負代金の額とする請負契約を締結してはならない。

 （4）委託その他いかなる名義をもってするかを問わず、報酬を得て建設工事の完成を目的として締結する契約は、建設工事の請負契約とみなして、建設業法の規定が適用される。

解答・解説

問題1
下請契約締結後に元請負人が下請負人に対し、資材購入先を一方的に指定し、下請負人に予定より高い価格で資材を購入させてはならない。   **答**(3)

問題2
共同住宅など多数の者が利用に関する重要な建設工事については、一括下請負が禁止されている。   **答**(1)

問題3
建築業者は、建設工事の注文者から請求があったときは、**請負契約が成立するまでの間**に、建設工事の**見積書を提出**しなければならない。   **答**(2)

☺ POINT ☺

元請負人の義務についてマスターしておく。

1. 下請負人の意見の聴取

元請負人は、その請け負った建設工事を施工するために必要な工程の細目、作業方法その他元請負人において定めるべき事項を定めようとするときは、あらかじめ、下請負人の意見を聞かなければならない。

2. 下請代金の支払

①元請負人は、**請負代金の出来形部分または工事完成後における支払を受けたとき**は、**支払を受けた日から 1 月以内**で、かつ、できる限り短い期間内に下請代金を支払わなければならない。

②元請負人は、**前払金の支払を受けたとき**は、**下請負人に対して、資材の購入、労働者の募集その他建設工事の着手に必要な費用を前払金として支払う**よう適切な配慮をしなければならない。

3. 検査および引渡し

①元請負人は、下請負人からその請け負った建設工事が完成した旨の通知を受けたときは、**通知を受けた日から 20 日以内**で、かつ、できる限り短い期間内に、その**完成を確認するための検査**を完了しなければならない。

②元請負人は、検査によって建設工事の完成を確認した後、**下請負人が申し出たとき**は、**直ちに、建設工事の目的物の引渡し**を受けなければならない。

完成通知はしてあるんですから20日以内に検査してくれないと…

今月の支払い締は終わったから来月末まで待ってくれ

引渡しを受けるまで、完成物の現場管理は頼むよ

元請負人の義務を守りましょう!

ダナですよ

下請負人

元請負人

法

規

4. 特定建設業者の下請代金の支払期日など

　特定建設業者が注文者となった下請契約については、**完成物の引渡しの申し出があった日から起算して 50 日以内に、でき**る限り短い期間内において定められなければならない。

1級 問題1 元請負人の義務に関する記述として、「建設業法」上、誤っているものはどれか。

(1) 元請負人は、その請け負った建設工事を施工するために必要な工程の細目、作業方法その他元請負人において定めるべき事項を定めようとするときは、あらかじめ、発注者の意見を聞かなければならない。

(2) 元請負人は、前払金の支払を受けたときは、下請負人に対して、資材の購入、労働者の募集その他建設工事の着手に必要な費用を前払金として支払うよう適切な配慮をしなければならない。

(3) 元請負人は、下請負人からその請け負った建設工事が完成した旨の通知を受けたときは、当該通知を受けた日から 20 日以内で、かつ、できる限り短い期間内に、その完成を確認するための検査を完了しなければならない。

(4) 元請負人は、下請契約において引渡しに関する特約がされている場合を除き、完成を確認するための検査によって建設工事の完成を確認した後、下請負人が申し出たときは、直ちに、当該建設工事の目的物の引き渡しを受けなければならない。

1級 問題2 元請負人の義務に関する記述として、「建設業法」上、誤っているものはどれか。

(1) 元請負人は、下請負人からその請け負った建設工事が完成した旨の通知を受けたときは、直ちに、当該建設工事の目的物の引き渡しを受けなければならない。

(2) 元請負人は、その請け負った建設工事を施工するために必要な工程の細目、作業方法その他元請負人において定めるべき事項を定めようとするときは、あらかじめ、下請負人の意見を聞かなければならない。

(3) 特定建設業者は、当該特定建設業者が注文者となった下請契約に係る下請代金の支払につき、当該下請代金の支

払期日までに一般の金融機関による割引を受けることが困
難であると認められる手形を交付してはならない。
(4) 元請負人は、前払金の支払を受けたときは、下請負人
に対して、資材の購入、労働者の募集その他建設工事の着
手に必要な費用を前払金として支払うよう適切な配慮をし
なければならない。

解答・解説

問題1

元請負人は、その請け負った建設工事を施工するために必要な
工程の細目、作業方法その他元請負人において定めるべき事項
を定めようとするときは、あらかじめ、**下請負人**の意見を聞か
なければならない。

(参考) 次の選択肢も出題されている。

×：元請負人は、請負代金の工事完成後における支払を受けた
ときは、下請負人に対して、下請金を、当該支払を受けた
日から2月以内に支払わなければならない。→ 1月以内に
支払わなければならない。　　　　　　　　　　　**答** (1)

問題2

元請負人は、下請負人からその請け負った建設工事が完成した
旨の通知を受けたときは、次のステップで進める。

①通知を受けた日から**20日以内**で、かつ、できる限り短い期
間内に、その完成を確認するための**検査**を完了しなければな
らない。

②元請負人は、検査によって建設工事の**完成を確認した後**、下
請負人が申し出たときは、直ちに、建設工事の目的物の**引渡**
しを受けなければならない。

答 (1)

☺ POINT ☺

施工体制台帳と施工体系図についてマスターしておく。

1. 施工体制台帳と施工体系図の作成

①**特定建設業者**は、発注者から直接建設工事を請け負った建設工事の下請代金の額（下請契約が2以上あるときは、総額）が4000万円以上になるときは、建設工事の適正な施工を確保するため、**施工体制台帳**を作成し、**工事現場ごとに備え置かなければならない**。

（注意）公共工事の場合は、施工体制台帳の写しを発注者に提出しなければならない。

②**下請負人**は、その請け負った建設工事を他の建設業を営む者に請け負わせたときは、**特定建設業者に対し**、他の建設業を営む者の商号または名称、請け負った建設工事の内容および工期その他の国土交通省令で定める事項を**通知**しなければならない。

③特定建設業者は、**発注者から請求があったとき**は、備え置かれた**施工体制台帳**を、その**発注者の閲覧に供しなければならない**。

④①の**特定建設業者**は、建設工事における各下請負人の施工の分担関係を表示した**施工体系図**を作成し、これを**工事現場の見やすい場所に掲げなければならない**。

（注意）公共工事の場合は、**工事関係者が見やすい場所および公衆が見やすい箇所に掲げなければならない**。

施工体制台帳　　　施工体系図

🈩 2. 標識の表示

建設業者は、店舗および建設工事の現場ごとに、見やすい場所に、**標識**を掲げなければならない。

標識の表示項目

①一般建設業または特定建設業の別
②許可年月日、許可番号および許可を受けた建設業
③商号または名称
④代表者の氏名
⑤主任技術者または監理技術者の氏名（表示は現場のみ）

1級 問題1 民間工事における施工体制台帳および施工体系図の作成等に関する記述として、「建設業法」上、誤っているものはどれか。

(1) 施工体制台帳は、工事現場ごとに備え置かなければならない。

(2) 施工体系図は、当該工事現場の見やすい場所に掲げなければならない。

(3) 発注者から直接建設工事を請け負った一般建設業者は、当該建設工事を施工するために締結した下請契約の請負代金の総額が政令で定める金額以上になるときは、施工体制台帳および施工体系図を作成しなければならない。

(4) 施工体制台帳の備え置きおよび施工体系図の掲示は、建設工事の目的物の引き渡しをするまで行わなければならない。

1級 問題2 施工体制台帳の記載上の留意事項に関する記述として、適当でないものはどれか。

(1) 施工体制台帳の作成にあたっては、下請負人に関する事項も必ず作成建設業者が自ら記載しなければならない。

(2) 作成建設業者の建設業の種類は、請け負った建設工事にかかる建設業の種類に関わることなく、そのすべてについて特定建設業の許可か一般建設業の許可かの別を明示して記載する。

(3)「健康保険などの加入状況」は、健康保険、厚生年金保険および雇用保険の加入状況についてそれぞれ記載する。

(4) 記載事項について変更があったときは、遅滞なく当該変更があった年月日を付記して、既に記載されている事項に加えて変更後の事項を記載しなければならない。

問題3 施工体制台帳の記載事項として、「建設業法」上、誤っているものはどれか。
   (1) 作成建設業者の許可を受けて営む建設業の種類
   (2) 下請負人の資本金
   (3) 作成建設業者の健康保険等の加入状況
   (4) 下請負人の健康保険等の加入状況

1級 **問題4** 建設業者が建設工事現場に掲げなけれならない標識の記載事項に関する記述として、「建設業法」上、誤っているものはどれか。
   (1) 一般建設業または特定建設業の別
   (2) 許可年月日、許可番号および許可を受けた建設業
   (3) 主任技術者または監理技術者の氏名
   (4) 健康保険等の加入状況

解答・解説

問題1
特定建設業者は、元請で**下請総額が 4 000 万円以上**のときは、施工体制台帳および施工体系図を作成しなければならない。なお、公共工事の場合には、下請金額の縛りはなく、一般建設業者も作成が必要となる。　　　　　　　　　　**答** (3)

問題2
作成特定建設業者は、二次下請負人から提出された再下請通知書もしくは自ら把握した情報に基づき、記載する方法または再下請負通知書を添付する方法のいずれかにより、施工体制台帳を整備しなければならない。　　　　　　　　**答** (1)

問題3
下請負人の資本金は、記載項目ではない。　　　　**答** (2)

問題4
健康保険等の加入状況は、標識の記載事項ではない。
　　　　　　　　　　　　　　　　　　　　　　答 (4)

☺ POINT ☺

労働契約の締結などをマスターする。

1. 労働契約と賃金

①使用者は、**労働契約の締結**に際し、労働者に対して賃金、労働時間その他の労働条件を明示しなければならない。

②労働基準法で定める基準に達しない労働条件を定める労働契約は、その部分については無効とする。この場合において、無効となった部分は、労働基準法で定める基準による。

③使用者は、前借金その他労働することを条件とする前貸の債権と賃金を相殺してはならない。

④賃金は、**通貨**で、**直接労働者**に、その**全額**を支払わなければならない。

⑤賃金は、毎月1回以上、**一定の期日**を定めて支払わなければならない

⑥使用者の責に帰すべき事由による**休業の場合**においては、使用者は、休業期間中当該労働者に、その平均賃金の60%以上の**手当**を支払わなければならない。

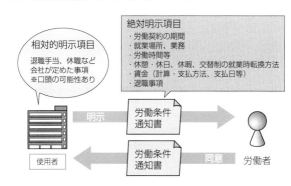

相対的明示項目
退職手当、休職など
会社が定めた事項
※口頭の可能性あり

絶対明示項目
・労働契約の期間
・就業場所、業務
・労働時間等
・休憩・休日・休暇、交替制の就業時転換方法
・賃金（計算・支払方法、支払日等）
・退職事項

明示 → 労働条件通知書 → 労働者

使用者 ← 労働条件通知書 ← 同意 労働者

2. 記録の保存

使用者は、労働者名簿、賃金台帳など労働関係に関する重要な書類を3年間保存しなければならない。

3. 労働時間

①使用者は、労働者に、休憩時間を除き1週間について40時間を超えて、労働させてはならない。

法規

②使用者は、1週間の各日については、労働者に、休憩時間を除き1日について8時間を超えて、労働させてはならない。

4. 休 憩

使用者は、**労働時間が6時間を超える場合**においては少なくとも45分、8時間を超える場合においては少なくとも1時間の休憩時間を労働時間の途中に与えなければならない。

5. 打ち切り補償

使用者は、療養補償を受ける労働者が3年を経過しても負傷または疾病が治らない場合において、平均賃金の1 200日分の打ち切り補償を行わなければならない。

6. 就業規則

常時10人以上の労働者を使用する使用者は、就業規則を作成し、労働基準監督署に届け出なければならない。また、変更した場合においても同様とする。

7. 労働者名簿と賃金台帳

使用者は、労働者名簿、賃金台帳および雇入、解雇、災害補償、賃金その他労働関係に関する重要な書類を5年間保存しなければならない。

8. 解雇制限・解雇の予告

①使用者は、労働者が業務上負傷し、または疾病にかかり療養のために**休業する期間およびその後30日間**ならびに産前産後の女性が休業する期間および**その後30日間**は、解雇してはならない。

②使用者は、労働者を解雇しようとする場合においては、少なくとも30日前にその予告をしなければならない。

30日前に予告をしない使用者は、**30日分以上の平均賃金**を支払わなければならない。

問題1 労働契約の締結に際し、使用者が労働者に対して必ず書面の交付により明示しなければならない労働条件に関する記述として、「労働基準法」上、誤っているものはどれか。
- （1）労働契約の期間に関する事項
- （2）職業訓練に関する事項
- （3）始業および終業の時刻に関する事項
- （4）退職に関する事項

問題2 労働契約の締結に際し、使用者が労働者に対して明示しなければならない労働条件に関する記述として、「労働基準法」上、誤っているものはどれか。
- （1）労働契約の期間に関する事項
- （2）従事すべき業務に関する事項
- （3）賃金の決定に関する事項
- （4）福利厚生施設の利用に関する事項

問題3 休業補償に関する次の記述の □ に当てはまる語句の組合せとして、「労働基準法」上、正しいものはどれか。
「労働者が業務上負傷し、または疾病にかかったときの療養のため、労働することができないために賃金を受けない場合においては、□ア□ は、労働者の療養中平均賃金の □イ□ の休業補償を行わなければならない。」

<table>
<tr><td></td><td>ア</td><td>イ</td></tr>
<tr><td>（1）</td><td>国……………</td><td>100％</td></tr>
<tr><td>（2）</td><td>使用者………</td><td>60％</td></tr>
<tr><td>（3）</td><td>国……………</td><td>60％</td></tr>
<tr><td>（4）</td><td>使用者………</td><td>100％</td></tr>
</table>

法
規

問題4 労働時間、休日、休暇に関する記述として、「労働基準法」上、誤っているものはどれか。

(1) 使用者は、労働者に、休憩時間を除き1週間について48時間を超えて、労働させてはならない。

(2) 使用者は、1週間の各日については、労働者に休憩時間を除き1日について8時間を超えて、労働させてはならない。

(3) 使用者は、労働者に対して、毎週少なくとも1回の休日を与えなければならない。この規定は、4週間を通じ4日以上の休日を与える使用者については適用しない。

(4) 使用者は、その雇入れの日から起算して6ヶ月継続勤務し全労働日の8割以上出勤した労働者に対し有給休暇を与えなければならない。

問題5 労働者が業務上負傷し、または疾病にかかった場合の災害補償に関する記述として、「労働基準法」上、誤っているものはどれか。

(1) 使用者は、療養補償により必要な療養を行い、または必要な療養の費用を負担しなければならない。

(2) 使用者は、労働者が治った場合において、その身体に障害が残ったとき、その障害の程度に応じた金額の障害補償を行わなければならない。

(3) 使用者は、労働者の療養中平均賃金の全額の休業補償を行わなければならない。

(4) 療養補償を受ける労働者が、療養開始後3年を経過しても負傷または疾病が治らない場合、使用者は、打切補償を行い、その後は補償を行わなくてもよい。

問題6 就業規則に必ず記載しなければならない事項として、「労働基準法」上、誤っているものはどれか。

(1) 賃金（臨時の賃金等を除く。）の決定に関する事項

(2) 始業および終業の時刻に関する事項

(3) 福利厚生施設に関する事項

(4) 退職に関する事項

問題7 労働契約に関する次の記述の □ に当てはまる語句の組合せとして、「労働基準法」上、正しいものはどれか。

「使用者は、労働契約の不履行について ア を定め、または イ を予定する契約をしてはならない。」

     ア   イ
- (1) 違約金…………損害賠償額
- (2) 違約金…………労働期間の延長
- (3) 科料……………損害賠償額
- (4) 科料……………労働期間の延長

問題8 解雇の予告に関する次の記述の □ に当てはまる数値と語句の組合せとして、「労働基準法」上、正しいものはどれか。

「使用者は、労働者を解雇しようとする場合においては、少なくとも ア 日前にその予告をしなければならない。 ア 日前に「予告をしない使用者は、 ア 日分以上の イ を支払わなければならない。」

     ア   イ
- (1) 10……………平均賃金
- (2) 10……………標準報酬
- (3) 30……………平均賃金
- (4) 30……………標準報酬

解答・解説

問題1

職業訓練に関する事項は、任意事項である。　　　　**答** (2)

問題2

福利厚生施設の利用は、任意事項である。　　　　**答** (4)

問題3

文章を完成させると、次のようになる。

「労働者が業務上負傷し、または疾病にかかったときの療養のため、労働することができないために賃金を受けない場合においては、**使用者**は、労働者の療養中平均賃金の**60%**の休業補償を行わなければならない。」　　　　**答** (2)

使用者は、労働者に、休憩時間を除き**1週間**について**40時間**を超えて、労働させてはならない。

(参考) 次の選択肢も出題されている。

×：使用者は、その雇入れの日から起算して<u>8ヶ月間継続</u>して勤務し全労働日の8割以上出勤した労働者に対して、継続し、または分割した10労働日の有給休暇を与えなければならない。→**6ヶ月間継続**である。

○：使用者は、労働時間が6時間を超える場合においては少なくとも45分、8時間を超える場合においては少なくとも1時間の休憩時間を労働時間の途中に与えなければならない。 **答** (1)

使用者は、労働者の療養中、**平均賃金の100分の60の休業補償**を行わなければならない。 **答** (3)

福利厚生施設に関する事項は、就業規則に必ず記載しなければならない事項ではない。 **答** (3)

文章を完成させると、次のようになる。
「使用者は、労働契約の不履行について**違約金**を定め、または**損害賠償額**を予定する契約をしてはならない。」
答 (1)

文章を完成させると、次のようになる。
「使用者は、労働者を解雇しようとする場合においては、少なくとも**30日前**にその予告をしなければならない。30日前に予告をしない使用者は、**30日分以上の平均賃金**を支払わなければならない。」
答 (3)

POINT

年少者の使用条件をマスターする。

1. 年少者の使用

最低年齢	使用者は、児童が満 15 歳に達した日以後の最初の 3 月 31 日が終了するまで、これを使用してはならない。
年少者の証明書	使用者は、満 18 歳未満の者の年齢を証明する戸籍証明書を事業場に備え付けなければならない。
未成年者の労働契約	①親権者または後見人は、未成年者に代わって労働契約を締結してはならない。 ②親権者もしくは後見人または行政官庁は、労働契約が未成年者に不利であると認める場合においては、将来に向かってこれを解除することができる。 ③未成年者は、独立して賃金を請求することができる。 ④親権者または後見人は、未成年者の賃金を代わって受け取ってはならない。
深夜業	使用者は、満 18 歳未満の者を午後 10 時から午前 5 時までの間において使用してはならない。ただし、交替制によって使用する満 16 歳以上の男性については、この限りでない。
危険有害業務の就業制限	使用者は、満 18 歳未満の者に、以下のような業務（抜粋）に就かせてはならない。 ①クレーンの運転 ②玉掛け（補助作業は可能） ③足場組立解体（地上の補助作業は可能） ④直流 750V、交流 300V を超える充電電路の点検・修理・操作

法
規

問題1 年少者および女性の使用に関する記述として、「労働基準法」上、誤っているものはどれか。

(1) 使用者は、児童が満15歳に達した日以降の最初の3月31日が終了するまで、これを使用してはならない。

(2) 使用者は、満18歳に満たない者を午後10時から午前5時までの間において使用したはならない。ただし、交替制によって使用する満16歳以上の男性については、この限りでない。

(3) 使用者は、満20歳に満たない者を坑内で労働させてはならない。

(4) 使用者は、妊娠中の女性および産後1年を経過していない女性を、重量物を取り扱う業務に就かせてはならない。

問題2 満18歳に満たない者を就かせてはならない業務として、「労働基準法」上、誤っているものはどれか。

(1) 交流100Vの電圧の充電路の点検の業務

(2) クレーンの運転の業務

(3) 動力により駆動される土木建築用機械の運転

(4) 高さが10mの場所で、墜落により労働者が危害を受けるおそれのあるところにおける業務

解答・解説

問題1

使用者は、**満18歳未満の者**を坑内で労働させてはならない。

答 (3)

問題2

直流750V、交流300Vを超える充電路の点検・修理・操作は、満18歳に満たない者を就かせてはならない業務である。
(参考) 次の選択肢も出題されている。

○：使用者は、満18歳に満たない者を坑内で労働させてはならない。

×：使用者は、児童が満17歳に達する日まで、この者を使用してはならない。

答 (1)

☺ POINT ☺

法の目的と労働安全衛生についての管理体制をマスターしておく。

1. 労働安全衛生法の目的

「労働基準法と相まって、労働災害の防止のための危害防止基準の確立、責任体制の明確化および自主的活動の促進の措置を講ずる等その防止に関する総合的計画的な対策を推進することにより職場における労働者の安全と健康を確保するとともに、快適な職場環境の形成を促進すること」を目的としている。

2. 労働安全衛生の管理体制（1 社のみで施工）

事業者は、安全衛生に対する体制を整え、総括安全衛生管理者、安全管理者、衛生管理者、産業医および安全衛生推進者の選任は、その選任すべき事由が生じた日から 14 日以内に選任し、遅滞なく労働基準監督署長に報告しなければならない。

名　称	職　務
安全衛生推進者	事業場の安全衛生の業務を行う。
安全管理者	**安全に関する技術的事項**を管理する。
衛生管理者	**衛生に関する技術的事項**を管理する。
総括安全衛生管理者	安全管理者、衛生管理者または救護に関する措置のうちの技術的事項を管理する者の指導および安全衛生に関する事項の総括管理を行う。

3．労働安全衛生の管理体制（2社以上で施工）

　事業者は、安全衛生に対する体制を整え、総括安全衛生責任者、元方安全衛生管理者、安全管理者、衛生管理者および店社安全衛生管理者の選任は、その選任すべき事由が生じた日から14日以内に選任し、遅滞なく労働基準監督署長に報告しなければならない。

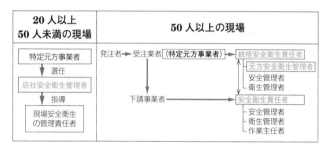

名　称	職　務
店社安全衛生管理者	作業現場の巡視（毎月1回以上）などを行う。
統括安全衛生責任者	元請の業務となる各事項を**統括管理**するとともに、下請事業者の**安全衛生責任者との連絡**などを行う。
元方安全衛生管理者	統括安全衛生責任者の行う職務のうち、**技術的事項の職務**を行う。
安全衛生責任者	統括安全衛生責任者との**連絡**を行う。（安全衛生責任者は下請事業者が選任）

1級 問題1 総括安全衛生管理者が行う統括管理の業務として、「労働安全衛生法」上、誤っているものはどれか。

(1) 健康診断の実施その他健康の保持促進のための措置に関すること。

(2) 工事遅延の原因の調査および再発防止対策に関すること。

(3) 労働者の危険または健康障害を防止するための措置に関すること。

(4) 労働者の安全または衛生のための教育の実施に関すること。

1級 問題2 産業医を選任しなければならない規模の事業場として、「労働安全衛生法」上、正しいものはどれか。

(1) 常時 10 人以上の労働者を使用する事業場

(2) 常時 20 人以上の労働者を使用する事業場

(3) 常時 30 人以上の労働者を使用する事業場

(4) 常時 50 人以上の労働者を使用する事業場

問題3 安全衛生責任者の職務に関する記述として、「労働安全衛生法」上、誤っているものはどれか。

(1) 統括安全衛生責任者との連絡

(2) 統括安全衛生責任者からの連絡を受けた事項の関係者への連絡

(3) 協議組織の設置および運営

(4) 当該請負人がその仕事の一部を他の請負人に請け負わせている場合における当該他の請負人の安全衛生責任者との作業間の連絡および調整

法

規

労働安全衛生法 1　労働安全衛生の管理体制　**309**

解答・解説

《問題1》

工事遅延の原因の調査および再発防止対策に関することは工程管理に関することであり、安全衛生とは関係ない。 **答** (2)

《問題2》

常時50人以上の労働者を使用する事業場は、産業医を選任しなければならない。 **答** (4)

《問題3》

協議組織の設置および運営は、安全衛生責任者の職務でなく**特定元方事業者の職務**である。特定元方事業者が行わなければならない事項の代表的なものとして、次のようなものがある。

①協議組織の設置および運営を行うこと。

②作業間の連絡および調整を行うこと。

③作業場所を巡視すること。（毎日）

④関係請負人が行う労働者の安全または衛生のための教育に対する指導および援助を行うこと。

⑤当該請負人がその仕事の一部を他の請負人に請け負わせている場合における当該他の請負人の安全衛生責任者との作業間の連絡および調整を行うこと。

答 (3)

☺ POINT ☺

安全委員会、衛生委員会、安全衛生委員会についてマスターしておく。

1. 安全委員会と衛生委員会

常時 50 人以上の労働者を使用する事業場での設置が義務づけられている。

安全委員会

次の事項を調査審議し、事業者に対し意見を述べさせる。

①労働者の危険防止を図るための基本対策に関すること

②労働災害の原因・再発防止対策で安全に関すること

③上記のほか、労働者の危険の防止に関する重要事項

衛生委員会

次の事項を調査審議し、事業者に対し意見を述べさせる。

①労働者の健康障害の防止を図るための基本対策に関すること

②労働者の健康の保持増進を図るための基本対策に関すること

③労働災害の原因・再発防止対策で衛生に関すること

④上記のほか、労働者の健康障害の防止・健康の保持増進に関する重要事項

2. 安全衛生委員会

安全委員会および衛生委員会の設置に代え、安全衛生委員会を設置できる。

3. 委員会の運営方法

開催回数は毎月 1 回以上で、重要な議事内容は記録し、3 年間保存しなければならない。

法
規

月に1回以上安全衛生委員会を開催しよう

重要な議事内容は記録して3年間保存しましょう

安全衛生水準の向上

1級 問題1 建設工事現場における店社安全衛生管理者の職務として、「労働安全衛生法」上、誤っているものはどれか。

(1) 少なくとも毎月1回、労働者が作業を行う場所を巡視すること。

(2) 衛生委員会を設けること。

(3) 協議組織の会議に随時参加すること。

(4) 労働者の作業の種類その他作業の実施状況を把握すること。

解答・解説

問題1

店社安全衛生管理者は、**2社以上**で、**20人以上50人未満**の現場で作業を行うとき、元方事業者が選任する者である。安全委員会や衛生委員会は、**常時50人以上の労働者を使用する事業場**での設置が義務づけられている。

したがって、店社安全衛生管理者には衛生委員会を設けることは義務づけられていない。 **答** (2)

☺ POINT ☺

安全衛生教育の種類と教育の条件についてマスターしておく。

1. 雇入れ時等の安全衛生教育

　事業者は、次の場合、当該労働者に対し、遅滞なく従事する業務に関する安全衛生教育を行なわなければならない。

①労働者を雇い入れたとき

②労働者の作業内容を変更したとき

③危険・有害業務につかせるとき（特別教育の実施）

2. 職長教育

　事業者は、その事業場の業種が政令で定めるものに該当するときは、新たに職務に就くことになった職長その他の労働者を直接指導または監督する者（作業主任者を除く）に対し、安全衛生教育を行わなければならない。

3. 特別教育の種類

　危険または有害な業務に就かせようとするときに必要な特別教育には、次のような種類がある（抜粋）。

①研削と石の取替え（取替え時の試運転）

②アーク溶接

③電気取扱い［特別高圧、高圧、低圧］

④最大荷重 1t 未満のフォークリフトの運転業務

⑤作業床の高さ 10m 未満の高所作業車の運転

⑥小形ボイラの取扱い

⑦つり上げ荷重 5t 未満のクレーンの運転

⑧つり上げ荷重 1t 未満の移動式クレーンの運転

⑨建設用リフトの運転

⑩つり上げ荷重 1t 未満の玉掛け

⑪ゴンドラの操作

⑫高圧作業への送気の調節

⑬高圧室内作業への加圧・減圧の調節

⑭潜水作業者への送気の調節

⑮再圧室の操作

⑯高圧室内作業

⑰酸素欠乏・硫化水素危険作業

法
規

1級 　**問題1** 事業者が、新たに職務に就くことになった職長に対して行う安全または衛生のための教育として、「労働安全衛生法」上、定められていないものはどれか。

(1) 労働者の福利厚生に関すること。
(2) 作業方法の決定および労働者の配置に関すること。
(3) 労働者に対する指導または監督の方法に関すること。
(4) 異常時などにおける措置に関すること。

問題2 特別教育を必要とする業務として、「労働安全衛生令」上、誤っているものはどれか。

(1) 低圧（交流 100 V）の充電電路の敷設の業務
(2) つり上げ荷重が 5 トンのクレーンの玉掛けの業務
(3) 作業床の高さが 8 m の高所作業車の運転の業務（道路上を走行させる運転を除く。）
(4) 高圧の充電電路の支持物の敷設の業務

解答・解説

問題1

労働者の福利厚生に関することは、教育対象として定められていない。　　**答** (1)

問題2

クレーンの玉掛け業務は、つり上げ荷重 1 トン未満は特別教育が必要で、1 トン以上は技能講習の修了者でなければならない。　　**答** (2)

POINT

作業主任者を選任しなければならない作業についてマスターしておく。

1. 作業主任者の選任

作業主任者制度は、職場における安全衛生管理組織の一環として、危険または有害な設備、作業について、その危害防止のために必要な事項を担当させるためのものと位置づけられている。作業主任者は、技能講習修了者や免許所有者の中から選任される。

2. 作業主任者を選任すべき作業

下表のような作業では、作業主任者を選任しなければならない（抜粋）。

	作業責任者の管理を必要とする業務内容	作業主任者名
①	高圧室内作業	高圧室内（免許）
②	アセチレン溶接装置・ガス集合溶接装置を用いて行う金属の溶接、溶断、加熱	ガス溶接（免許）
③	掘削面の高さが2m以上となる地山の掘削	地山の掘削（技能講習）
④	土留め支保工の切りばりまたは腹起しの取付け・取外し	土留め支保工（技能講習）
⑤	ずい道等の掘削等	ずい道等の掘削等（技能講習）
⑥	型枠支保工の組立て・解体	型枠支保工組立て等（技能講習）
⑦	つり足場、張出し足場または高さ5m以上の構造の足場の組立て、解体・変更	足場の組立て等（技能講習）
⑧	建築物の骨組みなど（高さ5m以上のものに限る）の組立て、解体・変更	鉄骨の組立て等作業主任者（技能講習）
⑨	酸素欠乏危険場所等における作業	酸素欠乏・硫化水素危険作業主任者（技能講習）
⑩	屋内作業場、タンク、船倉・坑の内部その他の場所で有機溶剤を製造・取扱い	有機溶剤作業主任者（技能講習）

法規

問題1 作業主任者の選任を必要とする作業に関する記述として、「労働安全衛生法」上、誤っているものはどれか。

(1) 掘削面の高さが 50cm の地山の掘削（ずい道およびたて坑以外の坑の掘削を除く。）作業

(2) 高さが 5m の構造の足場の組立て作業

(3) 高さが 5m の無線通信鉄塔の組立て作業

(4) 地下に埋設された暗きょ内での通信ケーブル敷設作業

1級 問題2 作業主任者の選任を必要とする作業として、「労働安全衛生法」上、誤っているものはどれか。

(1) 高さ 3m の構造の足場の組立て作業

(2) 掘削面の高さが 2m となる地山の掘削（ずい道およびたて坑以外の坑の掘削を除く。）作業

(3) 高さが 10m の無線通信鉄塔の組立て作業

(4) 地下に埋設されたマンホール内での通信ケーブル敷設の作業

解答・解説

問題1

地山の掘削作業において、作業主任者の選任が必要となるのは、掘削面の高さが 2m 以上となる場合である。

(参考) 次の選択肢も出題されている。

×：作業床の高さが 15m の高所作業車の運転業務 → 10m 未満が対象である。

○：つり上げ荷重 0.9 トンの移動式クレーンの運転 → 1 トン未満が対象である。

○：橋梁に通信用配管を取り付けるために使用するつり足場の組立作業

○：土留め支保工の切りばりまたは腹起しの取付け作業

答 (1)

問題2

高さ 5m 以上の構造の足場の組立て作業は、作業主任者を選任しなければならない。

答 (1)

☺ POINT ☺
墜落・飛来・落下災害の防止についてマスターしておく。

1. 高所作業
①高さ **2m 以上**の高所作業では、**作業床を設ける**。
②作業床の端、開口部には、墜落防止の**囲い、手すり、覆い**などを設ける。
③作業床の設置が困難な場合には、**防網**を張り、労働者に**要求性能墜落制止用器具を使用**させる。
④強風、大雨、大雪など**悪天候時は、作業に従事させない**。

2. 照度の保持
高さ **2m 以上**での作業は、必要な照度を保持する。

3. スレート等の屋根の危険の防止
スレート等でふかれた屋根の上で作業を行うときは、踏み抜きによる危険防止のため、幅 **30 cm 以上**の**歩み板**を設け、防網を張るなどの措置を講じる。

4. 昇降設備
高さや深さが **1.5 m** を超える箇所での作業は、労働者が安全に昇降できる設備を設ける。

移動はしご	脚立
①幅が **30 cm 以上**あること ②滑り止め装置があること	①脚と水平面の角度は **75°以下**のこと ②折りたたみ式のものは角度を確実に保つ金具を備えたものであること ③踏面は必要な面積があること

労働安全衛生法5　墜落・飛来・落下災害の防止 (1) **317**

問題1 高所作業における墜落防止に関する記述として、「労働安全衛生法」上、誤っているものはどれか。

(1) 折りたたみ式脚立には、脚と水平面との角度が75度で、その角度を保つための金具を備えたものを使用する。

(2) 踏み抜きの危険性のある屋根の上では、幅30cmの歩み板を設け、防網を張る。

(3) 移動はしごは、幅が25cmのものとし、すべり止め装置を取り付ける。

(4) 高さ2mにおける足場として、幅が40cmの作業床を設置する。

問題2 高所作業における墜落防止に関する記述として、「労働安全衛生法」上、誤っているものはどれか。

(1) 折りたたみ式脚立は、脚と水平面との角度を80度とし、その角度を保つための金具を備える。

(2) 踏み抜きの危険性のある屋根の上では、幅30cmの歩み板を設け、防網を張る。

(3) 高さが2mの作業床の開口部には囲いと覆いを設置する。

(4) 移動はしごは、幅を30cmのものとし、滑り止め装置を取り付ける。

問題3 墜落などによる危険を防止するための措置に関する記述として、「労働安全衛生法」上、誤っているものはどれか。

(1) 踏み抜きの危険がある屋根の上で作業を行うため、幅が25cmの歩み板を設け、防網を張った。

(2) 枠組構造部の外側空間を昇降路とするローリングタワーでは、同一面より同時に2名以上昇降させないようにした。

(3) 高さが2mの作業床の開口部には囲いと覆いを設置し、作業床の端には手すりを設置した。

(4) 深さが1mでの作業のため、作業員が昇降するための設備を省略した。

問題4 事業者が足場を設ける場合の記述として、「労働安全衛生法」上、誤っているものはどれか。

(1) つり足場を除き、作業床の幅は 30 cm 以上とすること。

(2) 事業者は、足場の構造および材料に応じて、作業床の最大積載荷重を定め、かつ、これを超えて積載してはならない。

(3) 事業者は足場（一側足場を除く）における高さ 2 m 以上の作業場所には、作業床を設けなければならない。

(4) 事業者は、足場については、丈夫な構造のものでなければ、使用してはならない。

解答・解説

問題1

移動はしごは、**幅が 30 cm 以上**のものとし、すべり止め装置を取り付けなければならない。　　　　　　　　　　　**答** (3)

問題2

折りたたみ式脚立は、**脚と水平面との角度を 75 度以下**とし、角度を保つための金具を備える。　　　　　　　　　　**答** (1)

問題3

正しくは、踏み抜きの危険がある屋根の上で作業を行うため、**幅が 30 cm 以上の歩み板**を設け、防網を張ったである。

答 (1)

問題4

つり足場を除き、作業床の幅は **40 cm 以上**としなければならない。　　　　　　　　　　　　　　　　　　　　　　**答** (1)

法

規

☸POINT☸
墜落・飛来・落下災害の防止についてマスターしておく。

1. 仮設通路
①勾配は **30°以下**とし、**15°を超えるものは踏み桟**その他の滑り止めを設ける。

②墜落危険箇所には、**高さ 85 cm 以上**の手すりを設ける。

③高さ 8 m 以上の上り桟橋には、**7 m 以内ごとに踊り場**を設ける。

2. 作業床・移動足場
①作業床の**床の幅**は **40 cm 以上**、床材間のすき間は **3 cm 以下**であること（つり足場のすき間はないこと！）。

②危険個所には、**高さ 85 cm 以上**の**手すり**および中桟などを設ける。

③移動足場の床材は、幅 20 cm 以上、厚さ 3.5 cm 以上、長さ 3.6 m 以上であること。

④足場板は **3 点以上**で支持すること。

⑤支持点からの突出は 10 cm 以上で、足場板の長さ 1/18 以下であること。

⑥長手方向に重ねるときは、支点の上で 20 cm 以上重ねること。

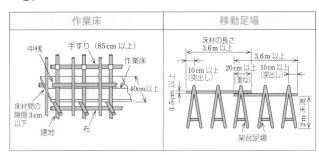

3. 高所からの物体投下
①**3 m 以上**の**高所**から**物体**を投下するときは、適当な投下設備を設け、監視人を置くなど労働者の危険を防止するための措置を講じること。

②投下設備がないときは、投下してはならない。

1級 問題1 高さ2m以上の足場（一側足場およびつり足場を除く。）に関する記述として、「労働安全衛生法」上、誤っているものはどれか。

(1) 床材間の隙間を2cmとする。
(2) 作業床の幅を30cmとする。
(3) 床材を3つの支持物に取り付ける。
(4) 床材と建地とのすき間を10cmとする。

1級 問題2 墜落、飛来または落下による危険を防止するための措置に関する記述として、次の①～④のうち、「労働安全衛生法」上、正しいもののみをすべて挙げているものはどれか。

①高さ3mの高所からの物体の投下であるため、投下設備の設置および監視を行わずに物体を投下する。
②作業のため物体が飛来することにより労働者に危険を及ぼすおそれがあるため、飛来防止の設備を設け、労働者に使用させる。
③作業のため物体が落下することにより、労働者に危険を及ぼすおそれがあるため、要求性能墜落制止用器具を安全に取り付けるための設備を設ける。
④高さが2mの作業床の開口部の周囲に囲いを設ける。

(1) ①③　(2) ①④　(3) ②③　(4) ②④

問題3 飛来・落下等による危険を防止に関する記述として、次の①～④のうち、「労働安全衛生法」上、正しいもはいくつあるか。

①作業のための物体が落下することにより労働者に危険を及ぼすおそれがあるため、防網を設置し、立入禁止区域を設定する。
②他の労働者が上方で作業を行っているところで作業を行うときは、物体の飛来または落下による労働者の危険を防止するため、労働者に保護帽を着用させる。
③作業のため物体が落下することにより労働者に危険を及ぼすおそれがあるため、高さ2m以上の枠組足場の作業床に高さ15cmの幅木を設置する。
④投下設備の設置および監視を行わずに高さ3mの高所から物体を投下する。

(1) 1つ　(2) 2つ　(3) 3つ　(4) 4つ

《問題1》

(1) は **3 cm 以下**、(2) は **40 cm 以上**、(3) は **3 つ以上**、(4) は **12 cm 未満**である。　　　　　　　　**答**(2)

《問題2》

①は投下設備の設置および監視が必要である。

③は物体の落下防止対策でなく、労働者の墜落防止対策である。　　　　　　　　**答**(4)

《問題3》

④は、高さ 3 m の高所から物体を投下する場合には、投下設備の設置および監視が必要である。　　　　　　　　**答**(3)

😺 POINT 😺

クレーンによる作業と玉掛け作業についてマスターする。

1. クレーンによる作業・玉掛け

①クレーンの運転操作は、**5t以上はクレーン運転免許が必要**で、**5t未満は特別教育**を受けた者であること。

②移動式クレーンの運転操作は、5t以上は移動式クレーン運転免許が必要で、1t以上5t未満は技能講習修了者、1t未満は特別教育を受けた者であること。

③移動式クレーンの作業では、運転についての**合図**を定め、**合図を行う者を指名**しなければならない。

④移動式クレーンでの労働者の運搬や労働者のつり上げは禁止されている。

⑤移動式クレーンの運転者は、荷をつったままで運転位置を離れてはならない。

⑥定期自主検査は、**1年以内ごとに1回**検査する項目と、**1月以内ごとに1回**検査する項目とがあり、自主検査の結果の**記録**は**3年間保存**しなければならない。

⑦その日の**作業開始前**に、巻過防止装置などの**点検**を行わなければならない。

⑧つり上げ荷重1t以上のクレーン等を使用する玉掛け作業は、技能講習修了者、1t未満の場合は特別教育を受けた者でなければならない。

⑨移動式クレーンに**定格荷重を超える荷重**をかけて使用してはならない。

⑩移動式クレーン明細書に記載されている**ジブの傾斜角**の範囲を超えて使用してはならない。

⑪移動式クレーンの運転者および玉掛けをする者が移動式クレーンの**定格荷重**を知ることができるよう、**表示**その他の措置を講じなければならない。

⑫アウトリガーや拡幅式クローラのある移動式クレーンを用いて作業するときは、**アウトリガーまたはクローラを最大限に**

張り出すようにしなければならない。
⑬移動式クレーンの上部旋回体と接触するおそれのある箇所に
　　労働者を立ち入らせてはならない。
⑭強風のため、移動式クレーンの作業の実施に危険が予想され
　　るときは、**作業を中止**しなければならない。
⑮移動式クレーンの作業を行うときは、**移動式クレーンに移動
　　式クレーン検査証を備え付けて**おかなければならない。

2. 掘削作業

①地山(じやま)の掘削作業を行うときは、地山の種類によって**掘削面の
　　高さに応じた掘削面の勾配**が定められているため、これ以下
　　の勾配で掘削しなければならない。
②掘削面の高さが **2 m 以上**の場合は、**地山の掘削作業主任者**
　　を選任し、直接作業指揮を行わせる。
③**軟弱地盤で崩壊の危険がある所**では、**土留め支保工、防護網**
　　などの危険防止措置をしなければならない。

問題1 移動式クレーンを用いて作業を行うときに、移動式
クレーンの転倒などによる危険を防止するため、あらかじめ定
めなければならない事項として、「労働安全衛生法」上、誤っ
ているものはどれか。
　（1）移動式クレーンによる作業の方法
　（2）移動式クレーンの転倒を防止するための方法
　（3）移動式クレーンによる作業に係る労働者の配置および
　　　　指揮の系統
　（4）移動式クレーンの定期自主検査の方法

解答・解説

問題1
移動式クレーンの定期自主検査の方法は、定められていませ
ん。定期自主検査の目的は、車両そのものの磨耗などによる点
検を行うものである。　　　　　　　　　　　　　　　　答 (4)

☀ POINT ☀

マンホールやピットは、酸素欠乏を招きやすいため、酸素欠乏による災害の防止についてマスターする。

1. 酸素欠乏危険作業

①空気中の**酸素濃度**が **18 % 未満**である状態を**酸素欠乏**という。

②酸素欠乏等とは、①の状態または空気中の硫化水素濃度が 10 ppm を超える状態をいう。

③酸素欠乏危険作業には、技能講習を修了した作業主任者を選任し、作業者も特別教育を受講した者としなければならない。

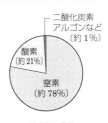

二酸化炭素
アルゴンなど
（約 1 %）

酸素
（約 21 %）

窒素
（約 78 %）

空気の成分

④暗きょやマンホールなどの酸素欠乏危険場所で作業するときの実施事項

作業前に酸素濃度を測定

- ●その日の作業を開始する前に空気中の**酸素濃度を測定、記録**し、**3 年間保存**しなければならない。

- ●**酸素濃度**を **18 % 以上**に保つよう**換気**しなければならない。

- ●従事させる労働者の**入場・退場**時に、**人員の点検**をしなければならない。

- ●同時に就業する労働者の人数と同数以上の**空気呼吸器**などを備え、労働者に使用させなければならない。

- ●労働者が酸素欠乏症等にかかって転落するおそれのあるときは、労働者に**要求性能墜落制止用器具**その他の**命綱**を使用させなければならない。

- ●指名した者以外の者が立ち入ることを禁止し、その旨を見やすい箇所に**表示**しなければならない。

法
規

問題1 酸素欠乏危険作業に関する記述として、「労働安全衛生法」上、正しいものはいくつあるか。

①地下に設置されたマンホール内での通信ケーブルの敷設作業では、作業主任者の選任が必要である。

②酸素欠乏危険作業を行う場所において酸素欠乏のおそれが生じたときは、直ちに作業を中止し、労働者をその場所から退避させなければならない。

③空気中の酸素濃度が21％の状態は、酸素欠乏の状態である。

④酸素欠乏危険場所における空気中の酸素濃度測定は、その日の作業終了後に1回だけ測定すればよい。

(1) 1つ　(2) 2つ　(3) 3つ　(4) 4つ

解答・解説

問題1

③空気中の酸素濃度が**18％未満**の状態は、酸素欠乏の状態である。

④酸素欠乏危険場所における空気中の酸素濃度測定は、**その日の作業を開始する前に空気中の酸素濃度を測定、記録**しなければならない。

(参考) 次の選択肢も出題されている。

○：作業場所において、酸素欠乏のおそれがあるため、酸素欠乏のおそれがないことを確認するまでの間、その場所に特に指名した者以外が立ち入ることを禁止し、かつ、その旨を見やすい箇所に表示する。

×：酸素欠乏危険場所における空気中の酸素濃度測定は、午前、午後の各1回測定しなければならない。

答 (2)

☺ POINT ☺

感電災害の防止についてマスターする。

1. 漏電による感電の防止

①対地電圧 150V を超える**移動式・可搬式の電気機械器具**等は、漏電による感電防止のため、電路に感電防止用漏電遮断装置を接続しなければならない。

②感電防止用漏電遮断装置の施設が困難なときは、電動機械器具の金属製外枠、電動機の金属製外被等の金属部分を接地して使用しなければならない。

③充電部や附属コードの**絶縁被覆の損傷、接続端子のゆるみ**等を点検する。

④二重絶縁構造のものを使用するか、**機器を絶縁台上で使用する。**

2. 電気機械器具の操作部分の照度

電気機械器具の操作の際に、感電の危険・誤操作による危険を防止するため、操作部分は必要な照度を保持しなければならない。

3. 配線・移動電線

①労働者が作業中や通行の際に接触または接触するおそれのある配線で、絶縁被覆を有するものや移動電線は、**絶縁被覆が損傷・老化**していることにより、感電の危険が生ずることを防止する措置を講じなければならない。

②水など湿潤している場所で使用する移動電線やこれに附属する接続器具で、労働者が作業中や通行の際に接触するおそれのあるものは、移動電線・接続器具の被覆・外装が導電性の高い液体に対して**絶縁効力のあるもの**でなければならない。

③**仮設配線や移動電線を通路面で使用してはならない。**

（参考）移動電線とは、電気使用場所に施設する電線のうち、造営物に固定しないものをいい、電球線および電気使用機械器具の電線は除かれる。

4. 高圧活線作業

高圧の充電電路の点検、修理等の作業で、作業に従事する労働者の感電の危険のおそれのあるときは、次のいずれかの措置を講じなければならない。

① 労働者に**絶縁用保護具**を着用させるとともに、**充電電路への接触・接近**により感電の危険のおそれのあるものに**絶縁用防具**を装着すること。

② 労働者に**活線作業用器具**を使用させること。

③ 労働者に**活線作業用装置**を使用させること。

5. 高圧活線近接作業

① **活線近接作業**は、充電電路に対し**頭上30 cm、躯側・足下60 cm以内**に**接近**して作業を行う状態をいう。

② 活線近接作業では、**充電電路に絶縁用防具を装着**するか、**作業者に絶縁用保護具を着用**させること。

1級 【問題1】 架空電線の充電電路に近接する場所で、工作物の建設の作業に従事する労働者の感電防止のための措置として、「労働安全衛生法」上、誤っているものはどれか。

(1) 当該充電電路を移設すること。

(2) 感電の危険を防止するための囲いを設けること。

(3) 当該充電電路に絶縁用防護具を装着すること。

(4) 労働者に静電気帯電防止用作業靴を着用させること。

解答・解説

【問題1】

「労働者に静電気帯電防止用作業靴を着用させること。」は、**引火性の物の蒸気または可燃性ガスが爆発の危険のある濃度に達するおそれのある箇所**等で講じる措置である。　　**答** (4)

☺ POINT ☺

感電災害の防止についてマスターする。

1. 停電作業を行う場合の措置

　電路を開路して、電路や支持物の敷設、点検、修理、塗装等の電気工事の作業を行うときは、電路を開路した後、次の措置を講じなければならない。

①開閉器に、作業中、**施錠か通電禁止の表示**をし、または**監視人**を置くこと。

②**電力ケーブル、電力コンデンサ**等を有する電路で、残留電荷による危険を生ずるおそれのあるものは、安全な方法により残留電荷を放電させること。

③**高圧・特別高圧電路**は、**検電器具により停電を確認**し、かつ、**誤通電**、他の電路との**混触や誘導**による感電の危険を防止するため、**短絡接地器具を用いて確実に短絡接地**すること。

④作業中や作業を終了した場合、**開路した電路に通電**しようとするときは、あらかじめ、作業者に感電の危険が生ずるおそれのないこと、短絡接地器具を取りはずしたことを確認した後でなければ、行ってはならない。

2. 断路器などの開路

　高圧・特別高圧の電路の断路器、線路開閉器等の開閉器で、負荷電流を遮断するためのものでないものを開路するときは、**誤操作を防止**するため、電路が無負荷であることを示すための**パイロットランプ**、電路の系統を判別するための**タブレット**等により、操作者に電路が無負荷であることを確認させなければならない。

3. 工作物の建設などの作業を行う場合の感電防止

　架空電線・電気機械器具の充電電路に近接する場所で、工作物の建設、解体、点検、修理、塗装等の作業や附帯する作業、くい打機、くい抜機、移動式クレーン等を使用する作業を行う場合、作業者が作業中や通行の際に、充電電路に身体等が接触・接近することにより感電の危険が生ずるおそれのあるときは、次のいずれかによる措置を講じなければならない。

①**充電電路を移設**する。

②感電の危険を防止するための**囲い**を設ける。

③充電電路に**絶縁用防護具を装着**する。

④これらの措置が著しく困難なときは、**監視人を置き作業を監視**させる。

4. 絶縁用保護具などの定期自主検査

絶縁用保護具等は、**6 か月以内ごとに 1 回**、定期に、その絶縁性能について自主検査を行い、記録は **3 年間保存**しなければならない。

1級 **問題1** 停電作業に関する記述として、「労働安全衛生法」上、誤っているものはどれか。

(1) 100 V の分電盤の電路を開放し、その電路の修理を行っている間は、その電路の開放に使用した開閉器に「通電禁止」の札を下げ、分電盤を施錠した。

(2) 200 V 電路を開放し、その電路の点検を行う場合、残留電荷による危険があったため、短絡接地器具を用いて、開放した電路の残留電荷を放電させた。

(3) 6 600 V の電路を開放し、開放電路の停電を検電器具により確認後、直ちにその電路の点検を行った。

(4) 停電作業が終了したので、当該作業の従事者が感電の危険のないことおよび短絡接地器具を取り外したことを確認してから通電した。

1級 **問題2** 電気による危険の防止に関する記述として、次の①〜④のうち「労働安全衛生法」上、正しいもののみをすべて挙げているものはどれか。

①停電作業の終了時後の通電にあたっては、当該作業に従事する労働者に感電の危険のないことおよび短絡接地器具を取りはずしたことを確認してから行う。

②架空電線の充電電路に近接する場所で建物の修理の作業を行うにあたり、当該作業に従事する労働者が感電のおそれがあるため、作業場所に注意看板を設置して作業を行う。

③分電盤の電路を開路し、その電路の点検作業を行う場合、開路した開閉器に「通電禁止」の表示をする。

④電気機械器具の充電部分に設けた感電を防止するための囲いは、1 年に 1 回その損傷の有無を点検し、異常を認めたときは、直ちに補修する。

(1) ①② (2) ①③ (3) ②④ (4) ③④

〔問題1〕

開路した電路が**高圧または特別高圧**の場合は、検電器具により停電を確認したのち、感電の危険を防止する**短絡接地器具**を用いて**確実に短絡接地**をしてから点検を行うようにしなければならない。

検電器	短絡接地器具
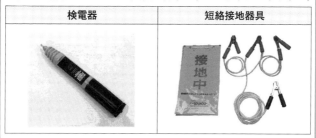	

答 (3)

〔問題2〕

②作業場所に注意看板を設置するだけでは感電の防止はできない。
④電気機械器具の充電部分に設けた感電を防止するための囲いは、**毎月1回以上**その損傷の有無を点検し、異常を認めたときは、**直ちに補修**する。

答 (2)

法
規

POINT

道路の占用許可と使用許可についてマスターする。

1. 道路の定義

道路は、道路法で次のように定義されている。

「一般交通の用に供する道で、トンネル、橋、渡船施設、道路用エレベーター等道路と一体となってその効用を全うする施設または工作物および道路の附属物で当該道路に附属して設けられているものを含むものとする。」

2. 道路の使用許可

道路交通法により、道路を使用する場合は所轄警察署長の許可を受けなければならない。

3. 道路の占用

道路の占用とは、路上や上空、地下に一定の施設を設置し、**継続して道路を使用する**ことである。

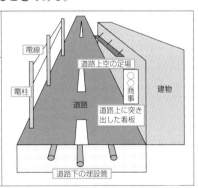

上方占用の例	
道路上空の看板、家屋・店舗の日除け等	

下方占用の例	
電気・電話・ガス・上下水道などの管路を道路の地下に埋設	

（図中ラベル：電線、道路上空の足場、電柱、商事、道路、道路上に突き出した看板、建物、道路下の埋設管）

4. 道路の占用許可

道路法により、道路を占用する場合は道路管理者の許可を受けなければならない。

許可申請書への記載内容

①道路の占用の目的　②道路の占用の期間　③道路の占用の場所　④工作物、物件または施設の構造　⑤工事実施の方法　⑥工事の時期　⑦道路の復旧方法

問題1 道路の占用許可申請書に記載する事項として、「道路法」上、定められているものはどれか。
 (1) 交通規制の方法
 (2) 施設の維持管理方法
 (3) 施設の点検方法
 (4) 道路の復旧方法

問題2 道路占用工事における工事実施方法に関する記述として、「道路法」上、誤っているものはどれか。
 (1) 道路の一方の側は、常に通行することができるようにする。
 (2) 工事現場においては、さくまたは覆いの設置、夜間における赤色灯または黄色灯の点灯その他道路の交通の危険防止のために必要な措置を講ずる。
 (3) 路面の排水を妨げない措置を講ずる。
 (4) 道路を掘削する場合は、溝掘、えぐり掘または推進工法その他これに準ずる方法により掘削する。

解答・解説

問題1

交通規制の方法は、**道路使用許可**に関するもので、道路占用許可に関するものではない。工作物、物件または施設の維持管理方法や点検は、道路の占用許可申請書に記載する事項として定められていない。

(参考) 次の選択肢も出題されている。
○：道路の占用の場所、占用の期間
○：工作物、物件または施設の構造
○：工事実施の方法
×：道路占用料・工事の費用

答 (4)

問題2

道路を掘削する場合は、**溝掘、つぼ掘または推進工法**などの方法によるものとし、**えぐり掘は行わない**ものとする。 **答** (4)

☻ POINT ☻

河川法の概要について用語を中心にマスターする。

1. 河川の名称と河川管理者

河川の名称と河川管理者は下表のとおりである。

河川の名称	河川管理者
一級河川	国土交通大臣
二級河川	都道府県知事
準用河川	市町村長
普通河川	市町村長

2. 河川にまつわる用語

①河川工事：河川の流水によって生ずる公利を増進し、または公害を除却し、もしくは軽減するために河川について行う工事をいう。

②河川管理施設：ダム、堰、水門、堤防、護岸、床止め、樹林帯その他河川の流水によって生ずる公利を増進し、または公害を除却し、もしくは軽減する効用を有する施設をいう。

③河川区域：次の❶～❸の区域をいう。

❶河川の流水が継続して存する土地および地形、草木の生茂の状況その他その状況が河川の流水が継続して存する土地に類する状況を呈している土地の区域。

❷河川管理施設の敷地である土地の区域。

❸堤外の土地の区域のうち、河川管理者が指定した区域。

④河川保全区域：河岸または堤防などの保全に支障を及ぼすおそれのある行為を規制するために指定された区域をいう。

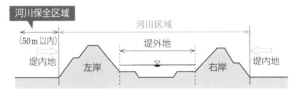

問題1 「河川法」に関する記述として、誤っているものはどれか。

(1) 2級河川は、市町村長が管理する。

(2) 河川法上の河川には、ダム、堰、堤防などの河川管理施設も含まれる。

(3) 1級河川は、国土保全上または国民経済上特に重要な水系に係る河川で、国土交通大臣が指定した河川である。

(4) 河川は、公共用物である。

解答・解説

問題1

2級河川は、都道府県知事が管理する。

河川区分	説　明	指定する者
1級河川	国土保全上または国民経済上、特に重要な水系で、政令で指定したものに係る河川	国土交通大臣
2級河川	1級河川以外の水系で公共の利害に重要な関係があるものに係る河川	都道府県知事

答 (1)

法

規

☺ POINT ☺

どのような場合に河川管理者の許可を必要とするかについてマスターする。

1. 河川区域における許可

①土地の占用の許可

河川区域内の土地を占用しようとする者は、国土交通省令で定めるところにより、**河川管理者の許可を受けなければならない**。

②土石等の採取の許可

河川区域内の土地において土石を採取しようとする者は、国土交通省令で定めるところにより、**河川管理者の許可を受けなければならない**。

③工作物の新設等の許可

河川区域内の土地において工作物を新築し、改築し、または除却しようとする者は、国土交通省令で定めるところにより、**河川管理者の許可を受けなければならない**。

④土地の掘削等の許可

河川区域内の土地において土地の掘削、盛土もしくは切土その他土地の形状を変更する行為または竹木の栽植もしくは伐採をしようとする者は、国土交通省令で定めるところにより、**河川管理者の許可を受けなければならない**。

2. 河川保全区域における許可

①許可が必要な行為

・土地の掘削、盛土または切土その他**土地の形状を変更する行為**
・**工作物の新築または改築**

②許可を必要としない行為

・**耕うん**
・堤内の土地における地表から高さ 3 m 以内の盛土
・堤内の土地における地表から深さ 1 m 以内の土地の掘さくまたは切土
・堤内の土地における工作物の新築または改築
・河川管理者が河岸または河川管理施設の保全上影響が少ないと認めて指定した行為

問題1 河川管理者の許可が必要な事項に関する記述として、「河川法」上、誤っているものはどれか。

(1) 河川区域内で仮設の資材置場を設置する場合は、河川管理者の許可が必要である。

(2) 電線を河川区域内の上空を通過して設置する場合は、河川管理者の許可が必要である。

(3) 河川区域内で下水処理場の排水口の付近に積もった土砂を排除するときは、河川管理者の許可が必要である。

(4) 一時的に少量の水をバケツで河川からくみ取る場合は、河川管理者の許可は必要ない。

問題2 河川管理者の許可が必要な事項に関する記述として、「河川法」上、正しいものはどれか。

(1) 河川区域の上空に、光ファイバケーブルを横断して新設する場合は、河川管理者の許可を受ける必要はない。

(2) 河川区域内における送電鉄塔の新設について河川管理者の許可を受けている場合は、その送電鉄塔を施工するための土地の掘削に関して新たに許可を受ける必要はない。

(3) 河川区域内に許可を得て設置した水位計を撤去する場合は、河川管理者の許可を受ける必要はない。

(4) 河川区域内の民有地に一時的な仮設工作物として現場事務所を設置する場合は、河川管理者の許可を受ける必要はない。

法
規

解答・解説

問題1

河川区域内で下水処理場の排水口の付近に積もった土砂の排除をするときは、河川管理者の許可は不要である。　**答** (3)

問題2

送電鉄塔を施工するための土地の掘削に関して新たに許可を受ける必要はない。　**答** (2)

☻ POINT ☻

電気通信事業法の概要についてマスターする。

1. 目的

電気通信事業の公共性にかんがみ、その**運営を適正かつ合理**的なものとするとともに、その**公正な競争を促進**することにより、**電気通信役務の円滑な提供を確保**するとともにその**利用者の利益を保護**し、もって**電気通信の健全な発達および国民の利便の確保**を図り、公共の福祉を増進する。

2. 定義

①電気通信：有線、無線その他の電磁的方式により、符号、音響または影像を送り、伝え、または受けることをいう。

②電気通信設備：電気通信を行うための機械、器具、線路その他の電気的設備をいう。

③電気通信役務：電気通信設備を用いて**他人の通信を媒介**し、その他**電気通信設備を他人の通信の用に供する**ことをいう。

④電気通信事業：電気通信役務を他人の需要に応ずるために**提供する事業**をいう。

⑤電気通信事業者：電気通信事業を営むことについて、**登録を受けた者**および規定による**届出をした者**をいう。

⑥電気通信業務：電気通信事業者の行う電気通信役務の提供の業務をいう。

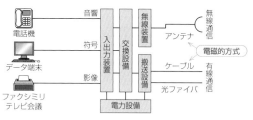

図　電気通信設備

3. 用語

①音声伝送役務：おおむね **4kHz** 帯域の音声その他の音響を伝送交換する機能を有する電気通信設備を他人の通信の用に供する電気通信役務であってデータ伝送役務以外のもの

②データ伝送役務：専ら**符号または影像**を伝送交換するための

電気通信設備を他人の通信の用に供する電気通信役務

③専用役務：**特定の者**に**電気通信設備を専用**させる電気通信役務

④特定移動通信役務：特定移動端末設備と接続される伝送路設備を用いる電気通信役務

4．故障の検出

事業用電気通信設備は、電源停止、共通制御機器の動作停止その他電気通信役務の提供に直接係る機能に重大な支障を及ぼす故障等の発生時には、これを直ちに検出し、当該事業用電気通信設備を維持し、または運用する者に通知する機能を備えなければならない。

5．利用の公平

電気通信事業者は、**電気通信役務の提供**について、**不当な差別的取り扱い**をしてはならない。

6．重要通信の確保

電気通信事業者は、天災、事変その他の非常事態が発生し、または発生するおそれがあるときは、**災害の予防もしくは救援**、交通、通信もしくは電力の供給の確保または**秩序の維持**のために必要な事項を内容とする通信を優先的に取り扱わなければならない。

7．通信事業者の登録

電気通信事業を営もうとする者は、総務大臣の登録を受けなければならない。

8．秘密の保護など

①電気通信事業者の取扱中に係る通信は、**検閲してはならない**。

②電気通信事業者の**取扱中に係る通信の秘密**は侵してはならない。

③電気通信事業に従事する者は、**在職中**電気通信事業者の取扱中に係る**通信に関して知り得た秘密を守らなければならない**。その職を退いた後も、同様とする。

問題1 「電気通信事業法」で規定されている用語に関する記述として、誤っているものはどれか。

(1) 電気通信とは、有線、無線その他の電磁的方式により、音響を伝えることをいう。

(2) 電気通信設備とは、電気通信を行うための機械、器具、線路その他の電気的設備をいう。

(3) 電気通信事業とは、電気通信役務を他人の需要に応ずるために提供する事業をいう。

(4) 電気通信業務とは、電気通信事業者の行う電気通信役務の提供の業務をいう。

1級 **問題2** 「電気通信事業法」で規定されている用語に関する記述として、正しいものはどれか。

(1) 電気通信とは、有線、無線その他の電磁的方式により、符号、音響または影像を送り、伝え、または情報を処理することをいう。

(2) 電気通信設備とは、電気通信を行うための機械、器具、線路その他の電気的設備をいう。

(3) 電気通信事業とは、電気通信回線設備を他人の需要に応ずるために提供する事業をいう。

(4) 電気通信業務とは、電気通信事業者の行う電気通信設備の維持および運用の提供の業務をいう。

1級 **問題3** 「電気通信事業法」に関する記述として、誤っているものはどれか。

(1) 電気通信事業を営もうとする者は、都道府県知事の登録を受けなければならない。

(2) 電気通信事業者の取扱中に係る通信の秘密は、侵してはならない。

(3) 電気通信事業者の取り扱い中に係る通信は、検閲してはならない。

(4) 電気通信事業者は、電気通信役務の提供について、不当な差別的取り扱いをしてはならない。

問題4 「事業用電気通信設備規則」に関する記述として、誤っているものはどれか。

(1) 専用役務とは、専ら符号または影像を伝送交換するための電気通信設備を他人の通信の用に供する電気通信役務をいう。

(2) 音声伝送役務とは、おおむね4kHz帯域の音声その他の音響を伝送交換する機能を有する電気通信設備を他人の通信の用に供する電気通信役務であってデータ伝送業務以外のものをいう。

(3) 直流回路とは、電気通信回線設備に接続して電気通信事業者の交換設備の動作の開始および終了の制御を行うための回路をいう。

(4) 絶対レベルとは、1の皮相電力の1mWに対する比をデシベルで表したものをいう。

解答・解説

問題1

電気通信とは、有線、無線その他の電磁的方式により、**符号、音響または影像を送り、伝え、または受けること**をいう。

答 (1)

問題2

正しくは次のとおりである。

(1) 符号、音響または影像を送り、伝え、または**受けること**をいう。

(3) 電気通信事業とは、**電気通信役務**を他人の需要に応ずるために提供する事業をいう。

(4) 電気通信業務とは、電気通信事業者の行う**電気通信役務の提供**の業務をいう。

答 (2)

問題3

電気通信事業を営もうとする者は、**総務大臣の登録**を受けなければならない。

答 (1)

問題4

専用役務=特定の者に電気通信設備を専用させる電気通信役務である。

答 (1)

☺ POINT ☺

有線電気通信法の概要についてマスターする。

1. 目 的

有線電気通信設備の設置および使用を規律し、有線電気通信に関する**秩序を確立**することによって、**公共の福祉の増進に寄与すること**。

2. 定 義

①有線電気通信：送信の場所と受信の場所との間の線条その他の導体を利用して、電磁的方式により、符号、音響または影像を送り、伝え、または受けることをいう。

②有線電気通信設備：有線電気通信を行うための機械、器具、線路その他の電気的設備をいう。

3. 有線電気設備の届出

有線電気通信設備を設置しようとする者は、①有線電気通信の方式の別、②設備の設置場所、③設備の概要を記載した書類を添えて、**設置の工事の開始の日の2週間前**までに、その旨を**総務大臣**に届け出なければならない。

問題1 「有線電気通信法」に関する記述として、誤っているものはどれか。

(1) 有線電気通信とは、送信の場所と受信の場所との間の線条その他の導体を利用して、電磁的方式により、符号、音響または影像を送り、伝え、または受けることをいう。

(2) 有線電気通信設備を設置しようとする者は、総務大臣の免許を受けなければならない。

(3) 有線電気通信設備とは、有線電気通信を行うための機械、器具、線路その他の電気的設備（無線通信用の優先連絡船を含む。）をいう。

(4) 有線電気通信の秘密は、侵してはならない。

解答・解説

問題1

有線電気通信設備を設置しようとする者は、総務大臣に**届け出**なければならない。　　　　　　　　　　　　　　　**答** (2)

☻ POINT ☻

有線電気通信設備令での主な規定概要をマスターする。

1. 定義

①電線：有線電気通信を行うための導体であって、強電流電線に重畳される通信回線に係るもの以外のものをいう。

②絶縁電線：絶縁物のみで被覆されている電線をいう。

③ケーブル：光ファイバならびに光ファイバ以外の絶縁物および保護物で被覆されている電線をいう。

④強電流電線：強電流電気の伝送を行うための導体をいう。

⑤線路：送信の場所と受信の場所との間に設置されている**電線**およびこれに係る**中継器、その他の機器**をいう。

⑥支持物：電柱、支線、つり線その他の電線または強電流電線を支持するための工作物をいう。

⑦離隔距離：線路と他の物体とが気象条件による位置の変化により最も接近した場合におけるこれらの物の間の距離をいう。

⑧音声周波：周波数が **200 Hz を超え 500 Hz 以下**の電磁波をいう。

⑨高周波：周波数が 3 500 Hz を超える電磁波をいう。

⑩絶対レベル：**一の皮相電力の 1 mW に対する比**をデシベルで表したものをいう。

$$絶対レベル = 10 \log_{10} \left(\frac{P \,[\mathrm{mW}]}{1 \,[\mathrm{mW}]} \right) \,[\mathrm{dBm}]$$

⑪平衡度：通信回線の中性点と大地との間に起電力を加えた場合における、これらの間に生ずる電圧と通信回線の端子間に生ずる電圧との比をデシベルで表したものをいう。

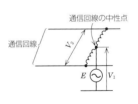

$$平衡度 = 20 \log_{10} \left(\frac{V_1}{V_2} \right) \,[\mathrm{dB}]$$

2. 電線の種類

有線電気通信設備に使用する電線は、原則として**絶縁電線ま**たは**ケーブル**でなければならない。

3. 線路の電圧および通信回線の電力

①通信回線の線路の電圧は 100 V 以下でなければならない。ただし、電線としてケーブルのみを使用するとき、または人体に危害を及ぼし、もしくは物件に損傷を与えるおそれがないときは、この限りでない。

②**通信回線の電力**は、絶対レベルで表した値で、その周波数が音声周波であるときは、+10 dBm 以下、高周波であるときは、+20 dBm 以下でなければならない。

4. 支持物

架空電線の支持物は、その架空電線が他人の設置した架空電線または架空強電流電線と交差し、または接近するときは、次の①、②により設置しなければならない。

ただし、その他人の承諾を得たとき、または人体に危害を及ぼし、もしくは物件に損傷を与えないように必要な設備をしたときは、この限りでない。

①他人の設置した**架空電線または架空強電流電線をはさみ、ま**たはこれらの間を通ることができないようにすること。

②架空強電流電線との間の**離隔距離**は、下表の値以上とすること。

表　支持物と架空強電流電線との離隔

架空強電流電線の使用電圧および種別		離隔距離
低圧		30 cm
高圧	強電流ケーブル	30 cm
	その他の強電流電線	**60 cm**

5. 足場金具

架空電線の支持物には、取扱者が昇降に使用する足場金具などを地表上 1.8 m 未満の高さに取り付けてはならない。

6. 架空電線の高さ

架空電線の高さは、下表のように規定されている。

表　架空電線の高さ

施設箇所	高さ
道路上	路面から5m以上
横断歩道橋上	路面から3m以上
鉄道・軌道横断	軌条面から6m以上
河川横断	舟行に支障を及ぼすおそれがない高さ

7. 有線電気通信設備の保安

有線電気通信設備は、**絶縁機能、避雷機能**その他の保安機能をもたなければならない。

8. 屋内電線の絶縁抵抗

屋内電線と大地との間および**屋内電線相互間**の絶縁抵抗は、直流100Vの電圧で測定した値で、**1MΩ以上**でなければならない。

9. 屋内強電流電線との離隔距離

屋内電線は、屋内強電流電線との離隔距離が**30cm以下**となるときは、省令で定めるところによらなければ、設置してはならない。

問題1 「有線電気通信設備令」に規定する用語に関する記述として、誤っているものはどれか。

(1) 電線とは、有線電気通信を行うための導体であって、強電流電線に重畳される通信回線に係るものを含めたものをいう。

(2) ケーブルとは、光ファイバ並びに光ファイバ以外の絶縁物および保護物で被覆されている電線をいう。

(3) 線路とは、送信の場所と受信の場所との間に設置されている電線およびこれに係る中継器その他の機器(これらを支持し、または保蔵するための工作物を含む)をいう。

(4) 支持物とは、電柱、支線、つり線その他電線または強電流電線を支持するための工作物をいう。

1級 **問題2** 「有線電気通信設備令」に関する記述として、誤っているものはどれか。

(1) 通信回線（導体が光ファイバであるものを除く。）の電力は、絶対レベルで表した値で、その周波数が音声周波であるときは、プラス 10 dB 以下、高周波であるときは、プラス 20 dB 以下でなければならない。

(2) 屋内配線（光ファイバを除く。）と大地との間および屋内電線相互の絶縁抵抗は、直流 100 V の電圧で測定した値で、1 MΩ 以上でなければならない。

(3) 通信回線（導体が光ファイバであるものを除く。）の平衡度は、1 000 Hz の交流において 34 dB 以上でなければならない。

(4) 通信回線（導体が光ファイバであるものを除く。）の線路の電圧は、150 V 以下でなければならない。

問題3 「有線電気通信設備令」に規定する用語に関する記述として、誤っているものはどれか。

(1) 絶対レベルとは、1 の皮相電力の 1 mW に対する比をデシベルで表したものをいう。

(2) 線路とは、電柱、支線、つり線その他電線または強流電線を支持するための工作物をいう。

(3) 高周波とは、周波数が 3 500 Hz を超える電磁波をいう。

(4) ケーブルとは、光ファイバ並びに光ファイバ以外の絶縁物及び保護物で被覆されている電線をいう。

1級 **問題4** 光ファイバケーブルの架空配線に関する記述として、次の①～④のうち「有線電気通信設備令」上、正しいもののみをすべて挙げているものはどれか。

①道路の縦断方向に架空配線をするにあたり、その架空配線の路面からの高さを 4 m とする。

②横断歩道橋の上に架空配線を行うにあたり、その架空配線の横断歩道橋の路面からの高さを 2 m とする。

③他人が設置した架空通信ケーブルと平行して架空配線を行うにあたり、その架空通信ケーブルとの離隔距離を 40 cm とする。

④他人の建造物の側方に架空配線を行うにあたり、その建造物との離隔距離を 35 cm とする。

(1) ①② (2) ①③ (3) ②④ (4) ③④

問題1

強電流電線に重畳される通信回線に係るもの以外のものをいう。　　　　　　　　　　　　　　　　　　　　　**答** (1)

問題2

通信回線の線路の電圧は、**100 V 以下**でなければならない。　　　　　　　　　　　　　　　　　　　　　　　**答** (4)

問題3

支持物とは、電柱、支線、つり線その他電線または強電流電線を支持するための工作物をいう。　　　　　　　　　**答** (2)

問題4

①架空配線は道路の路面からの高さを **5 m 以上**とする。

②架空配線は横断歩道橋の路面からの高さを **3 m 以上**とする。

③他人が設置した架空通信ケーブルと平行した架空通信ケーブルとの離隔距離は **30 cm 以上**とする。

④他人の建造物の側方に架空配線を行うにあたり、その建造物との離隔距離を **30 cm 以上**とする。

(参考) 次の選択肢も出題されている。

○：架空電線が鉄道または軌道を横断するときの架空電線の高さは軌条面から 6 m 以上であること。

○：架空電線が河川を横断するときの架空電線の高さは、舟行に支障を及ぼさない高さであること。

○：電柱に設置されている他人の既設通信ケーブルと同じルートに光ファイバケーブルを設置する場合、その既設通信ケーブルとの離隔距離を 30 cm 以上とする。

　　　　　　　　　　　　　　　　　　　　　　　　　答 (4)

法
規

☺ POINT ☺
電波法の概要についてマスターする。

1. 目 的
電波の公平かつ能率的な利用を確保することによって、公共の福祉を増進すること。

2. 定 義
①電波：**300万MHz以下の周波数の電磁波**をいう。

②無線電信：電波を利用して、**符号を送り、または受ける**ための通信設備をいう。

③無線電話：電波を利用して、**音声その他の音響を送り、または受ける**ための通信設備をいう。

④無線設備：**無線電信、無線電話その他電波を送り、または受ける**ための電気的設備をいう。

⑤無線局：**無線設備および無線設備の操作を行う者の総体**をいう。ただし、**受信のみを目的とするものを含まない**。

⑥無線従事者：**無線設備の操作またはその監督を行う者**であって、**総務大臣の免許を受けたもの**をいう。

3. 無線局の開設
無線局を開設しようとする者は、総務大臣の免許を受けなければならない。

（例外）**発射する電波が著しく微弱な無線局**で、総務省令で定めるもの。

4. 免許の申請
無線局の免許を受けようとする者は、申請書に、目的、開設を必要とする理由などを記載した書類を添えて、総務大臣に提出しなければならない。

5. 予備免許
総務大臣は、審査した結果、その**申請が規定に適合していると認めるとき**は、申請者に対し、無線局の**予備免許**を与える。

6. 工事設計などの変更

　予備免許を受けた者は、工事設計を変更しようとするときは、あらかじめ総務大臣の許可を受けなければならない。

7. 免許の有効期間

　免許の有効期間は、**免許の日から起算して5年を超えない範囲内**において総務省令で定める。ただし、再免許を妨げない。

8. 免許状

　総務大臣は、免許を与えたときは、免許状を交付する。免許状には、次の事項を記載しなければならない。

①免許の年月日および免許の番号
②**免許人の氏名または名称および住所**
③無線局の種別
④無線局の目的（主たる目的および従たる目的を有する無線局にあっては、その主従の区別を含む。）
⑤通信の相手方および通信事項
⑥無線設備の設置場所
⑦免許の有効期間
⑧識別信号
⑨電波の型式および周波数
⑩空中線電力
⑪運用許容時間

法
規

問題1 無線設備の変更工事を行う場合の手続きに関する記述として、「電波法」上、正しいものはどれか。

    (1) 免許人は、無線局の目的、通信の相手方、通信事項、放送事項、放送区域、無線設備の設置場所もしくは基幹放送の業務に用いられる電気通信設備を変更し、または無線設備の変更の工事を行った場合は、遅滞なく総務大臣の許可を受けなければならない。

    (2) 無線局の予備免許を受けた者は、工事設計を変更したときは、遅滞なく総務大臣へ届け出なければならない。

    (3) 無線局の予備免許を受けた者は、工事が落成したときは、その旨を総務大臣に届け出て、その無線局について確認を受けなければならない。

    (4) 無線設備の設置場所の変更または無線設備の変更の工事の許可を受けた免許人は、総務大臣の検査を受け、当該変更または工事の結果が許可の内容に適合していると認められた後でなければ、許可に係る無線設備を運用してはならない。

解答・解説

問題1

(1)、(2) 予備免許を受けた者は、無線局の目的、通信の相手方、通信事項、放送事項、放送区域、無線設備の設置場所もしくは基幹放送の業務に用いられる電気通信設備を変更しようとするときは、**あらかじめ総務大臣の許可**を受けなければならない。

(3) 無線局の予備免許を受けた者は、工事が落成したときは、その旨を総務大臣に届け出て、その無線設備、無線従事者の資格および員数並びに時計および書類（無線設備等）について検査を受けなければならない。

答 (4)

☻ POINT ☻

無線設備の規定について概要をマスターする。

1. 電波の質

送信設備に使用する**電波の周波数の偏差および幅、高調波の強度**など電波の質は、総務省令で定めるところに適合するものでなければならない。

2. 送受信設備の条件

受信設備は、その**副次的に発する電波**または高周波電流が、総務省令で定める限度を超えて他の**無線設備の機能に支障**を与えるものであってはならない。

3. 空中線電力

空中線電力の許容偏差は送信設備の区分に従って定められている。

4. 空中線等の保安施設

無線設備の空中線系には**避雷器**または**接地装置**を、カウンタポイズには接地装置をそれぞれ設けなければならない。

5. 周波数安定のための条件

周波数をその許容偏差内に維持するため、送信装置は、できる限り電源電圧または負荷の変化によって発振周波数に影響を与えないものでなければならない。

6. 無線設備機器の検定

周波数測定装置などの無線設備の機器は、その型式について、**総務大臣の行う検定に合格したもの**でなければ、施設してはならない。

問題1　無線設備の型式検定に合格したとき告示される事項として、「電波法」上、誤っているものはどれか。

(1) 型式検定合格の判定を受けた者の氏名または名称
(2) 型式検定申請の年月日
(3) 検定番号
(4) 機器の名称

1級　問題2　無線設備の送信装置における周波数の安定のための条件について、「電波法」上、誤っているものはどれか。

(1) 周波数をその許容偏差内に維持するため、送信装置はできる限り電源電圧または負荷の変化によって発振周波数に影響を与えないものでなければならない。
(2) 移動局の送信装置は、実際上起こり得る気圧の変化によっても周波数をその許容偏差内に維持するものでなければならない。
(3) 周波数をその許容偏差内に維持するため、発振回路の方式は、できる限り外囲の温度もしくは湿度の変化によって影響を受けないものでなければならない。
(4) 水晶発振回路に使用する水晶発振子は、発振周波数が当該送信装置の水晶発振回路によりまたはこれと同一の条件の回路によりあらかじめ試験を行って決定されているものであること。

解答・解説

問題1

無線設備の型式検定に合格したとき告示される事項として、「電波法」では、次の項目を規定している。
①型式検定合格の判定を受けた者の氏名または名称、②機器の名称、③機器の型式名、④検定番号、⑤**型式検定合格の年月日**、⑥その他必要な事項　　　　　　　　　　　**答** (2)

問題2

移動局（移動するアマチュア局を含む）の送信装置は、実際上起り得る**振動または衝撃**によっても周波数をその許容偏差内に維持するものでなければならない。　　　　　　　**答** (2)

☺ POINT ☺

無線従事者の規定について概要をマスターする。

1．無線設備の操作

　無線設備の操作を行うことができる**無線従事者**以外の者は、無線局の**無線設備の操作の監督を行う者（主任無線従事者）**として選任された者であってその選任の届出がされたものにより監督を受けなければ、無線局の無線設備の操作を行ってはならない。

2．目的外使用の禁止など

　無線局は、免許状に記載された目的または通信の相手方もしくは通信事項の範囲を超えて運用してはならない。ただし、次に掲げる通信については、この限りでない。

　①遭難通信、②緊急通信、③安全通信、④非常通信、⑤放送の受信、⑥その他総務省令で定める通信

3．無線局の運用

　無線局を運用する場合においては、**無線設備の設置場所、識別信号、電波の型式および周波数**は、その無線局の免許状または登録状に記載されたところによらなければならない。ただし、遭難通信については、この限りでない。

4．無線通信の原則

①必要のない通信は、これを行ってはならない。
②無線通信に使用する用語は、できる限り簡潔でなければならない。
③無線通信を行うときは、自局の識別信号を付して、その出所を明らかにしなければならならない。
④無線通信は、正確に行うものとし、通信上の誤りを知ったときは、直ちに訂正しなければならない。

5．秘密の保護

　何人も法律に別段の定めがある場合を除くほか、特定の相手方に対して行われる無線通信を傍受してその存在もしくは内容を漏らし、またはこれを窃用してはならない。

6．時計・業務書類などの備付け

　無線局には、正確な時計および無線業務日誌その他総務省令

で定める書類を原則として備え付けておかなければならない。

7. 通信方法など

無線局の呼出しまたは応答の方法その他の通信方法、時刻の照合並びに救命艇の無線設備および方位測定装置の調整その他無線設備の機能を維持するために必要な事項の細目は、総務省令で定める。

問題1 非常通信に関する次の記述の ☐ に当てはまる語句の組合せとして、「電波法」上、正しいものはどれか。
「地震、台風、洪水、津波、雪害、火災、暴動その他非常の事態が発生し、または発生する恐れがある場合において、 ☐ ア ☐ を利用することができないかまたはこれを利用することが著しく困難であるときに人命の救助、災害の救援、 ☐ イ ☐ または秩序の維持のために行われる無線通信をいう。」

	ア	イ
(1)	有線通信	公共通信の確保
(2)	有線通信	交通通信の確保
(3)	防災通信	公共通信の確保
(4)	防災通信	交通通信の確保

問題2 無線通信の原則に関する記述として、「電波法」上、誤っているものはどれか。
(1) 無線通信を行うときは、自局の免許番号を付して、その出所を明らかにしなければならない。
(2) 無線通信に使用する用語は、できるだけ簡潔でなければならない。
(3) 無線通信は、正確に行うものとし、通信上の誤りを知ったときは、直ちに訂正しなければならない。
(4) 必要のない無線通信は、これを行ってはならない。

問題3 無線局の免許状に記載されている事項として、「電波法」上、誤っているものはどれか。
(1) 免許の年月日および免許の番号
(2) 通信相手方および通信事項
(3) 無線局の種別
(4) 主任無線従事者の資格

解答・解説

《問題1》

正しい文章は、次のようになる。

「地震、台風、洪水、津波、雪害、火災、暴動その他非常の事態が発生し、または発生する恐れがある場合において、**有線通信を利用することができない**かまたはこれを利用することが著しく困難であるときに人命の救助、災害の救援、**交通通信の確保**または秩序の維持のために行われる無線通信をいう。」

答 (2)

《問題2》

無線通信を行うときは、自局の**識別信号**を付して、その出所を明らかにしなければならない。

答 (1)

《問題3》

無線局の免許状には、免許の番号、免許の年月日、免許の有効期間、識別信号、免許人の名称および住所、種別、目的、通信の相手方および通信事項、設置場所および指定事項（電波の型式、周波数、空中線電力、運用許容時間）などが記載されている。

答 (4)

☻ POINT ☻

低圧幹線の許容電流と幹線の過電流遮断器の定格電流の求め方について、その概要をマスターしておく。

1. 幹線の許容電流

幹線は、電気機器の定格電流の合計以上の許容電流のある電線を使用しなければならない。

電動機の定格電流の合計を I_M〔A〕、他の電気使用機械器具の定格電流の合計を I_H〔A〕とすると、幹線の許容電流 I_A〔A〕は、次のように求める。

● $I_H \geqq I_M$ の場合 ……………→ $I_A \geqq I_M + I_H$

● $I_M > I_H$ の場合
　・$I_M \leqq 50$〔A〕の場合 ……→ $I_A \geqq 1.25 I_M + I_H$
　・$I_M > 50$〔A〕の場合 ……→ $I_A \geqq 1.1 I_M + I_H$

[求め方の例]

・$I_M = 20 \times 3 = 60$〔A〕、$I_H = 15$〔A〕である。

・$I_M > I_H$ で $I_M > 50$〔A〕であり、$I_A \geqq 1.1 I_M + I_H$ を適用する。

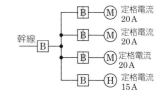

2. 幹線の過電流遮断器の定格電流

屋内幹線には、その幹線の過電流保護を図るため、幹線の電源側に過電流遮断器を施設する必要がある。

幹線の過電流遮断器の定格電流 I_B〔A〕の求め方は、下図のフローによる。

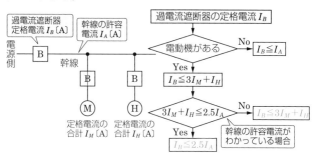

問題1 屋内の低圧幹線の施工に関する記述として、「電気設備の技術基準の解釈」上、誤っているものはどれか。

(1) 低圧幹線のケーブルは、損傷を受けるおそれがない場所に施設する。

(2) 低圧幹線のケーブルの許容電流は、そのケーブルに接続される負荷の定格電流を合計した値以上にする。

(3) 低圧幹線の電源側電路に、保護用として過電流遮断器を施設する。

(4) 低圧幹線のケーブルを保護する過電流遮断器の定格電流は、そのケーブルの最大短絡電流以下になるように選定する。

解答・解説

問題1

低圧幹線のケーブルを保護する過電流遮断器の定格電流は、原則としてそのケーブルの**許容電流以下**のものでなければならない。

答 (4)

法
規

☺ POINT ☺

細い分岐幹線と分岐回路の過電流遮断器の施設条件についてマスターしておく。

1. 細い分岐幹線の過電流遮断器

太い幹線に細い幹線を接続する場合、接続箇所には原則として、過電流遮断器を施設しなければならない。

[細い幹線側の過電流遮断器の省略条件]

① 3 m 以下の分岐

② 細い幹線の許容電流 I_W が過電流遮断器の定格電流 I_B の 35％以上である場合で分岐が 8 m 以下のとき

③ 細い幹線の許容電流 I_W が過電流遮断器の定格電流 I_B の 55％以上である場合

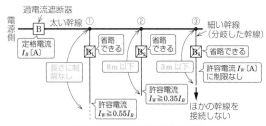

図 1　過電流遮断器の施設の省略

2. 分岐回路の過電流遮断器

低圧屋内幹線の分岐回路での開閉器および過電流遮断器の施設は下図によらなければならない。

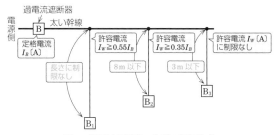

図 2　過電流遮断器の施設の延長条件

問題1 電気設備において、低圧の幹線および配線に関する記述として、「電気設備の技術基準の解釈」上、誤っているものはどれか。

ただし、負荷側には電動機またはこれに類する起動電流が大きい電気機械器具は接続されていないものとする。

(1) 低圧幹線の電線は、供給される負荷である電気使用機械器具の定格電流の合計値以上の許容電流のものを使用した。

(2) 低圧分岐回路の電線の許容電流が、その電線に接続する低圧幹線を保護する過電流遮断器の定格電流の35％であるため、低圧幹線の分岐点から9mの箇所に分岐回路を保護する過電流遮断器を施設した。

(3) 低圧幹線の電源側電路に設置する過電流遮断器は、当該低圧幹線に使用する電線の許容電流よりも低いものを施設した。

(4) 低圧分岐回路の電線の許容電流が、その電線に接続する低圧幹線を保護する過電流遮断器の定格電流の30％であるため、低圧幹線の分岐点から3mの箇所に分岐回路を保護する過電流遮断器を施設した。

解答・解説

問題1

①低圧屋内幹線の分岐回路では、**原則**として分岐点から**3m以下**の箇所に開閉器および過電流遮断器を施設しなければならない。

②分岐回路の許容電流 I_W が幹線側の**過電流遮断器の定格電流 I_B の35％以上**である場合は過電流遮断器を分岐点から**8m以下**に、**55％以上**である場合には過電流遮断器を分岐点からの距離の制限なしに施設できる。

(参考) 次の選択肢も出題されている。

×：低圧分岐回路の電線の許容電流が、低圧幹線を保護する過電流遮断器の定格電流の30％であるため、低圧幹線の分岐点から4mの箇所に分岐回路を保護する過電流遮断器を施設した。→3m以下であること。

答 (2)

☕ POINT ☕

分岐回路の保護装置と電線、コンセントの可能な施設の規定を
マスターしておく。

1. 低圧分岐回路の施設

「分岐回路を保護する過電流遮断器の種類」と「分岐回路の
配線の太さ」と「接続できるコンセント」の施設可能な組合せ
は、下表のように規定されている。

表　低圧分岐回路の可能な施設の組合せ

分岐回路を保護するもの	分岐回路を保護する過電流遮断器 または配線用遮断器の定格電流	電線の太さの最小値	接続できるコンセントの定格電流
過電流遮断器 配線用遮断器	15A	1.6 mm	15A 以下
過電流遮断器	20A	1.6 mm	20A 以下
過電流遮断器	20A	2.0 mm	20A
過電流遮断器	30A	2.6 mm	20A 以上 30A 以下
過電流遮断器	40A	8 mm²	30A 以上 40A 以下
過電流遮断器	50A	14 mm²	40A 以上 50A 以下

1級　**問題1**　事務室におけるコンセント専用の低圧分岐回路に関
する記述として、誤っているものはどれか。
(1) 定格電流 30A の配線用遮断器に直径 2 mm の電線を配
線し、定格電流 15A のコンセントを 1 つ取り付ける。
(2) 定格電流 20A の配線用遮断器に直径 1.6 mm の電線を
配線し、定格電流 20A のコンセントを 1 つ取り付ける。
(3) 定格電流 15A の配線用遮断器に直径 1.6 mm の電線を
配線し、定格電流 15A のコンセントを 1 つ取り付ける。
(4) 定格電流 30A の配線用遮断器に直径 2.6 mm の電線を
配線し、定格電流 30A のコンセントを 1 つ取り付ける。

解答・解説

問題1

定格電流 30A の配線用遮断器には**直径 2.6 mm 以上の電線**を
配線し、**定格電流 20A 以上 30A 以下のコンセント**を取り付
けなければならない。　　　　　　　　　　　　　　**答** (1)

☺ POINT ☺

低圧屋内配線工事の種類と施設場所についてマスターする。

1. 低圧屋内配線の種類

低圧屋内配線の施設場所・使用電圧の区分ごとに適用できる工事の種類は、下表のとおりである。

電気工事の種類	施工場所			
	①展開した場所 ②点検できる隠ぺい場所		③点検できない隠ぺい場所	
	☀	◈	☀	◈
金属管工事	○	○	○	○
合成樹脂管工事※1	○	○	○	○
ケーブル工事※2	○	○	○	○
2種金属可とう電線管工事	○	○	○	○
がいし引き工事	○	○		
バスダクト工事	○	△※3		
金属ダクト工事	○			
金属線ぴ工事	○※4			
ライティングダクト工事	○※4			
フロアダクト工事			○※4	
セルラダクト工事	△※5		○※4	
平形保護層工事	△※5			

☀ 乾燥した場所　◈ 湿気の多い場所または水気のある場所

※1：CD管は使用できない。

※2：キャブタイヤケーブルは使用できない。

※3：②の場所を除く、使用電圧 300V 以下

※4：使用電圧 300V 以下

※5：②の場所、使用電圧 300V 以下

オールマイティの4つの工事

　金属管工事、合成樹脂管工事、ケーブル工事、2種金属可とう電線管工事は、施設場所の制約がない！

2. 低圧屋側電線路

低圧屋側電線路に適用できる工事は、次のとおりである。

①がいし引き工事（露出に限る）

②金属管工事（木造以外に限る）

③合成樹脂管工事

④ケーブル工事（金属製外装のケーブルは木造以外に限る）

問題1 低圧屋内配線における、施設場所による工事の種類に関する記述として、「電気設備技術基準の解釈」上、誤っているものはどれか。

(1) ケーブル工事は、使用電圧が300V超過で、乾燥した展開した場所に施設することができる。

(2) 合成樹脂管工事は、使用電圧が300V以下で、湿気の多い展開した場所に施設することができる。

(3) 金属可とう電線管工事は、使用電圧が300V超過で、乾燥した展開した場所に施設することができる。

(4) 金属ダクト工事は、使用電圧が300V以下で、湿気の多い展開した場所に施設することができる。

問題2 低圧屋内配線における、施設場所による工事の種類に関する記述として、「電気設備の技術基準の解釈」上、誤っているものはどれか。

(1) 合成樹脂管工事は、使用電圧が300V超過で、乾燥した点検できる隠ぺい場所に施設することができる。

(2) フロアダクト工事は、使用電圧が300V以下で、乾燥した点検できな隠ぺい場所に施設することができる。

(3) 金属管工事は、使用電圧が300V以下で、乾燥した点検できない隠ぺい場所には施設することができない。

(4) 金属線ぴ工事は、使用電圧が300V超過で、乾燥した点検できる隠ぺい場所には施設することができない。

解答・解説

問題1
金属ダクト工事は、乾燥した場所には施設できるが、湿気の多い場所や水気のある場所には施設できない。オールマイティの4つの工事（**金属管工事、合成樹脂管工事、ケーブル工事、2種金属可とう電線管工事**）以外のものを探す消去法を利用しても解ける。 答 (4)

問題2
オールマイティの4つの工事（**金属管工事、合成樹脂管工事、ケーブル工事、2種金属可とう電線管工事**）は、低圧屋内配線について施設場所の制限はない。 答 (3)

☻ POINT ☻
低圧屋内配線工事の施設方法などの概要をマスターしておく。

1. 低圧屋内配線工事の施設方法

①がいし引き工事
・使用電線：絶縁電線（OW線・DV線を除く）
・支持点間隔：上面と側面 2 m 以下
（参考）新規の施設はほとんどなく、出題はまずない！

②合成樹脂管工事
・使用電線：絶縁電線（OW線を除く）
・電線の接続：管内での接続は禁止
・支持点間隔：**1.5 m 以下**
・管相互、管と附属品の接続：**管外径の 1.2 倍（接着剤を使用する場合は 0.8 倍）以上を差し込む**

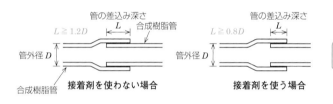

接着剤を使わない場合　　　　接着剤を使う場合

③金属管工事
・使用電線：絶縁電線（OW線を除く）
・管の厚さ：**原則 1（コンクリート内 1.2）mm 以上**
・電線の接続：管内での接続は禁止
・支持点間隔：**2 m 以下**とすることが望ましい

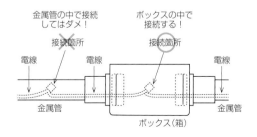

④金属可とう電線管工事

・使用電線：絶縁電線
　（OW線を除く）

・使用する管：二種金属
　製可とう電線管が原則

・電線の接続：管内での
　接続は禁止

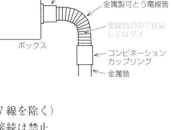

⑤金属線ぴ工事

・使用電線：絶縁電線（OW線を除く）

・電線の接続：線ぴ内での接続は禁止

⑥金属ダクト工事

・使用電線：絶縁電線（OW線を除く）

・電線の接続：ダクト内での接続は禁止

・電線の占有率：ダクトの内部断面積の20%以下

・支持点間隔：3m以下

⑦バスダクト工事

・使用電線：バスダクト

・支持点間隔：3m以下

⑧ケーブル工事

・使用電線：ケーブル

・支持点間隔：2m以下

⑨フロアダクト工事

・使用電線：絶縁電線（OW線を除く）

・電線の接続：ダクト内での接続は禁止

⑩セルラダクト工事

・使用電線：絶縁電線（OW線を除く）

・電線の接続：ダクト内での接続は禁止

⑪ライティングダクト工事

・使用電線：ライティングダクト

・支持点間隔：2m以下

・ダクトの開口部：下向き取付けが原則
　（上向きは禁止）

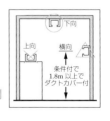

⑫平形保護層工事

・使用電線：平形導体合成樹脂絶縁電線

・造営材の床面・壁面に施設し、造営材を貫通しない

問題1 低圧配線の施工に関する記述として、適当でないものはどれか。

(1) 400 V 回路で使用する電気機械器具の金属製の台および外箱に、C種接地工事を施した。

(2) 金属管工事において、単相2線式回路の電線2条を金属管2本にそれぞれ分けて敷設した。

(3) 合成樹脂管工事において、電線の接続を行うため、アウトレットボックスを設けて電線を接続した。

(4) 100 V 回路で使用する電路において、電線と大地との間の絶縁抵抗値が 0.1 MΩ 以上であることを確認した。

問題2 低圧ケーブルの屋内配線に関する記述として、適当でないものはどれか。

(1) 屈曲箇所では、2心の低圧ケーブルの曲げ半径（内側の半径とする。）を、そのケーブルの仕上がり外径の3倍とする。

(2) 低圧ケーブルを造営材の下面に沿って水平に取り付ける場合、そのケーブルの支持点間隔を 2 m にする。

(3) 低圧ケーブルと通信用メタルケーブルを同一のケーブルラックに敷設する場合、それらを接触させないように固定する。

(4) 低圧ケーブルを垂直のケーブルラックに敷設する場合は、特定の子げたに重量が集中しないように固定する。

解答・解説

問題1

金属管工事において、単相2線式回路の電線2条を金属管2本にそれぞれ分けて敷設すると、金属管に渦電流が流れて過熱し、電気火災の原因となる。このため、同一の金属管に電線を2本収めた工事としなければならない。　　　**答** (2)

問題2

屈曲箇所では、2心の低圧ケーブルの曲げ半径を、そのケーブルの**仕上がり外径の6倍以上**としなければならない。　**答** (1)

❀ POINT ❀

電気用品安全法の概要についてマスターしておく。

1. 電気用品安全法の目的

　電気用品の**製造、輸入、販売等を規制**するとともに、電気用品の安全性の確保につき民間事業者の自主的な活動を促進することにより、**電気用品による危険および障害の発生を防止**する。

2. 規制の範囲

①**電気用品**：一般用電気工作物に用いる機械・器具・材料および携帯発電機、蓄電池

　電気用品＝特定電気用品＋特定電気用品以外の電気用品

　表示記号→　$\langle{}^{PS}_{E}\rangle$　〈PS〉E　　$\binom{PS}{E}$　（PS）E

②**特定電気用品**：特に危険、障害の発生のおそれが多いもの

③**特定電気用品以外の電気用品**：「電気用品」で「特定電気用品」以外のもの

3. 電気用品安全法の適用を受けるもの

○特定電気用品の代表例

　　①**電線類**：定格電圧 100V 以上 **600V 以下**

　　　＊**絶縁電線**：公称断面積 **100 mm² 以下**
　　　＊**ケーブル**：公称断面積 **22 mm² 以下**、線心 **7 本以下**
　　　＊**キャブタイヤケーブル、コード**：公称断面積 100 mm² 以下、線心 7 本以下

　　②**点滅器**：定格電流 **30A 以下**

　　③**箱開閉器、配線用遮断器、漏電遮断器**：定格電流 **100A 以下**

　　④**放電灯用安定器**：定格消費電力 **500W 以下**

　　⑤**携帯発電機**：定格電圧 30V 以上 300V 以下

○特定電気用品以外の電気用品の代表例

　　①**電線管類**：内径 120 mm 以下

　　②**単相電動機、かご形三相誘導電動機**

　　③**換気扇**：消費電力 **300W 以下**

　　④**光源・光源応用機械器具**

問題1 工事に使用される機材の種類において、「電気用品安全法」上、電気用品として定められていないものはどれか。
- (1) 電線（600 V ビニル絶縁電線 IV 22 mm²）
- (2) フロアダクト（金属製フロアダクト幅 50 mm）
- (3) 電線管（厚鋼電線管 28 mm）
- (4) ケーブルラック（アルミ製幅 500 mm）

問題2 次の電気用品のうち、「電気用品安全法」上、特定電気用品に該当しないものはどれか。

ただし、使用電圧 200 V の交流の回路に使用するものとする。
- (1) ケーブル（CV 22 mm² 3 心）
- (2) ケーブル配線用スイッチボックス
- (3) 電流制限器（定格電流 100 A）
- (4) 温度ヒューズ

解答・解説

問題1

ケーブルラックは、電気用品として定められていません。

(1) のケーブルは 100 mm² 以下で特定電気用品、(2) のフロアダクトは幅 100 mm 以下で特定電気用品、(3) の電線管は内径 120 mm 以下のものは特定電気用品以外の電気用品に該当する。

答 (4)

問題2

ケーブル配線用スイッチボックスは、特定電気用品以外の電気用品です。

答 (2)

法
規

☺ POINT ☺

電気工事士などの種別ごとに可能な工事の範囲、電気工事士の義務についてマスターしておく。

1. 電気工事士法の目的

「電気工事の作業に従事する者の資格および義務を定めることで、電気工事の欠陥による災害の発生の防止に寄与する」としている。

2. 電気工事士の資格と作業可能範囲

一般用電気工作物および自家用電気工作物（最大電力500kW未満）の電気工事は、免状の種類によって作業できる範囲が異なる。

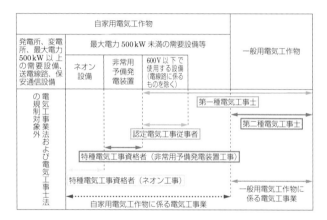

3. 免状などの交付・返納

第一種・第二種電気工事士の免状の交付・返納は都道府県知事で、認定電気工事者および特種電気工事資格者証の交付・返納は経済産業大臣である。

4. 電気工事士の義務

①電気工事士は、電気設備技術基準に適合するように作業を行わねばならない。

②電気工事をするときには電気工事士免状等を携帯する。

③電気用品安全法に適合した用品を使用しなければならない。

④第一種電気工事士は、免状取得後5年以内ごとに自家用電

気工作物の保安に関する講習の受講義務がある。
⑤**都道府県知事**から電気工事の報告を求められた場合、**報告義務**がある。

問題1 電気工事士等に関する記述として、「電気工事士法」上、誤っているものはどれか。
(1) 電気工事士免状は、都道府県知事が交付する。
(2) 都道府県知事は、認定電気工事従事者認定証の返納を命ずることができる。
(3) 電気工事士免状の種類は、第一種電気工事士免状および第二種電気工事士免状である。
(4) 特種電気工事資格者認定証は、経済産業大臣が交付する。

問題2 電気工事士等が従事する作業に関する記述として、「電気工事士法」上、誤っているものはどれか。ただし、自家用電気工作物は最大電力 500kW 未満の需要設備とする。
(1) 第一種電気工事士は、特種電気工事を除く、一般用電気工作物および自家用電気工作物に係る電気工事の作業に従事することができる。
(2) 第二種電気工事士は、一般用電気工作物の作業に従事できるが、自家用電気工作物に係る電気工事の作業に従事することができない。
(3) 認定電気工事従事者は、自家用電気工作物に係る電気工事のうち簡易電気工事の作業に従事することができる。
(4) 非常用予備発電装置工事の特種電気工事資格者は、自家用電気工作物に係る電気工事のうち、非常用予備発電装置として設置される原動機、発電機、配電盤、これらの付属設備および他の需要設備との間の電線との接続部分に係る電気工事の作業に従事することができる。

解答・解説

問題1
認定電気工事従事者認定証や特種電気工事資格者証の返納を命ずるのは、**経済産業大臣**である。　　　　答 (2)

問題2
(4) で、他の需要設備との間の電線との接続部分に係る電気工事は第一種電気工事士が行う。　　　　答 (4)

☺ POINT ☺

公害や産業廃棄物についてマスターする。

1. 公害の要因

　公害とは、環境の保全上の支障のうち、事業活動その他の人の活動に伴って生ずる相当範囲にわたるものである。

〈公害の要因〉

　①大気汚染、②水質汚濁、③土壌の汚染、④騒音、⑤振動、⑥地盤沈下、⑦悪臭

2. 産業廃棄物

　事業活動に伴って生じた廃棄物のうち、廃棄物の処理および清掃に関する法律（廃棄物処理法）で規定された**20種類**を産業廃棄物という。

廃プラスチック類	金属くず	ガラスくず	コンクリートくず
陶磁器くず	がれき類	汚泥	廃油
紙くず	木くず	繊維くず	飛散性アスベスト（特別管理）

図　代表的な産業廃棄物

3. 特別管理産業廃棄物

　産業廃棄物のうち**爆発性、毒性、感染性**その他、人の健康や生活環境に被害を生じるおそれのあるもの。

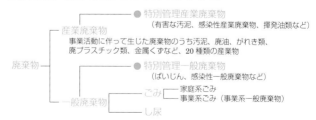

廃棄物
- 産業廃棄物
  - ● 特別管理産業廃棄物（有害な汚泥、感染性産業廃棄物、揮発油類など）
  - 事業活動に伴って生じた廃棄物のうち汚泥、廃油、がれき類、廃プラスチック類、金属くずなど、20種類の産業物
- 一般廃棄物
  - ● 特別管理一般廃棄物（ばいじん、感染性一般廃棄物など）
  - ごみ
    - 家庭系ごみ
    - 事業系ごみ（事業系一般廃棄物）
  - し尿

4. 廃棄物管理票（マニフェスト）

①産業廃棄物の運搬・処分を他人に委託する場合は、事業者は **産業廃棄物管理票を交付**しなければならない。

②事業者は、運搬・処分が終了したことを**管理票の写し**で確認し、それを **5 年間保存**しなければならない。

問題1 建設現場で発生する廃棄物の種類に関する記述として、「廃棄物の処理及び清掃に関する法令」上、正しいものはどれか。

(1) 工作物の除去に伴って生じた紙くずは、一般廃棄物である。

(2) 工作物の除去に伴って生じた木くずは、一般廃棄物である。

(3) 工作物の除去に伴って生じた繊維くずは、産業廃棄物である。

(4) 工作物の除去に伴って生じたコンクリート破片は、特別管理一般廃棄物である。

問題2 廃棄物に関する記述について、「廃棄物の処理及び清掃に関する法令」上、誤っているものはどれか。

(1) ごみ、粗大ごみ、燃え殻、汚泥、ふん尿などで、固形状または液状のものは、廃棄物である。

(2) 建設業に係るもので、工作物の新築、改築または除去に伴って生じた木くずは、一般廃棄物である。

(3) 事業者は、産業廃棄物の運搬を委託する場合は産業廃棄物管理票を交付しなければならない。

(4) 事業者は、産業廃棄物が運搬されるまでの間、環境省令の定めに従い保管しなければならない。

解答・解説

問題1

(1) の紙くず、(2) の木くず、(4) のコンクリート破片は産業廃棄物である。　　　　　　　　　　　　　　　　　**答** (3)

問題2

建設業に係るもので、工作物の新築、改築または除去に伴って生じた木くずは、**産業廃棄物**である。　　　　　**答** (2)

😊 POINT 😊

資源の有効利用に関する法律についてマスターする。

1. リサイクル法の目的

資源の有効な利用の促進に関する法律（**リサイクル法**）の目的は、資源の有効な利用の確保を図るとともに、廃棄物の発生の抑制および環境の保全に資するため、使用済物品等および副産物の発生の抑制ならびに再生資源および再生部品の利用の促進に関する所要の措置を講ずることとし、もって国民経済の健全な発展に寄与することである。

2. 建設リサイクル法の目的

建設工事に係る資材の再資源化等に関する法律（**建設リサイクル法**）の目的は、特定の建設資材について、その分別解体等および再資源化等を促進するための措置を講ずるとともに、解体工事業者について登録制度を実施すること等により、再生資源の十分な利用および廃棄物の減量等を通じて、資源の有効な利用の確保および廃棄物の適正な処理を図り、もって生活環境の保全および国民経済の健全な発展に寄与することである。

3. 指定副産物と特定建設資材

指定副産物と特定建設資材の違いは、下図のとおりである。

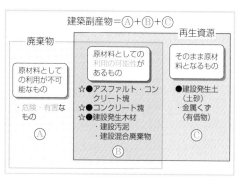

●：資源有効利用促進法に規定された「指定副産物」
☆：建設リサイクル法に規定された「特定建設資材」

問題1 特定建設資材として、「建設工事に係る資材の再資源化等に関する法令」上、誤っているものはどれか。

(1) コンクリート
(2) アスファルト・コンクリート
(3) 木材
(4) 電線

問題2 特定建設資材として、「建設工事に係る資材の再資源化等に関する法令」上、誤っているものはどれか。

(1) コンクリート
(2) 同軸ケーブル
(3) 木材
(4) アスファルト・コンクリート

解答・解説

問題1

電線は、特定建設資材ではない。　　　　　　　　　　**答** (4)

問題2

①同軸ケーブルは、特定建設資材ではない。

②建設リサイクル法による特定建設資材は、次の4つである。

1.コンクリート

2.コンクリートおよび鉄からなる建設資材

3.木材

4.アスファルト・コンクリート

答 (2)

😃 POINT 😃

建築基準法の概要について太字部を中心にマスターする。

1. 建築基準法の目的

「建築物の敷地、構造、設備および用途に関する最低の基準を定めて、国民の生命、健康および財産の保護を図り、もって公共の福祉の増進に資すること」としている。

2. 用語の定義（抜粋）

①建築物：土地に定着する工作物のうち、**屋根・柱・壁を有す**るもの、これに附属する**門・塀**、観覧のための工作物、地下・高架の工作物内に設ける事務所、店舗、興行場、倉庫その他これらに類する施設（**跨線橋、プラットホームの上家、貯蔵槽などを除く。**）をいい、**建築設備を含む。**

②特殊建築物：**学校、体育館、病院、共同住宅**など。

③建築設備：建築物に設ける**電気、ガス、給水、排水、換気、暖房、冷房、消火、排煙、汚物処理設備、煙突、昇降機、避雷針**。

④居室：居住、執務、作業、集会、娯楽その他これらに類する目的のために**継続的に使用する室。**

⑤主要構造部：**壁、柱、床、はり、屋根、階段。**

（除外されるもの）

・**基礎**

・**最下階の床**

・**ひさし**

・**屋外階段**など。

⑥避難階：**直接地上へ通ずる出**入口のある階。

⑦延焼のおそれのある部分：隣地境界線、道路中心線または同一敷地内の２以上の建築物相互の外壁間の中心線から、**1階にあっては3m以下、2階以上にあっては5m以下の距離**にある建築物の部分。

⑧耐火構造：壁、柱、床その他の建築物の部分の構造のうち、耐火性能に関して政令で定める技術的基準に適合する**鉄筋コンクリート造、れんが造**その他の構造のもの。

⑨準耐火構造：壁、柱、床その他の建築物の部分の構造のうち、

準耐火性能に関して政令で定める技術的基準に適合するもの。

⑩**防火構造**：建築物の外壁または軒裏の構造のうち、防火性能に関して政令で定める技術的基準に適合する鉄網モルタル塗、しっくい塗その他の構造のもの。

⑪**不燃材料**：建築材料のうち、不燃性能に関して政令で定める技術的基準に適合するもので、国土交通大臣が定めたものまたは国土交通大臣の認定を受けたもの。

⑫**建築**：建築物を**新築**し、**増築**し、改築し、または**移転**すること。

⑬**大規模の修繕**：建築物の**主要構造部の一種以上について行う過半の修繕**。

⑭**大規模の模様替**：建築物の**主要構造部の一種以上について行う過半の模様替**。

⑮**特定行政庁**：**建築主事を置く市町村の区域については当該市町村の長**をいい、**その他の市町村の区域については都道府県知事**をいう。

⑯**建築主事**：建築確認や建築物の検査を行う人をいう。

───

問題1 「建築基準法」で定められている用語の定義として、誤っているものはどれか。
 (1) 建築物に設ける「エレベーター」は、建築設備である。
 (2) 建築物における「執務のために継続的に使用する室」は、居室である。
 (3) 建築物におけるひさしは、主要構造部である。
 (4) 「工場の用途に供する建築物」は、特殊建築物である。

───

解答・解説
───

問題1
①主要構造部は、壁、柱、床、はり、屋根、階段をいう。
②「ひさし」は主要構造部ではない。

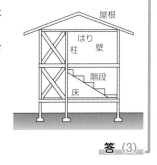

答 (3)

☺ POINT ☺

建築基準法のうち、非常用照明装置についてマスターする。

1. 非常用照明装置

①非常用照明装置は、以下のように一定規模以上の建築物に設置しなければならない防災設備である。

> ①映画館、病院、ホテル、学校、百貨店などの特殊建築物
> ②階数が3階以上、延床面積が500m² を超える建築物
> ③延床面積が1000m² を超える建築物
> ④無窓居室を有する建築物

②非常照明装置は、30分間以上（大型施設、高層ビルなどは60分間以上）の点灯が義務づけられている。

③床面の照度が 1lx（蛍光灯および LED では 2lx）以上を確保することができるものとしなければならない。

1級 【問題1】 非常用の照明装置に関する記述として、「建築基準法」上、誤っているものはどれか。

    (1) 照明器具には、LED ランプは認めておらず、白熱灯または蛍光灯のいずれかでなければならない。

    (2) 電気配線に使用する電線は、600V 二種ビニル絶縁電線その他これと同等以上の耐熱性を有するものとしなければならない。

    (3) 予備電源は、常用の電源が断たれた場合に自動的に切り替えられて接続され、かつ、常用の電源が復旧した場合に自動的に切り替えられて復帰するものとしなければならない。

    (4) 照明器具（照明カバーその他照明器具に付属するものを含む。）のうち主要な部分は、難燃性で造り、または覆うこと。

解答・解説

【問題1】
非常用の照明装置の照明器具には、白熱灯、蛍光灯のほかLED も認めている。　　　　　　　　　　　　　　　　**答** (1)

☺ POINT ☺

消防法の代表的な用語と消防設備士についてマスターする。

1. 用語の定義

①防火対象物：山林または舟車、船きょ・ふ頭に繋留された船舶、建築物その他の工作物・これらに属する物。

②特定防火対象物：消防法施行令で定められた、**多数の者が出入りする防火対象物。**

[例：デパート、映画館、飲食店、病院、公衆浴場]

③非特定防火対象物：**特定の者が出入りする防火対象物。**

[例：工場、作業場、事務所]

④消防対象物：山林または舟車、船きょ・ふ頭に繋留された船舶、建築物その他の工作物または物件。

2. 消防用設備等の種類

消防用設備等の種類には、表のようなものがある。

区　分		種　類
消防用設備等	消火設備	消火器、屋内消火栓設備、スプリンクラー設備、水噴霧消火設備、泡消火設備、不活性ガス消火設備、ハロゲン消火設備、粉末消火設備、屋外消火栓設備、動力消火ポンプ設備
	警報設備	自動火災報知設備、ガス漏れ火災警報設備、漏電火災警報器、非常警報設備、消防機関へ通報する火災報知設備
	避難設備	避難器具、誘導灯
	消防用水	
	その他	排煙設備、連結散水設備、連結送水管、無線通信補助設備、非常用コンセント設備

消火器

室内消火栓設備

非常警報設備

誘導灯

(注意) 消防用水とその他は消防用設備等であるが、消火設備ではない。消防用設備は、消火設備、警報設備、避難設備で、区分の**その他は消火活動上必要な施設**である。

3. 消防設備士

①消防設備士の免状には甲種消防設備士と乙種消防設備士とがある。

②甲種消防設備士：工事、整備、点検ができる。

③乙種消防設備士：整備、点検ができる。

④電源、水源および配管の部分は、消防設備士でなくても行える。

⑤消防設備士は、その業務に従事するときは、消防設備士**免状を携帯していなければならない。**

点検・整備	工事
乙種	
甲種	

4. 消防用設備等の着工届出・設置届出

①甲種消防設備士は、**工事に着手**しようとする日の 10 日前までに、消防用設備等着工届出書に当該工事に係る設計に関する図書を添えて、消防長または消防署長に届け出なくてはならない。

②防火対象物の所有者、管理者または占有者は、設置届出書を工事が完了した日から 4 日以内に消防長または消防署長に届け出なければならない。

表　消防設備と消防設備士の関わり

指定区分	工事・整備ができる工事整備対象設備等の種類	甲種	乙種
特　類	特殊消防用設備等	○	
第 1 類	屋内消火栓設備、スプリンクラー設備、水噴霧消火設備または屋外消火栓設備	○	○
第 2 類	泡消火設備	○	○
第 3 類	不活性ガス消火設備、ハロゲン化物消火設備または粉末消火設備	○	○
第 4 類	自動火災報知設備、ガス漏れ火災警報設備または消防機関へ通報する火災報知設備	○	○
第 5 類	金属製避難はしご、救助袋または緩降機	○	○
第 6 類	消火器		○
第 7 類	漏電火災警報器		○

1級

問題1 消防設備等に関する記述として、「消防法」上、誤っているものはどれか。

(1) 消防設備、警報設備および避難設備は、消防の用に供する設備に該当する。

(2) 無線通信補助設備は、消火活動上必要な施設に該当する。

(3) 自動火災報知設備には、非常電源を附置しなければならない。

(4) 漏電火災警報器は、甲種消防設備士が設置工事にあたり、乙種消防設備士が整備にあたる。

問題2 甲種消防設備士が工事に着手する前に消防長または消防署長に届け出なければならない消防用設備等として、「消防法」上、誤っているものはどれか。

(1) スプリンクラー設備

(2) 自動火災報知設備

(3) 無線通信補助設備

(4) ガス漏れ火災警報設備

解答・解説

法
規

問題1

漏電火災警報器は、消防法で規定された防災設備で、設置工事は、電気工事士が行う必要がある。点検および整備は、甲種または乙種消防設備士が行う。

答 (4)

問題2

無線通信補助設備は消火活動上必要な施設で、届出の対象外である。

(参考) 次の選択肢も出題されている。

×：消火器、防火水槽、誘導灯→これらは届出の対象外である。

答 (3)

不正アクセス禁止法

😈 POINT 😈

不正アクセス禁止法の概要についてマスターする。

1. 法の目的

不正アクセス行為を禁止するとともに、これについての罰則
およびその再発防止のための都道府県公安委
員会による援助措置等を定めることにより、
電気通信回線を通じて行われる電子計算機に
係る犯罪の防止およびアクセス制御機能によ
り実現される電気通信に関する秩序の維持を
図り、もって高度情報通信社会の健全な発展
に寄与すること。

2. 主な規定

①不正アクセス行為の禁止

何人も、不正アクセス行為をしてはならない。

②不正アクセス行為を助長する行為の禁止

何人も、業務その他正当な理由による場合を除いては、アク
セス制御機能に係る他人の識別符号を、当該アクセス制御機能
に係るアクセス管理者および当該識別符号に係る利用権者以外
の者に提供してはならない。

③他人の識別符号を不正に保管する行為の禁止

何人も、不正アクセス行為の用に供する目的で、不正に取得
されたアクセス制御機能に係る他人の識別符号を保管してはな
らない。

④識別符号の入力を不正に要求する行為の禁止

何人も、アクセス制御機能を特定電子計算機に付加したアク
セス管理者になりすまし、その他当該アクセス管理者であると
誤認させるような行為をしてはならない。ただし、当該アクセ
ス管理者の承諾を得てする場合は、この限りでない。

⑤アクセス管理者による防御措置

アクセス制御機能を特定電子計算機に付加したアクセス管理
者は、当該アクセス制御機能にかかる識別符号またはこれを当
該アクセス制御機能により確認するために用いる符号の適正な
管理に努めるとともに、常に当該アクセス制御機能の有効性を
検証し、必要があると認めるときは速やかにその機能の高度化

その他当該**特定電子計算機を不正アクセス行為から防御するた**め必要な措置を講ずるよう努めるものとする。

⑥他人の識別符号を不正に取得する行為の禁止

何人も、不正アクセス行為の用に供する目的で、アクセス制御機能に係る他人の識別符号を取得してはならない。

1級 **問題1** 「不正アクセス行為の禁止に関する法律」で禁止されている行為に関する記述として、誤っているものはどれか。

(1) アクセス制限されているコンピュータに対して、そのコンピュータの正規の利用者の ID とパスワードを本人に無断でインターネットを経由して入力し、利用できる状態にする行為

(2) 電気通信回線に接続されていないパソコンを、そのパソコンの正規の利用者でない者が直接操作してソフトを使用する行為

(3) ウェブサイトのログインに使用している他人の ID とパスワードを、正当な理由なしに正規の利用者以外の者に提供する行為

(4) インターネット専用銀行のアクセス管理者に無断で、当該銀行のウェブサイトを装った偽のウェブサイトに顧客の ID とパスワードを入力するように求める文章、入力欄および送信ボタンを表示し、それをインターネット上に公開して公衆が閲覧できる状態にする行為

解答・解説

問題1

電気通信回線に接続されたパソコンは対象となるが、**接続されていないので**、「不正アクセス行為の禁止に関する法律」で禁止されている行為に該当しない。　　　　　　　　　　　**答** (2)

得点パワーアップ知識

●法　規●

建設業法

①一般建設業の許可を受けた者が、当該許可に係る建設業について特定建設業の許可を受けたときは、その者に対する当該建設業に係る一般建設業の許可は効力を失う。

②建設工事の請負契約の当事者は、各々の対等な立場における合意に基づいて公正な契約を締結し、信義に従って誠実に履行しなければならない。

③請負人は、請負契約の履行に関し工事現場に現場代理人を置く場合は、書面により注文者に通知しなければならない。

④2級土木施工管理技士の資格を有する者は、電気通信工事業の営業所ごとに置かなければならない専任の技術者になることはできない。

⑤当該建設工事の契約書の作成や施工体制台帳の作成は、主任技術者の職務ではない。

⑥施工体制台帳の備え置きおよび施工体系図の掲示は、建設工事の目的物の引渡しをするまで行わなければならない。

労働基準法

①使用者は、前借金その他労働することを条件とする前貸の債権と賃金を相殺することはできない。

②災害補償を受ける権利は、労働者の退職によっても失われない。

③使用者は、満18歳に満たない者について、その年齢を証明する戸籍証明書を事業場に備え付けなければならない。

④使用者は、労働者名簿、賃金台帳および雇入、解雇、災害補償、賃金その他労働関係に関する重要な書類を5年間保存しなければならない。

①店社安全衛生管理者の選任条件の1つとして、学校教育法による大学または高等専門学校を卒業した者で、その後3年以上建設工事の施工における安全衛生の実務に従事した経験を有するものがある。

②就業規則の作成は、労働基準法で定められており、新たに職長となった者に対して行う安全または衛生のための教育内容ではない。

③事業者は、労働者を雇い入れたときは、当該労働者に対し、厚生労働省令で定めるところにより、その従事する業務に関する安全または衛生のための教育を行わなければならない。

④労働者を常時就業させる場所において、作業の区分が普通の作業の場合の作業面の照度は150lx以上とする。

⑤事業者は、労働者を常時就業させる場所の照明設備について、6月以内ごとに1回、定期に、点検しなければならない。

⑥移動式足場の上では、移動はしごや脚立を使用しない。

⑦労働者を乗せた状態で、移動はしごを移動させてはならない。

⑧移動式クレーンに係る作業を行う場合であって、ハッカーを用いて玉掛けをした荷がつり上げられているときは、つり上げられている荷の下に労働者を立ち入らせてはならない。

⑨事業者は、高所作業車について1月に1回以上、制動装置、クラッチおよび操作装置、作業装置および油圧装置、安全装置の異常の有無について定期的に自主検査を行わなければならない。

⑩事業者は、高所作業車について1年に1回以上、電圧、電流その他電気系統の異常の有無について定期的に自主検査を行わなければならない。

⑪小型移動式クレーン運転技能講習を修了した者が運転（道路上を走行させる運転を除く。）できるのは、つり上げ荷重が1t以上5t未満の移動式クレーンである。

⑫事業者は、高さまたは深さが1.5mを超える箇所で作業

を行うときは、当該作業に従事する労働者が安全に昇降するための設備等を設けなければならない。

⑬仮設備として、移動柵を連続して設置する場合には、移動柵は間隔を空けないように設置するか、間に安全ロープ等を張ってすき間ができないように設置する。

道路法・道路交通法

①限度超過車両（特殊車両）を通行させようとする者は、通行する国道および都道府県道の道路管理者が2以上となる場合、いずれかの道路管理者に通行許可の申請を行わなければならない。

河川法

①1級河川の管理者は国土交通大臣で、2級河川の管理者は都道府県知事である。

電気通信事業法

①電気通信事業者は、電気通信役務の提供について、不当な差別的取り扱いをしてはならない。

②事業用電気通信設備は、電源停止、共通制御機器の動作停止その他電気通信役務の提供に直接係る機能に重大な支障を及ぼす**故障等の発生時**には、これを**直ちに検出**し、当該事業用電気通信設備を維持し、または**運用する者に通知**する機能を備えなければならない。

③電気通信事業者は、天災、事変その他の非常事態が発生し、または発生するおそれがあるときは、災害の予防もしくは救援、交通、通信もしくは電力の供給の確保または秩序の維持のために必要な事項を内容とする通信を優先的に取り扱わなければならない。

①有線電気通信設備を設置しようとする者は、設置の工事の開始の日の2週間前までに、その旨を総務大臣に届け出なければならない。

②有線電気通信設備に使用する電線は、絶縁電線またはケーブルでなければならない。

③通信回線の電力は、絶対レベルで表した値で、高周波であるときは、＋20dB以下でなければならない。

④架空電線の支持物には、取扱者が昇降に使用する足場金具等を地表上1.8m未満の高さに取り付けてはならない。

⑤架空電線（通信線）の高さは、横断歩道橋の上にあるときを除き、路面から5m以上でなければならない。

⑥鉄道を横断する架空電線（通信線）は、軌条面上からの高さが6m以上となるように設置する。

⑦架空通信ケーブルは、他人の架空通信ケーブルとの離隔距離が30cm以下となるように設置してはならない。

電波法

①受信設備は、その副次的に発する電波または高周波電流が、総務省令で定める限度を超えて他の無線設備の機能に支障を与えるものであってはならない。

②電波法に規定する罪を犯し罰金以上の刑に処せられ、その執行を終わり、またはその執行を受けることがなくなった日から2年を経過しない者には、無線局の免許を与えないことができる。

③電波の型式の表示について、伝送情報の型式の記号のNは無情報、Eは電話を表す。

④第1級陸上特殊無線技士は、陸上の無線局の空中線電力500W以下の多重無線設備で30MHz以上の周波数の電波を使用するものの技術操作ができる。

⑤第3級陸上特殊無線技士は、陸上の無線局の空中線電力50W以下の無線設備で25010kHzから960MHzまでの周波数の電波を使用するものの外部の転換装置で電

法
規

波の質に影響を及ぼさないものの技術操作ができる。

電気事業法

① A種接地工事の接地抵抗値は、10Ω以下である。
② 低圧幹線の電線として、当該低圧幹線を通じて供給される電気使用機械器具の定格電流の合計値以上の許容電流のものを使用するが、需要率が明らかな場合には、需要率によって修正した電流値とすることができる。
③ ライティングダクト工事は、使用電圧が300V以下で乾燥した展開した場所に施設できる。
④ フロアダクト工事は、使用電圧が300V超過で、乾燥した点検できる隠ぺい場所には施設できない。
⑤ 平形保護層工事は、使用電圧が300V以下で、乾燥した点検できる隠ぺい場所には施設できる。
⑥ 低圧ケーブルの屋内配線施工において、通信ケーブルと接近する箇所では、通信ケーブルと接触しないように配線する。
⑦ 使用電圧が300V以下の低圧ケーブルの配線に使用するケーブルラックには、D種接地工事を施す必要がある。

電気用品安全法

① 電気用品安全法は、一般用電気工作物が対象で、電気用品には特定電気用品と特定電気用品以外の電気用品とがある。

電気工事士法

① 第一種・第二種電気工事士の免状の交付は都道府県知事で、認定電気工事者・特種電気工事資格者証の交付は経済産業大臣である。

廃棄物処理法

①産業廃棄物の運搬・処分を他人に委託する場合、事業者は、産業廃棄物の運搬・処分が終了したことを管理票の写しで確認し、それを5年間保存しなければならない。

リサイクル法・建設リサイクル法

①リサイクル法では指定副産物を、建設リサイクル法では特定建設資材を定めている。

建築基準法

①防火戸は、建築基準法では防災設備として規定されており、建築設備ではない。

②ケーブルが防火区画を貫通する場合は、国土交通大臣による認定を受けた工法をその貫通部に適用する。

消防法

①消防用設備には、警報設備、避難設備、消火設備がある。

その他の法

①不正アクセス禁止法は、不正アクセス行為を禁止するとともに、罰則や再発防止のための援助措置等を定めている。

重要用語索引

〈著者略歴〉

不 動 弘 幸（ふどう　ひろゆき）

不動技術士事務所
　技術士（電気電子・経営工学・総合技術監理部門）
　第一種電気主任技術者
　エネルギー管理士（電気・熱）
　労働安全コンサルタント（電気）
　1級電気工事施工管理技士　　　ほか
　電気通信主任技術者（第1種伝送交換・線路）
　1級陸上無線技術士
　工事担任者（アナログ・デジタル総合種）
主な著書
　1級電気工事施工管理技士完全攻略（第一次検定・第二次検定対応）
　2級電気工事施工管理技士完全攻略（第一次検定・第二次検定対応）
　　　　　　　　　　　　　　　　　　　　　　　（以上、オーム社）

- 本書の内容に関する質問は、オーム社ホームページの「サポート」から、「お問合せ」の「書籍に関するお問合せ」をご参照いただくか、または書状にてオーム社編集局宛にお願いします。お受けできる質問は本書で紹介した内容に限らせていただきます。なお、電話での質問にはお答えできませんので、あらかじめご了承ください。
- 万一、落丁・乱丁の場合は、送料当社負担でお取替えいたします。当社販売課宛にお送りください。
- 本書の一部の複写複製を希望される場合は、本書扉裏を参照してください。

ポケット版
電気通信工事施工管理技士（1級＋2級）第一次検定要点整理

2022年10月6日　　第1版第1刷発行

著　　者　不 動 弘 幸
発 行 者　村 上 和 夫
発 行 所　株式会社 オ ー ム 社
　　　　　郵便番号　101-8460
　　　　　東京都千代田区神田錦町 3-1
　　　　　電 話　03(3233)0641(代表)
　　　　　URL　https://www.ohmsha.co.jp/

組版　タイプアンドたいぽ　　印刷　三美印刷　　製本　牧製本印刷
ISBN978-4-274-22952-7　Printed in Japan

本書の感想募集　https://www.ohmsha.co.jp/kansou/
本書をお読みになった感想を上記サイトまでお寄せください。
お寄せいただいた方には、抽選でプレゼントを差し上げます。